教育部中等职业教育改革创新示范教材

车工技能训练项目教程

■ 龙卫平　吴必尊　编

机 械 工 业 出 版 社

本书是经过出版社初评、申报，由教育部专家组评审、教材遴选工作领导小组审定确定的首批“教育部中等职业教育改革创新示范教材”。

本书根据当前我国职业教育课程改革的基本理念，按照“项目教学”的要求，以行动为导向，以项目为载体，以一系列与职业技能密切联系的特定工作任务为引领进行编写。本书内容包括普通车削加工的基本能力训练（20个车工实训项目）、综合应用能力训练（巩固训练）和车工考级的其他相关知识与训练。其中，各车工实训项目均按照项目引入、项目任务与要求、学习目标、项目计划与实施、项目检查与评价、知识加油站的结构层次展开。本书注重培养学生先做后学或边做边学的习惯，注重培养学生自主学习和自我探究的能力，注重师生互动与学生反馈，注重引导学生在实训中形成知识。同时，本书还提供了讲解基础知识的绪论，增加了巩固训练、初级和中级考试训练题、车工国家职业标准和现代企业的“6S”管理方法等内容。

本书可以作为职业院校机械专业的一体化教材，也可作为初、中级车工技能考试的培训教材，以及车削加工技术人员的自学教材。

图书在版编目（CIP）数据

车工技能训练项目教程/龙卫平，吴必尊编. —北京：机械工业出版社，2011.4（2024.1重印）
教育部中等职业教育改革创新示范教材
ISBN 978-7-111-33943-4

Ⅰ.①车… Ⅱ.①龙… ②吴… Ⅲ.①车削—职业教育—教材 Ⅳ.①TG51

中国版本图书馆CIP数据核字（2011）第054957号

机械工业出版社（北京市百万庄大街22号 邮政编码100037）
策划编辑：王佳玮 责任编辑：王佳玮 王海霞
版式设计：张世琴 责任校对：王 欣
封面设计：王伟光 责任印制：李 昂
北京中科印刷有限公司印刷
2024年1月第1版第8次印刷
184mm×260mm · 15印张 · 365千字
标准书号：ISBN 978-7-111-33943-4
定价：45.00元

电话服务 网络服务
客服电话：010-88361066 机 工 官 网：www.cmpbook.com
010-88379833 机 工 官 博：weibo.com/cmp1952
010-68326294 金 书 网：www.golden-book.com
机工教育服务网：www.cmpedu.com

前　言

本书是经过出版社初评、申报，由教育部专家组评审、教材遴选工作领导小组审定确定的首批“教育部中等职业教育改革创新示范教材”。

当前，我国的职业教育改革正如火如荼地进行着，各地政府、教育主管部门和职业教育院校正致力于开发各类专业的项目课程。本书正是在这种形势下，充分考虑职业教育的特点和当前课程改革的要求，针对一般教材“重知识、轻能力，重理论、轻实践”的弊端，按照“以工作任务为中心选择、组织教学内容，并以完成工作任务为主要学习方式和最终目标”的原则编写而成的。

本书要求任课教师在掌握当前职业教育课程改革基本理念的基础上，还必须掌握以下教学方法：

1）教学的过程是以学生为中心的过程。因此，教师应由过去的讲授者转变为指导者，让学生在自主探究、操作和讨论等活动中获得知识和技能。教师的职责更多的是为学生的活动提供帮助，激发学生的学习兴趣，指导学生形成良好的学习习惯，为学生提供丰富的教学情境。

2）教学的最终目标是完成工作任务。通过工作任务的完成，使学生掌握知识和技能并形成正确的态度。因此，教师要注意对工作任务的细节进行描述，并提醒学生把注意力放在工作任务上，而不仅仅是知识上。

3）教学过程必须遵循“资讯——计划——决策——实施——检查——评估”这一完整的行动过程，而教师必须是这一教学过程的组织者与协调者。在教学过程中，教师与学生必须互动，让学生通过“独立地获取信息、独立地制订计划、独立地实施计划、独立地评估计划”，在实践过程中培养自己的职业能力，从而构建自己的经验和知识体系。

4）在整个教学过程中，强调学生作为学习行动的主体，强调以职业情境中的行动能力为培养目标，强调以基于职业情境的学习情境中的行动过程为学习途径，以师生及生生之间互动的合作行动为学习方式，以学生自我构建的行动过程为学习过程，以专业能力、方法能力、社会能力整合后形成的行动能力为评价学生学业成绩的主要依据。

本书的建议学时数为270学时，学时分配与教学建议详见下表。

项目	学时	说明或教学建议
绪论	6	现场讲解车床的结构，结合刀具模型讲解刀具角度，现场讲解安全文明生产的内容
项目一	6	建议分别采用手动方式和自动方式车削外圆与端面
项目二	8	引导学生采用几种不同的长度控制方法进行加工
项目三	8	切断时，建议采用左右借刀法
项目四	8	引导学生必须先钻孔、扩孔，再镗孔
项目五	8	提醒学生在镗不通孔时，要用不通孔镗刀，安装车刀后，要手动试一试
项目六	6	建议手动车削内沟槽，最好采用较低的切削速度

（续）

项目	学时	说明或教学建议
项目七	16	建议用中滑板控制端面沟槽的位置尺寸，采用低速切削加工（巩固训练一）
项目八	8	引导学生查阅有关锥度测量方面的知识
项目九	6	建议用转动小滑板法或成形车刀法车削圆锥面
项目十	6	在条件允许的情况下，可用细锉或砂布修光，注意安全
项目十一	8	建议用双手控制法车削球头工件，引导学生用样板检测成形面
项目十二	10	引导学生开始学习螺纹几何尺寸的计算，建议在第一次车削螺纹时采用直进法
项目十三	10	提醒学生加工没有退刀槽的三角形螺纹时，注意控制螺纹的长度
项目十四	20	引导学生学会查阅螺纹的公差值和偏差值（巩固训练二）
项目十五	12	注意计算梯形螺纹的几何尺寸，建议采用三针法测量梯形螺纹的中径，在条件允许的情况下，建议采用三爪自定心卡盘安装工件
项目十六	24	提醒学生切削时注意梯形螺纹的牙深，及时检测梯形内螺纹（巩固训练三）
项目十七	8	建议用三爪自定心卡盘安装工件车削偏心轴，学会制作垫片和修正垫片的厚度
项目十八	8	建议用四爪单动卡盘安装工件车削偏心套，建议用百分表找正偏心（巩固训练四）
项目十九	8	建议把防止细长轴弯曲变形作为训练重点，可用中心架支承工件
项目二十	16	建议把防止薄壁零件变形作为训练重点，可使用开缝套筒
附录 A	30	建议学生复习相关工艺知识，制定合理的加工工艺，在车床上进行实际生产加工，加工质量和单件工时要严格按要求执行
附录 B	30	

本书由龙卫平、吴必尊编写，同时得到了中山市第一中等职业技术学校陈峰、朱治国、李勇，以及中山高级技工学校机电系周栋华、戈建清、梁文华、王高满、陈汉等领导和教师的帮助，在此表示感谢。

项目课程的开发尚属新鲜事物，虽然我们已竭尽全力，以期确保质量，但书中难免会存在这样或那样的问题，敬请专家及同行批评指正。

编　者

目　录

绪论

一、本课程的任务与要求

本课程的主要任务是通过对车工理论的学习和车工技能的训练，达到以下要求：

1）能熟练地使用、调整、维护和保养本工种的主要设备。

2）能熟练地掌握中级车工的操作技能。

3）能正确地使用工具、夹具、刀具、量具，能合理地选择切削用量和切削液。

4）熟悉安全、文明生产的有关知识，养成安全、文明生产的习惯。

二、车削加工在机械制造业中的地位

机器由各种零件装配而成，而零件的加工制造一般离不开金属的切削加工。金属切削加工的方法一般包括车、铣、刨、磨、钻、镗、拉、钳、制齿、切割等，其中车削是机械制造业中最基本、最常见的加工方法，也是最重要的加工方法。在一般机械制造企业中，车床通常占机床总数的30%～50%，而经车削加工生产的零件在机械中所占比例则更高。

三、车削加工的范围

车削加工的范围很广，可加工各种不同形状工件的回转表面，如内、外圆柱面，内、外圆锥面，内、外环槽面，成形面，各种内、外螺纹面，以及回转体的端面、台阶面等。此外，还能在车床上钻孔、扩孔、镗孔、锪孔、铰孔、滚花、修饰表面、绕弹簧，以及切断等，如图0-1所示。

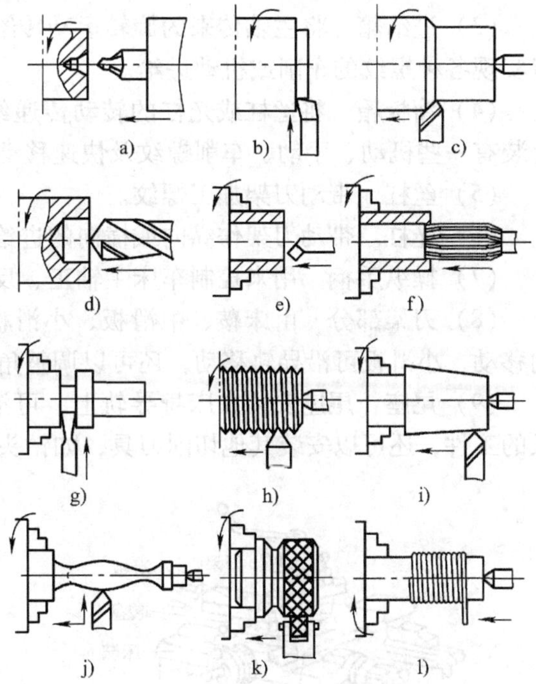

图0-1　车削加工的范围

a）钻中心孔　b）车削端面　c）车削外圆　d）钻孔　e）镗孔　f）铰孔　g）切断　h）车削螺纹　i）车削锥体　j）车削成形面　k）滚花　l）绕弹簧

四、车削的基础知识

车削是指在车床上，利用工件的旋转运动和车刀的直线运动（或曲线运动）改变毛坯的尺寸、形状，使之符合图样要求的金属切削方法。

（一）车床

车床是进行车削加工的机床。认识车床的结构，爱护和保养车床是对每一位车床操作者的要求之一。

1. 车床的主要组成部分及其作用

卧式车床由“四箱”（主轴箱、交换齿

轮箱、进给箱、溜板箱）、“三杠”（光杠、丝杠、操纵手柄）、“两架”（刀架、尾座）、“一身”（床身）组成，如图0-2所示。

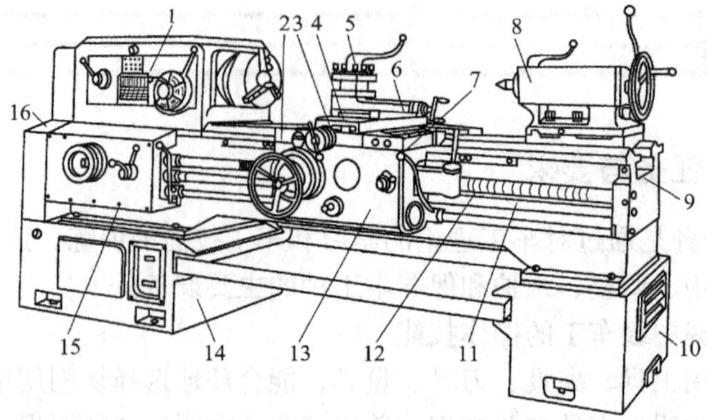

图0-2　卧式车床的组成

1—主轴箱　2—床鞍　3—中滑板　4—转盘　5—刀架　6—小滑板　7—操纵手柄　8—尾座
9—床身　10—右床座　11—光杠　12—丝杠　13—溜板箱　14—左床座　15—进给箱　16—交换齿轮箱

（1）主轴箱　支承并带动车床主轴及卡盘作回转运动。箱内装有变速齿轮与轴等零件，组成变速传动机构，变换主轴箱外手柄的位置可得到不同的转速。

（2）交换齿轮箱　把主轴箱的运动传递给进给箱。更换交换齿轮箱内的齿轮，配合进给箱变速机构，可得到不同的传动比，从而得到不同的螺距。

（3）进给箱　将主轴传来的旋转运动传给丝杠或光杠，使丝杠或光杠得到不同的速度，以实现各种螺纹的车削或机动进给。

（4）溜板箱　将丝杠或光杠的转动传递给中小滑板，使车刀作纵向或横向运动。箱体上装有一些机动、手动、车削螺纹及快速移动的手柄。

（5）丝杠　带动刀架加工螺纹。

（6）光杠　带动刀架作纵向或横向的进给运动，用于一般车削加工。

（7）操纵手柄　用来控制车床主轴正、反转或停车。

（8）刀架部分　由床鞍、中滑板、小滑板和刀架组成。床鞍作纵向移动，中滑板作横向移动，小滑板可沿导轨移动，还可以调整角度，刀架用来安装车刀，如图0-3所示。

（9）尾座　尾座安装在床身导轨上，可沿导轨纵向移动。常用来安装后顶尖，支顶较长的工件，还可以安装其他切削刀具，如钻头、铰刀等，如图0-4所示。

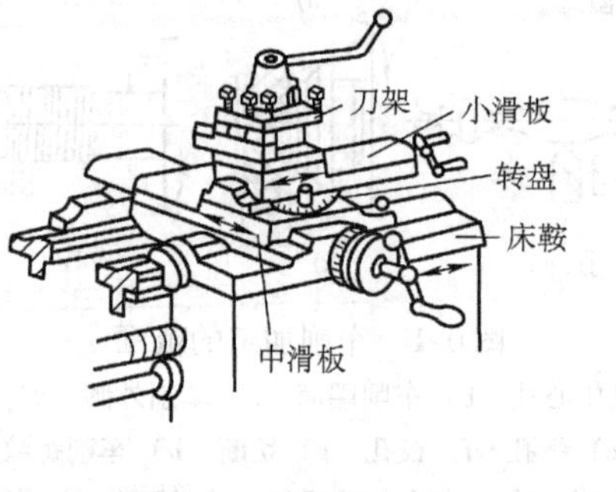

图0-3　刀架的组成

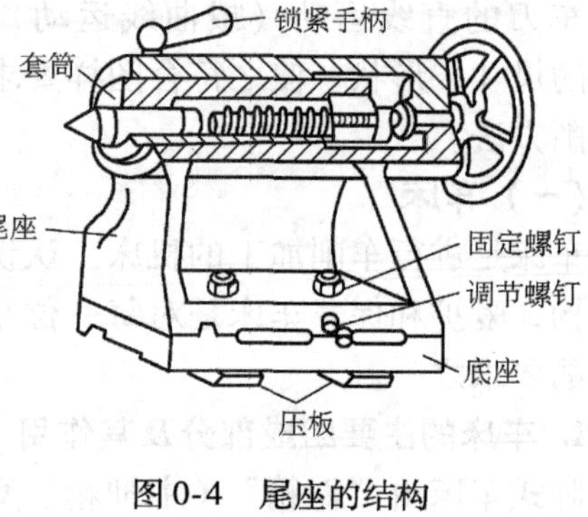

图0-4　尾座的结构

(10) 床身 车床的机体，用来支承和安装车床上各个部件。床身上有两条精确的导轨，供床鞍与尾座移动。

此外，车床上还有（紧急）起动按钮、电源开关、切削液开关、照明开关等。车床还配有各种附件，如三爪自定心卡盘、四爪单动卡盘、花盘、中心架、跟刀架、拨盘及各种顶尖等。

2. 车床的保养与润滑

车床是一种加工精度较高的机床，要保证车床的精度，延长车床的使用寿命，就必须重视和做好车床的保养与润滑工作。

(1) 车床的一般保养

1) 每班清洗车床外表及各罩盖，保持内外清洁，无锈蚀、无油污。

2) 每班清洁车床床身导轨的铁屑、水和油污。

3) 每班清洗丝杠、光杠和操纵手柄。

4) 每班清理一次铁屑盘中的铁屑。

5) 每周检查并补齐螺钉、手柄、手柄球。

6) 每周清扫电动机、电气设备。

7) 一般每两周更换切削液储藏箱中的切削液。

8) 一般每月检查中、小滑板楔铁的间隙。

9) 一般每月检查电气装置，使其固定、整齐。

10) 一般每月检查离合器的松紧，制动器的制动效果。

(2) 车床的润滑 工作前，按车床说明书上车床润滑系统的要求，在需要润滑的地方注入干净的润滑油（一般用全损耗系统用油 L－AN68 GB 443）或润滑脂（凡士林）。

1) 主轴箱、进给箱和溜板箱中的润滑油每三至六个月更换一次。换油时，先把脏油排出，再用煤油将各箱体清洗，然后加入清洁的润滑油。

2) 每周向车床交换齿轮架的中间齿轮与溜板箱内的换向齿轮注入一次润滑脂。

3) 每班用油枪向车床床面上的各注油孔注入一次润滑油。

4) 对于车床外露的滑动表面，如床身导轨面和中、小滑板导轨面，丝杠等，清洁后每班用油壶浇油润滑一次。

(二) 车刀

车刀是车削加工的主要刃具，选择车刀和刃磨车刀是车工需要掌握的重要技能。

1. 车刀的材料

(1) 车刀切削部分材料的要求

1) 硬度高。常温下车刀刀头的硬度要在 60HRC 以上。

2) 耐磨性好。车刀刀头要有良好的抵抗工件磨损的性能。一般来说，材料的硬度越高，其耐磨性越好。

3) 耐热性好。车刀刀头在高温下仍有良好的切削性能。

4) 有足够的强度和韧性。车刀切削工件时要承受较大的冲击力，所以要求车刀刀头必须有足够的强度和韧性。

5) 有良好的工艺性能。车刀刀头的材料要具备可焊接、可锻造、可热处理、可磨削加工等工艺性能。

（2）常用的车刀材料　常用的车刀材料主要有高速钢和硬质合金两种。

1）高速钢俗称锋钢或白钢，是含有较多钨、铬、钒、钼等合金元素的合金钢。高速钢车刀的特点是：制造简单、刃磨方便、切削刃锋利、韧性好，并能承受较大冲击，但耐热性差，不宜用于高速车削。

高速钢主要适合制造小型车刀、螺纹车刀、形状复杂的成形车刀、精加工车刀，常用的有 W18Cr4V 和 W9Cr4V2 两种牌号。

2）硬质合金俗称钨钢，是将碳化钨、碳化钛粉末，用钴元素作粘结剂，经高压成形高温锻烧而成。硬质合金车刀的特点是：硬度高、耐磨性好、耐高温、热硬性好，可用于高速切削，但韧性差，怕冲击，怕振动。

硬质合金常用的有钨钴类、钨钛钴类、钨钛钽钴类。

①钨钴类（C 类）　用于加工脆性材料，如铸铁、非铁金属和受冲击较大的工件。常用代号有 C01、C10、C20 等，相当于常用的旧牌号 YG3、YG6 和 YG8 等。C01（YG3）用于精加工，C10（YG6）用半精加工，C20（YG8）用于粗加工。

②钨钛钴类（P 类）　用于加工塑性材料，如钢类和韧性较好的材料。常用代号有 P01、P10 和 P30 等，相当于常用的旧牌号 YT30、YT15 和 YT5 等。P30（YT5）用于粗加工，P10（YT15）用于半精加工，P01（YT30）用于精加工。

③钨钛钽钴类（M 类）　用于加工高温合金、高锰钢、不锈钢、各种特殊铸铁和合金钢材，常用代号为 M10 和 M20 等，相当于常用的旧牌号 YW1 和 YW2 等。

2. 车刀的组成

车刀由刀头和刀杆组成，如图 0-5 所示。刀头起切削作用，又称为切削部分；刀杆的作用是把车刀装夹在车床的刀架上，又称为夹持部分。

车刀的切削部分由三面、两刃、一尖组成。

（1）前刀面　切屑排出时经过的表面。

（2）主后刀面　与工件切削表面相对的表面。

（3）副后刀面　与工件已加工表面相对的表面。

（4）主切削刃　前刀面与主后刀面的交线，担负主要的切削工作。

（5）副切削刃　前刀面与副后刀面的交线，担负次要的切削工作。

（6）刀尖　主切削刃与副切削刃的交点。在实际生产中，为了提高刀尖的强度，通常把刀尖磨成圆弧形或直线形。圆弧或直线部分的切削刃又称过渡刃，如图 0-6 所示。

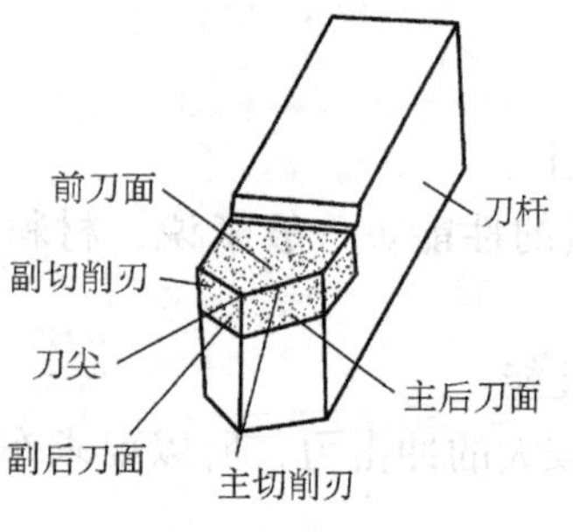

图 0-5　车刀的组成

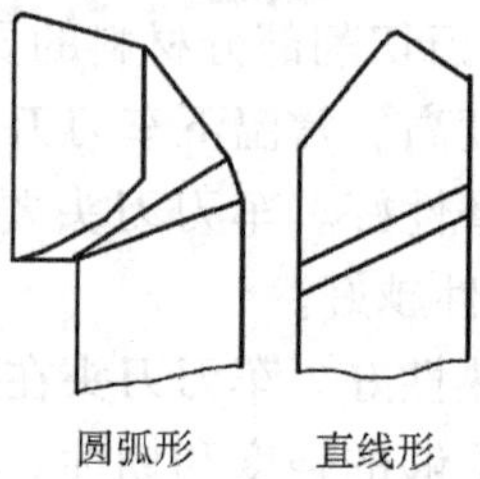

图 0-6　车刀的过渡刃

（7）修光刃　为了得到更小的表面粗糙度值，通常在一些精加工车刀的副切削刃上磨出一段与前进方向平行的切削刃，这段切削刃称为修光刃。安装车刀时，只有当修光刃与前进方向平行，且修光刃长度大于进给量时，才能起到修光工件表面的作用。

3. 车刀的几何角度

车刀切削刃和刀面的空间位置由一定的几何角度决定。刀具在切削零件时，需要始终保持一个合理的几何角度，才能很好地完成切削任务。

(1) 车刀的三个辅助平面　为了确定刀具的几何角度，需要假设三个辅助平面，如图 0-7 所示，即切削平面、基面、主剖面。

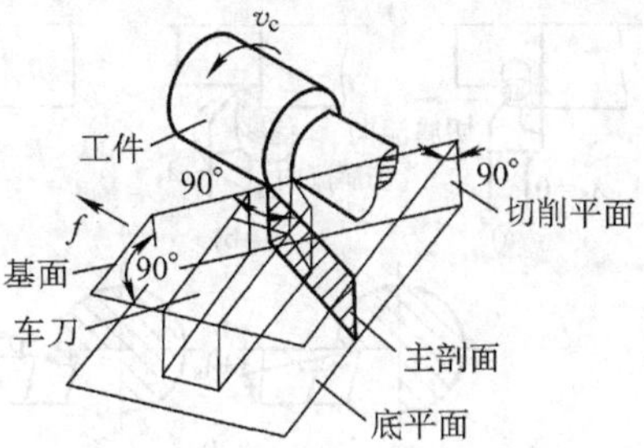

图 0-7　确定车刀角度的辅助平面

1）基面。过主切削刃上的某一点，并与该点切削速度垂直的平面称为基面。静态时，以主切削刃点与工件中心线等高来考虑基面，应与车刀底面平行。

2）切削平面。过主切削刃上某一点，与主切削刃相切，并垂直于基面的平面称为切削平面。静态时，切削平面垂直于车刀底面。

3）主剖面。过主切削刃上某一点，同时垂直于基面和切削平面的平面称为主剖面。

(2) 车刀的几何角度

1）前角 γ_o——前刀面与基面的夹角（如图 0-8 所示，当前刀面下倾即前刀面比基面低时，前角为正，反之为负）。

2）主后角 α_o——主后刀面与切削平面间的夹角，如图 0-8 所示。

3）副后角 α_o'——副后刀面与切削平面之间的夹角。

4）楔角 β_o——在主剖面内，前刀面与主后刀面之间的夹角。

5）主偏角 κ_r——主切削刃在基面上的投影与进给方向的夹角，如图 0-9 所示。

6）副偏角 κ_r'——副切削刃在基面上的投影与进给方向的夹角，如图 0-9 所示。

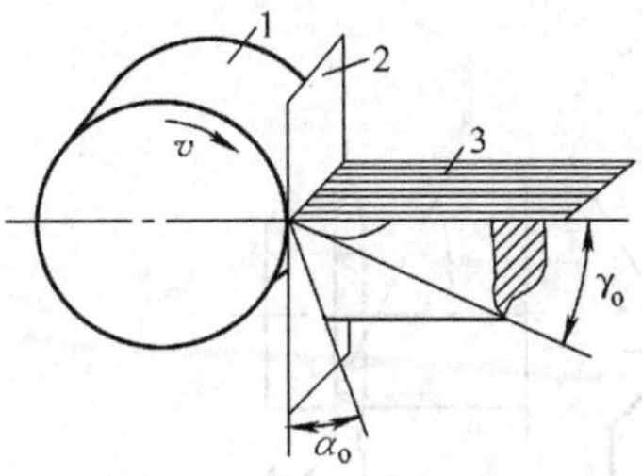

图 0-8　车刀上的前角与后角

1—工件　2—切削平面　3—基面

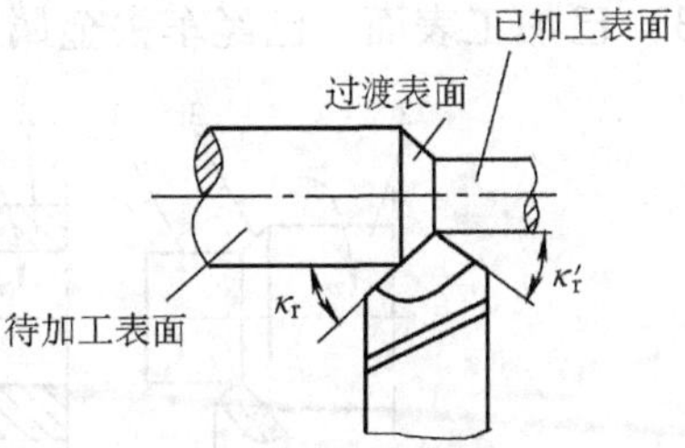

图 0-9　外圆车刀的主偏角与副偏角

7）刀尖角 ε_r——主切削刃与副切削刃在基面上的投影之间的夹角。

8）刃倾角 λ_s——主切削刃与基面间的夹角（当主切削刃下倾，即刀尖为主切削刃上的最高点时，刃倾角为正，反之为负，如图 0-10 所示）。

(三) 车削运动和切削用量

1. 车削运动

车削是工件做旋转运动，刀具作进给运动的一种切削方法。车床的切削运动指的是工件的旋转运动（图 0-11a）和车刀的直线运动（图 0-11b），车刀的直线运动又称为进给运动。

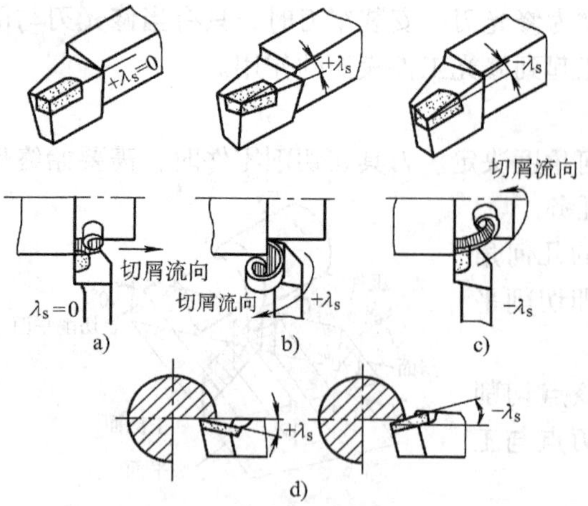

图 0-10　刃倾角的正负

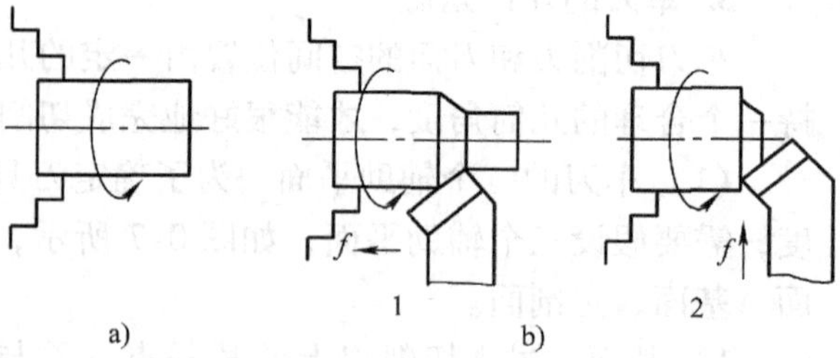

图 0-11　车削运动

a）主运动　b）进给运动

1—纵向进给　2—横向进给

（1）主运动　车削时，形成切削速度的运动称为主运动，工件的旋转运动是主运动。

（2）进给运动　使工件多余材料不断被车去的运动称为进给运动。一般分为纵向进给运动和横向进给运动，车削外圆时车刀作纵向进给运动，车削端面、切断、车削外圆沟槽时车刀作横向进给运动。

2. 车削时工件上形成的表面

不管什么切削方法，切削时在工件表面都会形成三个不断变化的表面，如图 0-12 所示。

（1）待加工表面　工件上将要被车去多余金属的表面。

（2）加工表面　切削刃正在工件上车削的表面。

（3）已加工表面　已经车去金属层而形成的新表面。

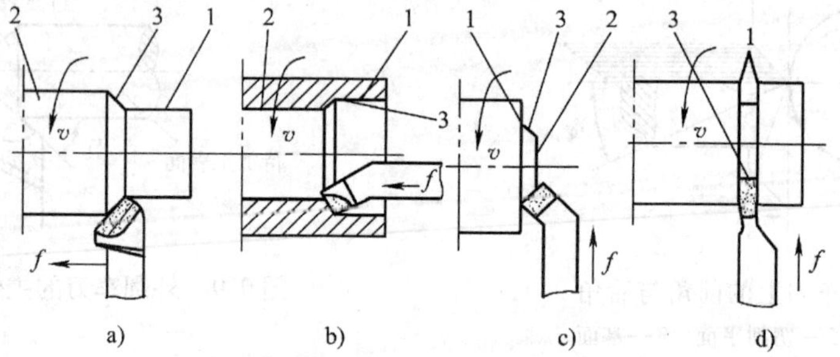

图 0-12　工件上的三个表面

a）车削外圆　b）镗孔　c）车削端面　d）切槽

1—已加工表面　2—待加工表面　3—加工表面

3. 切削用量

切削用量是衡量车床车削运动的参量。切削用量包括背吃刀量、进给量和切削速度，又称切削三要素。

（1）背吃刀量 a_p　车削时，工件上待加工表面与加工表面之间的垂直距离称为背吃刀量。

车削外圆的方法如图0-13a所示，车削深度的计算公式是

$$a_p = \frac{d_w - d_m}{2} \tag{0-1}$$

式中　a_p——背吃刀量（mm）；

d_w——待加工表面的直径（mm）；

d_m——已加工表面的直径（mm）。

车削端面的方法如图0-13b所示，切断、车削槽的方法如图0-13c所示，背吃刀量等于车刀主切削刃的宽度。

（2）进给量f　工件每转一圈，车刀朝前进方向移动的距离称为进给量，单位为mm/r。进给量分纵向进给量和横向进给量，沿床身导轨方向移动的进给量是纵向进给量，沿与床身导轨垂直方向移动的进给量是横向进给量。

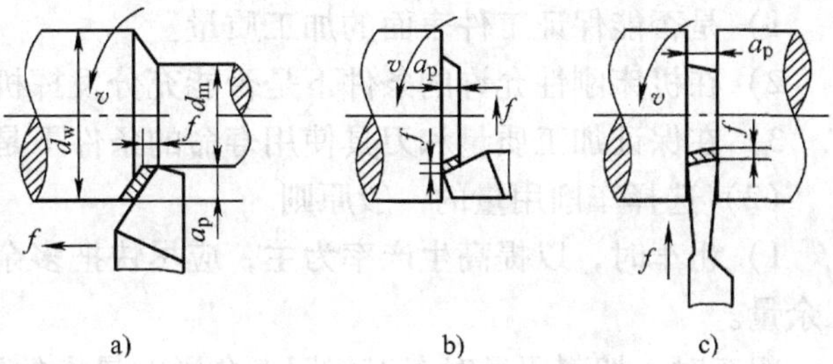

图0-13　三种加工的切削用量

a）车削外圆　b）车削端面　c）切断

（3）切削速度　主运动的线速度称为切削速度，单位为m/min。车削时，切削速度的计算公式为

$$v = \frac{\pi dn}{1000} \tag{0-2}$$

式中　v——切削速度（m/min）；

d——工件的直径（mm）；

n——车床主轴的转速（r/min）。

例0-1　在车床上车削直径为50mm的工件，若主轴转速为400r/min，则它的切削速度为多少？

解：根据式（0-2）得

$$v = \frac{\pi dn}{1000} = \frac{3.14 \times 50\text{mm} \times 400\text{r/min}}{1000} = 62.8\text{m/min}$$

例0-2　车削直径为100mm的铸铁带轮外圆，若选择的切削速度为60m/min，要求一次把直径车削到95mm，试求车床主轴的转速和背吃刀量？

解：根据式（0-2）得

$$v = \frac{\pi dn}{1000}$$

得

$$n = \frac{1000V}{\pi d} = \frac{1000 \times 60}{3.14 \times 100}\text{r/min} = 191\text{r/min}$$

根据式（0-1）得

$$a_p = \frac{d_w - d_m}{2} = \frac{100 - 95}{2}\text{mm} = 2.5\text{mm}$$

4. 切削用量的选择

（1）切削用量合理的标准

1）是否能保证工件表面的加工质量。

2）在机床刚性允许的条件下是否能充分发挥机床的效率。

3）在保证加工质量和刀具使用寿命的条件下是否能充分发挥刀具的切削性能。

（2）选择车削用量的一般原则

1）粗车时，以提高生产率为主，应尽快把多余材料切除，只需留有半精车或精车的加工余量。

粗车时，切削用量对车刀使用寿命影响最大的要素是切削速度，其次是进给量，影响最小的是背吃刀量。因此，首先应选用一个大的背吃刀量，最好一次将粗车余量切除，只有余量太大、一次无法切除的才分两次或三次粗车，但第一次的背吃刀量要尽可能大一些；其次，为缩短进给时间，应选择一个较大的进给量；当背吃刀量和进给量确定后，在保证车刀使用寿命，且车床动力许可的条件下，再选择一个相对较大而且合理的切削速度。

2）精车时，以保证工件的加工精度为主，但也应注意提高生产率及保证车刀的使用寿命。为了保证工件的表面粗糙度，精车的进给量应选得小一些，切削速度应根据刀具材料进行选择。

精车时，合理选用切削用量的一般原则是：根据技术要求，将粗车或半精车留下的余量一次进给完成。当工件表面粗糙度值要求较小，一次进给无法保证表面质量时，才分两次进给，但最后一次进给的背吃刀量不得小于0.1mm。

3）半精车时的切削用量介于粗车与精车之间。

4）选择切削速度时要综合考虑以下因素的影响。

① 刀具材料。硬质合金车刀的切削速度比高速钢车刀高4~5倍。

② 工件材料。硬度高、强度大的材料切削速度应取得低一些；反之，硬度低、强度小的材料，如非铁金属，切削速度应取得高一些。

③ 工件表面粗糙度的要求。如果工件表面粗糙度要求较高，选用硬质合金车刀应取高速，选用高速钢车刀则取低速。

④ 其他切削用量的大小。如果背吃刀量或者进给量较大，可以降低切削速度。

总之，在选择车削用量时，一般希望只通过一次粗车、一次精车就把毛坯上的全部加工余量切除掉，达到加工要求。但对于精度较高的工件，可按粗车、半精车、精车的工序进行加工。

（四）切削液

在车削加工过程中，由于工件的弹性变形与塑性变形，切屑与工件、切屑与刀具之间存在剧烈的摩擦而产生大量热量，使车刀温度急剧上升，从而影响车刀的使用寿命和工件的质量，因此，在加工过程中需要加注切削液。

1. 切削液及其种类

切削液是能吸收并带走切削区域大量热量的液体的统称，主要有切削油（油基切削液）、乳化液、水溶液切削液等。乳化液一般是把乳化油用15～20倍的水稀释而成的。

切削液主要起冷却、润滑、清洗等作用。

2. 选用切削液的一般原则

1）粗加工时，选用以冷却为主的乳化液。

2）精加工时，选用切削油或高浓度的乳化液。

3）加工深孔时，选用粘度较小的乳化液或切削油。

4）粗加工钢件时，一般选用乳化液，精加工时选用极压油。

5）加工铸件、铜及铝等脆性材料时，一般不使用切削液，精加工时可选用粘度较小的煤油，或7%～10%的乳化液。

6）切削铜合金等非铁金属时，可选用煤油和粘度较小的切削油；切削镁合金时，不能用切削液，以免起火，必要时可使用压缩空气。

五、安全文明生产

坚持安全文明生产是保障生产工人和机床设备安全，防止工伤和设备事故的根本保证，也是企业经营管理的重要内容之一。它直接影响到人身安全、产品质量和经济效益，影响机床设备和工具、量具的使用寿命，以及生产工人技术水平的正常发挥。在学习和掌握操作技能的同时，必须养成良好的安全文明生产习惯。

1. 安全生产的注意事项

1）工作时要穿好工作服，袖口要扎紧，女操作者应戴工作帽，头发应塞在帽子里，以免被车床的转动部位卷入。

2）禁止穿背心、裙子、短裤，以及戴围巾、穿拖鞋或穿高跟鞋进入操作场地。

3）严格遵守安全操作规程。

4）注意防火与安全用电。

2. 安全操作规程

1）使用车床前，应检查其各部分机构是否完好。

① 各传动手柄、变速手柄的原始位置是否正确。

② 用手摇各进给手柄，检查进给运动是否正常。

③ 检查车床主轴和进给系统的变速情况，检查主轴回转和纵向、横向进给由低速到高速的运动是否正常。

④ 主轴回转时，检查齿轮是否甩油润滑。

2）工件和车刀必须安装牢固，以防飞出伤人。卡盘必须装有保险装置，工件安装夹紧后，卡盘扳手必须随时从卡盘上取下。

3）卸工件、更换刀具、变换速度、测量加工表面时，必须先停车。

4）不准戴手套操作车床或测量工件。

5）操作车床时，必须集中精力，注意手、身体和衣服不要靠近回转中的机件（如工件、带轮、带、齿轮、丝杠等），头不能离工件太近。

6）操作车床时，严禁离开岗位，不准做与操作内容无关的事情。

7）棒料毛坯从主轴孔尾端伸出不能太长。如果伸出较长，可用承料货架支承，或用挡板挡住，防止棒料甩弯伤人。

8）车床运转时，不准用手摸工件表面，严禁用棉纱擦抹回转中的工件。

9）切削工件和刃磨刀具时，应戴好防护眼镜。

10）清除铁屑时，应使用专用铁钩，不准用手直接清理。

11）操作中若出现异常现象，应及时停车检查；出现故障、事故，应立即切断电源，及时申报，由专业人员检修，未修复前不得使用。

3. 文明生产的要求

1）爱护刀具、量具、工具并正确使用，放置稳妥、整齐、合理，存放在固定的位置，以便于操作时取用，用后应放回原处。

2）爱护机床和车间其他设备、设施，车床主轴箱盖上不应放置任何物品。

3）工具箱内的物件应分类摆放，要求整齐。

4）量具应经常保持清洁，用后应擦净、涂油，放入盒内，并及时归还工具室，使用的量具要定期校验。

5）不允许在卡盘及床身导轨上敲击或校直工件，床面上不准放置工具或工件。

6）安装、夹紧较重的工件时，要用木板保护床面。

7）车刀刀尖磨损后，应及时刃磨或更换，不允许用切削刃已磨钝的车刀继续切削。

8）车削铸铁或气割下料的工件，应擦去车床导轨面上的润滑油，铸件上的型砂、杂质应尽可能去除干净，以免磨损床身导轨面。

9）使用切削液时，车床导轨面上应涂润滑油，切削液应定期更换。

10）毛坯、半成品和成品应分开放置。半成品、成品应堆放整齐、轻拿轻放，以防碰伤已加工表面。

11）图样、工艺卡片应放置在便于阅读的位置，并注意保持其清洁和完整。

12）工作区域应保持清洁、整齐，避免堆放杂物，防止绊倒。

13）工作结束后，应认真清洁车床和工具、量具，给车床加注润滑油，将车床床鞍摇到床尾一端，把各手柄放置到空挡位置，清扫工作场地，关闭电源。

思 考 题

1. 将自己所用车床的型号、主要参数、特征填入表0-1（可查阅车床使用说明书）。

表0-1 车床参数

序　号	项　目	数　值
1	车床的型号	
2	床身上最大工件的回转半径/mm	
3	主轴内孔的直径/mm	
4	最大工件的长度/mm	
5	主轴的中心高/mm	
6	主轴前端锥度（莫氏）	
7	主轴正转转速/(r/min)	最高转速是______最低转速是______

（续）

序号	项目	数值
8	主轴反转转速/（r/min）	最高转速是_______最低转速是_______
9	纵向进给量（64 级）	最大进给量是_______最小进给量是_______
10	横向进给量（64 级）	最大进给量是_______最小进给量是_______
11	主电动机功率/kW	
12	尾座套筒的锥度（莫氏锥度）	

2. 什么是车削？车削的加工范围有哪些？
3. 车床由哪些主要部分组成？各组成部件有什么作用？
4. 常用的车刀材料有哪些？车刀的几何角度有哪些？
5. 切削用量有哪几个要素？
6. 粗车和精车时，怎样选择切削用量？
7. 车工文明生产的要求是什么？安全操作规程是什么？
8. 在车床上车削直径为 60mm 的轴，假设车床主轴的转速为 360r/min，请问这时的切削速度是多少？假设图样要求的直径为 56mm，一刀车完，问背吃刀量是多少？假设采用自动进给，进给量 f 为 0.1mm/r，那么 1min 车刀前进多少？假设轴的车削长度为 50mm，请问车削一次需要多长时间？

项目一　光轴的加工

[项目引入]

在机械零件的实际生产中，有一种最简单的回转体零件，它只由直径相同的外圆柱面和端面组成，我们把这类零件称为光轴，又称直轴，如图 1-1 所示。这类光轴（直轴）在车床上是怎样加工的呢？要解决这个问题，实际上就是要掌握车工中车削端面和车削外圆的方法。

a)　　　　b)

图 1-1　光轴

[项目任务与要求]

按图 1-2 的要求加工光轴。毛坯使用 $\phi65mm \times 120mm$ 的棒料。

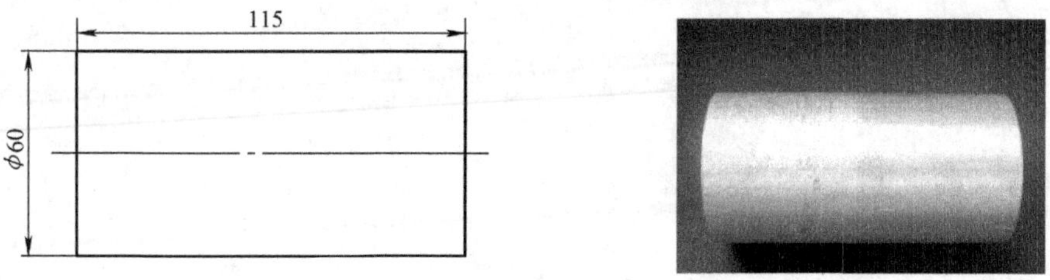

光轴	材料
	45 钢

图 1-2　光轴

注：为了掌握最基本的车削方法，建议车削时分几刀进行车削，分别采用手动进给和自动进给，并对比它们车削出的外圆和端面的效果。

[学习目标]

知识目标

◆ 了解端面、外圆车刀的几何形状和角度

◆ 理解横向刻度盘的原理及读数方法

◆ 了解光轴的特点

技能目标

◇ 掌握手动和自动车削端面、外圆的方法

◇ 掌握外圆直径的检测方法

◇ 掌握安装棒料及找正棒料的方法

情感、态度与价值观目标

☆注意培养安全意识

[项目计划与实施]

想一想

要完成这项任务需要哪些知识准备？需要哪些技能准备？需要哪些刀具、量具、夹具？怎样安装端面车刀和外圆车刀？怎样安装工件？手动车削端面或外圆的操作要点是什么？自动车削端面或外圆的操作要点是什么？车削外圆时怎样控制和检测外圆的直径尺寸？加工如图 1-2 所示零件的工艺流程是什么？请认真思考上述问题，查阅有关资料，完成项目计划表。

注：项目计划表详见附录 E，建议在每个项目开始前填写。

做一做

根据图 1-2 的要求加工光轴。

1. 根据图样进行分析

1）图 1-2 所示为光轴，其外圆直径的大小不变，而且是自由公差，采用游标卡尺测量即可达到加工精度。

2）根据技术要求，必须分几刀车削出外圆和端面，而且必须采用手动进给和自动进给进行车削，并对比它们的车削效果。

3）由于毛坯长度为 120mm，光轴的长度为 115mm，所以，在加工光轴过程中必须调头装夹。拟采用三爪自定心卡盘装夹，调头安装、夹紧工件时一定要找正，注意找正方法和效果。

该工件的加工示意图如图 1-3 所示。

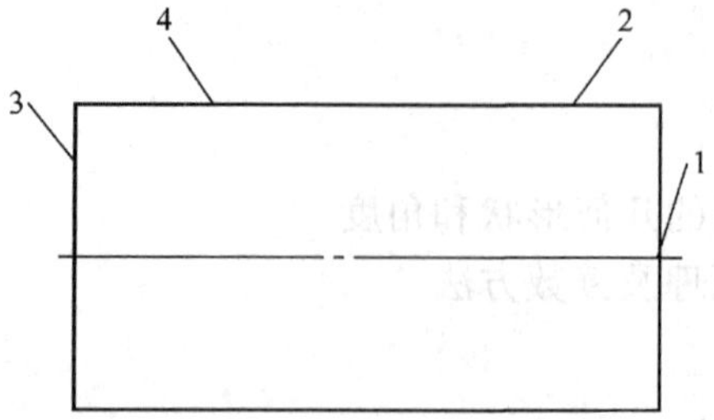

图 1-3　光轴加工示意图

2. 加工步骤（表 1-1，供参考）

表 1-1　加工步骤

步骤	加工内容	刀具、量具
1	用三爪自定心卡盘夹持毛坯，伸出 70mm 左右，夹紧	45°弯头车刀或 90°外圆车刀、游标卡尺
	手动车削右端面，背吃刀量为 1mm 左右	
	手动车削右端面，背吃刀量为 0.5mm 左右	
	自动车削右端面，背吃刀量为 1mm 左右	
	自动车削右端面，背吃刀量为 0.5mm 左右	
	对比两种进给方式的表面粗糙度	
2	手动车削外圆，背吃刀量为 1mm 左右，长度约 65mm	90°外圆车刀、游标卡尺
	手动车削外圆，背吃刀量为 0.5mm 左右，长度约 65mm	
	自动车削外圆，背吃刀量为 1mm 左右，长度约 65mm	
	自动车削外圆，背吃刀量为 1.5mm 左右，长度约 65mm	
	自动车削外圆，背吃刀量为 0.5mm 左右，长度约 65mm	
	对比两种进给方式的表面粗糙度	
	（自动或手动）车削外圆至要求（ϕ60mm），长度约 65mm	
3	调头，用三爪自定心卡盘夹持已加工好的外圆表面（垫铜片），找正并夹紧	45°弯头车刀或 90°外圆车刀、游标卡尺
	手动车削左端面，将余量的一半用手动进给的方法分几刀车削	
	自动车削左端面，将余量的另一半用自动进给的方法分几刀进行车削	
	最后一刀车削左端面，必须保证总长 115mm	
4	手动车削外圆，将余量的一半用手动进给的方法分几刀进行车削，长度至接线处	90°外圆车刀、游标卡尺
	自动车削外圆，将余量的另一半用自动进给的方法分几刀进行车削，长度至接线处	
	最后一刀车削外圆，必须保证外圆要求（ϕ60mm），长度至接线处	
5	检查工件	游标卡尺

[项目检查与评价]

写一写

填写项目学习报告。

注：项目学习报告详见附录 F，建议在每个项目完成后填写。

评一评

项目检查评价表见表 1-2。

表 1-2　项目检查评价表

序号	检测的项目		分值	自我测试		小组测试		教师测试	
				结果	得分	结果	得分	结果	得分
1	外圆 ϕ64mm	一头过程检测	10						
2	外圆 ϕ61mm		10						
3	外圆 ϕ60mm	结果	20						
4	外圆 ϕ64mm	另一头过程检测	10						
5	外圆 ϕ62mm		10						
6	外圆 ϕ60mm	结果	20						
7	总长 115mm		5						
8	安全文明生产情况		15						
合计			100						

评语（优、缺点及改进措施）

[知识加油站]

读一读

一、光轴

光轴实际上就是圆柱体，它由一个圆柱面和两个端面组成。加工光轴（直轴）实际上就是车削外圆和端面。

二、常用的外圆车刀和端面车刀及其安装

1. 90°偏刀

90°偏刀如图1-4所示，其主偏角为90°，刀尖角小于90°，按车削时进给方向的不同分为右偏刀和左偏刀。

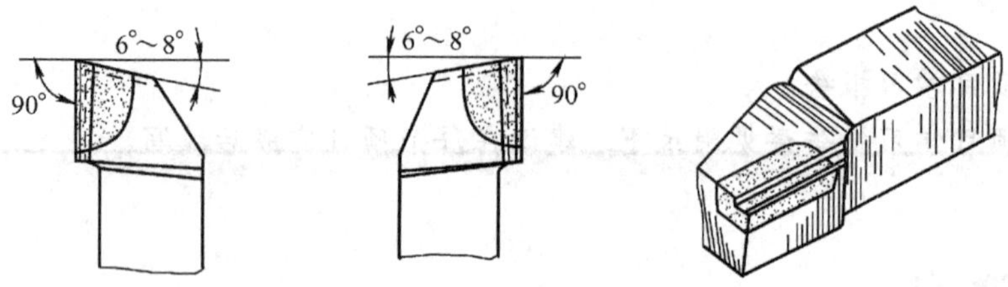

图1-4　90°偏刀

a）右偏刀　b）左偏刀　c）右偏刀外形

90°偏刀的使用如图1-5所示。右偏刀的主切削刃在刀体左侧，一般用来车削工件的外圆、端面和右向台阶。左偏刀的主切削刃在刀体右侧，一般来车削工件的外圆和左向台阶，也适用于车削直径较大而长度较短的工件的端面。

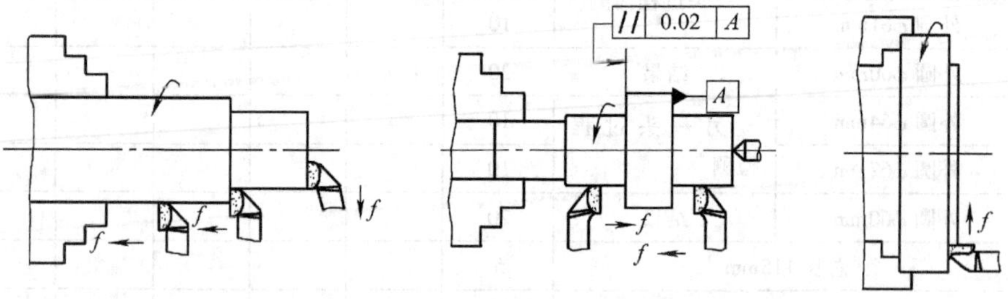

图1-5　90°偏刀的使用

a）用右偏刀车削外圆、端面和右向台阶　b）用左、右偏刀车削外圆、台阶

c）用左偏刀车削端面

2. 75°偏刀

75°偏刀如图1-6所示，其主偏角等于75°，刀尖角大于90°，按车削时进给方向的不同分为右偏刀和左偏刀。75°偏刀的刚性好、强度高、寿命长，适于粗加工工件的外圆和切削铸件、锻件等余量较大的工件，75°左偏刀还可用来车削铸件、锻件的大平面。

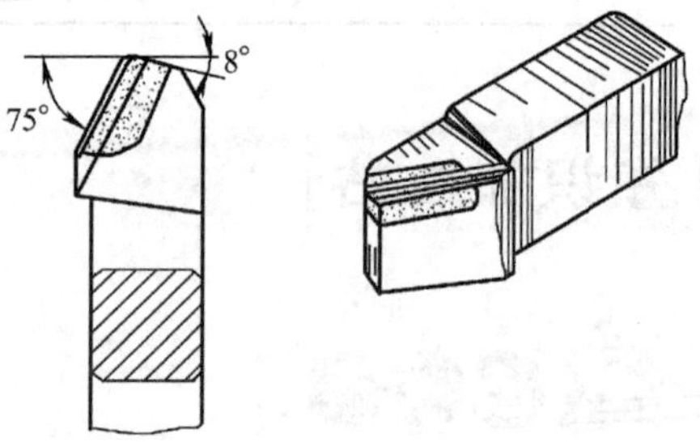

图1-6　75°偏刀

3. 45°弯头车刀

45°弯头车刀如图1-7所示，其主偏角为45°，刀尖角为90°，按车削时进给方向的不同分为右弯头车刀和左弯头车刀。45°弯头车刀的刀体强度和散热条件都比90°偏刀好。45°弯头车刀常用于车削工件的端面和加工45°倒角，也可以用来车削长度较短的外圆。

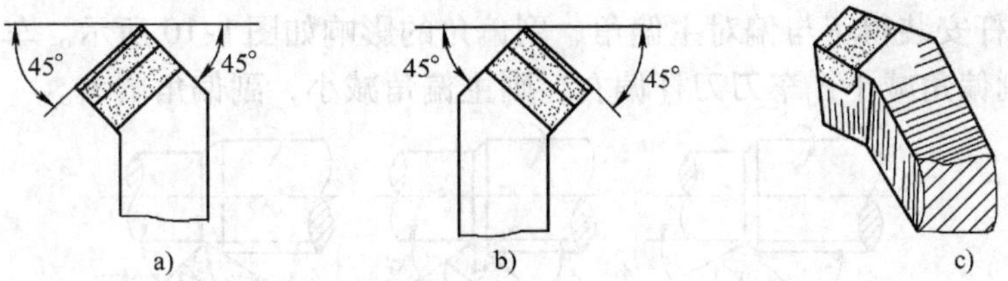

图 1-7　45°弯头车刀

a）右偏刀　b）左偏刀　c）右偏刀外形

4. 车刀的一般安装方法

为了使车刀在工作时能保持合理的切削角度，必须正确地安装车刀，如图 1-8 所示。

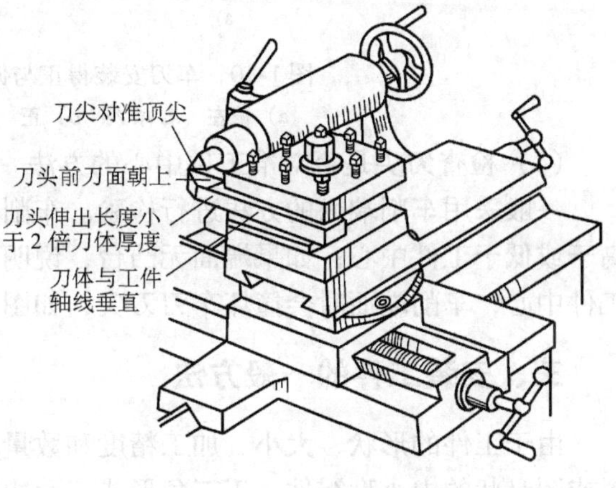

图 1-8　车刀的安装

（1）车刀安装的一般要求

1）安装车刀前，一定要把刀柄、刀杆、装刀的刀槽等部位擦干净。

2）车刀刀尖应严格对准工件中心。

3）车刀刀杆中心线应与进给方向垂直或平行。

4）车刀安装在刀架上，伸出部分不宜太长，伸出量一般为刀杆高度的 1～1.5 倍（车削孔、槽等除外）。

5）车刀垫片要平整，数量要少，垫片与刀架对齐，大的、厚的垫片在下。

6）车刀至少要用两个螺钉压紧。

（2）车刀刀尖对准工件中心的方法

1）利用车床主轴的中心高对刀，用金属直尺调节车刀的高度。

2）利用车床尾座后顶尖对刀，用顶尖的高度调节车刀的高度。

3）利用加工好的工件端面对刀，用端面中心点的高度调节车刀的高度。

4）利用标准样板车刀对刀，用样板车刀的高度调节车刀的高度。

（3）车刀安装不正确对车刀几何角度的影响

1）车刀安装得高低对前角、后角的影响如图 1-9 所示。车刀刀尖高于工件中心，则前角增大，后角减小；车刀刀尖低于工件中心，则前角减小，后角增大。

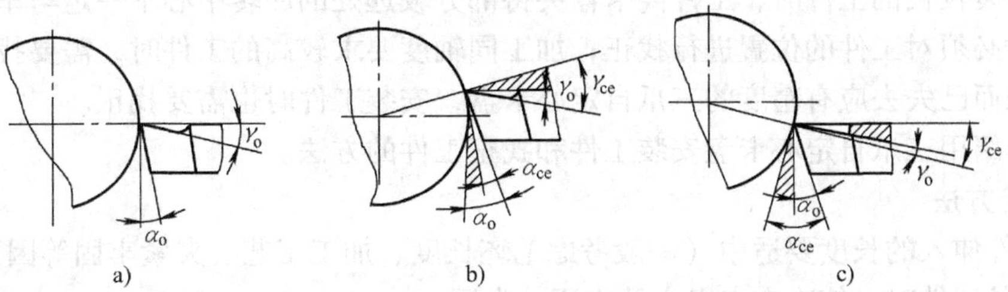

图 1-9　车刀安装得高低对前角、后角的影响

a）正确　b）太高　c）太低

2）车刀刀杆安装得正与偏对主偏角、副偏角的影响如图 1-10 所示。车刀刀杆偏左，则主偏角增大，副偏角减小；车刀刀杆偏右，则主偏角减小，副偏角增大。

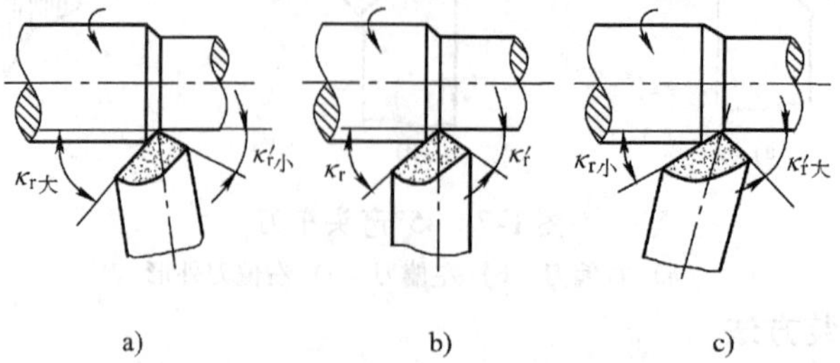

图 1-10 车刀安装得正与偏对主偏角、副偏角的影响
a）偏左 κ_r 增大 b）正 κ_r 不变 c）偏右 κ_r 减小

（4）检查刀尖是否对准工件中心的方法

一般采用车削端面的方法进行检验。车削完端面后，如果端面留有凸台，说明车刀刀尖高于或低于工件中心；如果端面无凸台，说明车刀刀尖与工件等高。如果车刀刀尖没有对准工件中心，车削端面时会撞坏车刀刀尖，如图 1-11 所示。

三、安装工件的一般方法

由于工件的形状、大小、加工精度和数量不同，其在车床上的安装方法也不同。对于棒料或圆盘状的中小型零件、正三角形或正六边形零件，一般采用三爪自定心卡盘进行装夹，如图 1-12 所示。

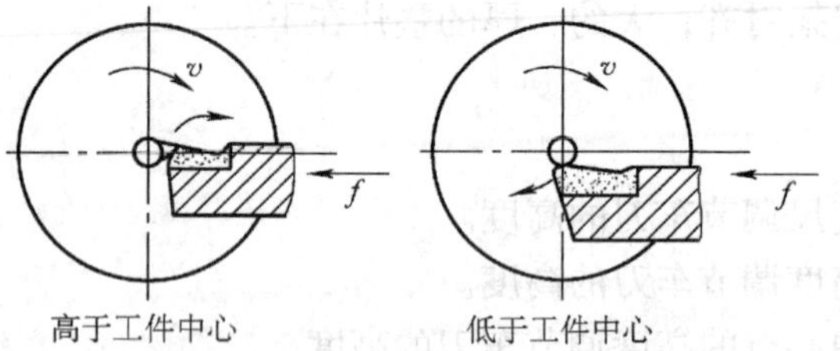

图 1-11 车削端面时撞坏车刀刀尖的情形

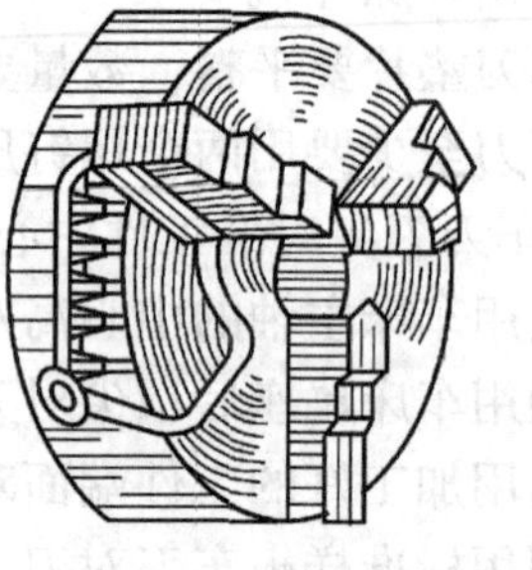

图 1-12 三爪自定心卡盘

三爪自定心卡盘是车床的常用附件，它的三个爪均匀地分布在卡盘的圆周上，能沿径向同步移动，实现对工件的夹紧或松开，能自动定心，安装工件时一般不需要找正，使用方便。

但在安装较长的工件时，工件离卡盘夹持部分较远处的回转中心不一定与车床主轴轴线重合，这时必须对工件的位置进行找正；加工同轴度要求较高的工件时，需要找正；对于使用时间较长而已失去应有精度的三爪自定心卡盘，安装工件时也需要找正。

下面介绍用三爪自定心卡盘安装工件和找正工件的方法。

1. 安装方法

1）工件伸入的长度要适中（一般考虑毛坯长度、加工工艺、夹紧牢固等因素）。

2）夹紧工件时，依次在卡盘方孔中逐一夹紧。

3）工件安装后，观察卡爪与工件的接触情况，防止只有两爪夹紧，造成转动时甩出。

4）用手转动卡盘，检查工件有无晃动。

5）安装大型毛坯时，应在床身导轨上垫木板。

2. 找正方法

（1）轴类工件的找正方法

1）用划针找正。粗加工时，常用目测的方法或使用划针找正毛坯表面，方法如下：

① 用卡盘轻轻夹住工件，将划线盘放置在适当位置，将划针尖端触向工件悬伸端的外圆柱表面，如图1-13所示。

② 将主轴箱变速手柄置于空挡，用手拨卡盘，使其缓慢转动，观察划针与工件表面的接触情况，并用铜锤轻击工件悬伸端，边找正，边夹紧，直至划针与工件的表面间隙在全圆周上均匀一致，找正结束。

③ 紧固工件。

2）用百分表找正。精加工时，用百分表找正，方法如下：

① 用卡盘轻轻夹住工件，将磁性表座吸在车床固定不动的表面（如导轨面）上，调整表座的位置，使百分表触头垂直指向工件悬伸端的外圆柱表面，如图1-14所示，将百分表触头预压下0.5~1mm。

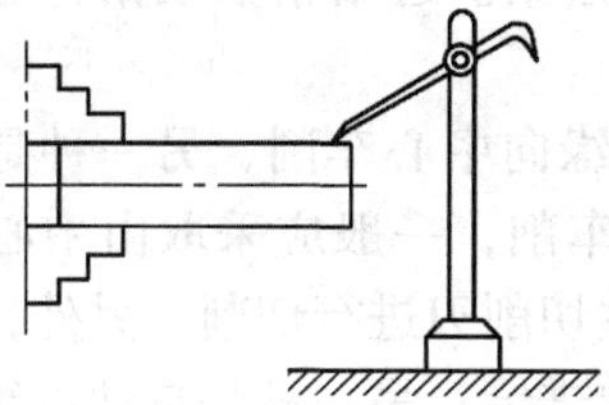

图1-13 用划针找正轴类工件

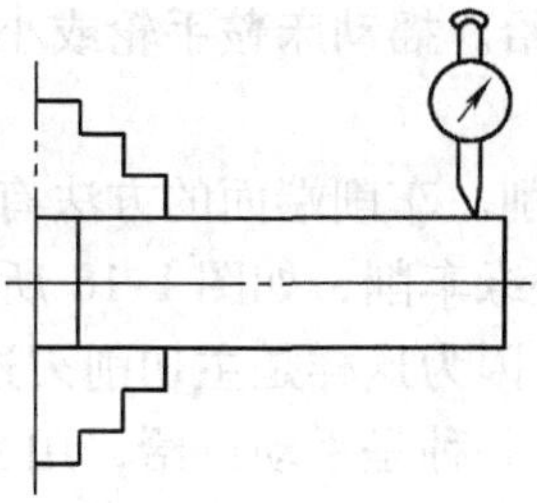

图1-14 用百分表找正轴类工件

② 用相同方法拨动卡盘，使其缓慢转动，观察百分表表针的摆动情况，并用铜锤轻击工件，边找正，边夹紧，直至百分表的最大读数与最小读数的差值在工件的精度范围内，找正结束。

③ 紧固工件。

（2）盘类工件的找正方法 盘类工件的找正方法与轴类工件的找正方法基本相同。粗加工时，使用划针找正；精加工时，使用百分表找正。不同的地方是，划针与百分表触头的检测部位不是外圆柱表面，而是盘类工件端面靠外缘的地方。用百分表找正盘类工件的方法如图1-15所示。

安装粗车好端面的盘类工件时，还可以在刀架上夹持一根圆头铜棒，用卡盘轻轻夹住工件，使主轴低速转动，移动床鞍和中滑板，使刀架上的圆头铜棒轻轻接触和挤压工件端面的外缘，当工件端面与主轴轴线垂直时，立刻退出铜棒，停止转动，夹紧工件，如图1-16所示。

四、车削端面

1. 准备工作

1）安装端面车刀（可选用45°弯头车刀或90°右偏刀）。

2）安装工件，找正并夹紧工件。

3）选择和调整主轴转速。

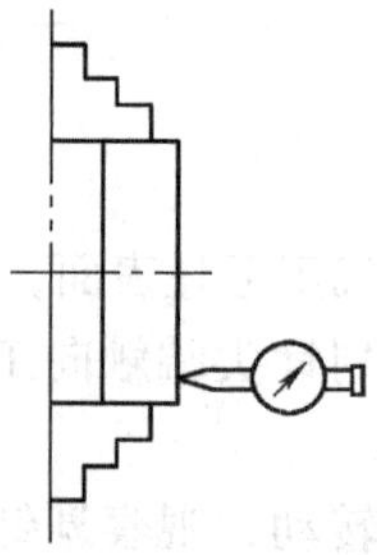

图 1-15　用百分表找正盘类工件

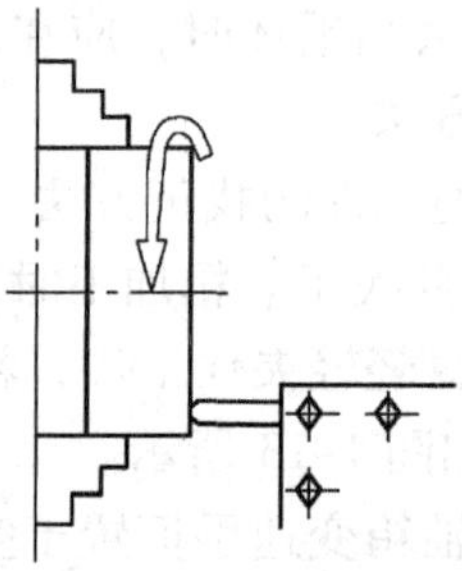

图 1-16　用圆头铜棒找正盘类工件

4）将小滑板左端调整到与中滑板左侧对齐的位置，避免因伸出过多而影响刚度。

2. 车削端面的方法（图 1-17）

1）起动车床，使工件回转。

2）对刀。左手摇动床鞍手轮，右手摇动中滑板手柄，使刀尖快速趋近并轻轻接触工件端面，此时的车刀位置为长度方向的起始位置。然后反向摇动中滑板手柄，床鞍手轮不动，使车刀轴向离开工件 5mm。

3）进给。摇动床鞍手轮或小滑板手柄，按格数纵向进给。进给格数根据背吃刀量计算得出。

4）车削。车削端面的方法有两种：一种是由工件外缘向中心车削，另一种是由工件中心向工件外缘车削，如图 1-18 所示。若使用 90°右偏刀车削，一般应采取由中心向外缘车削的方法，因为这样是主切削刃进行切削；反之，是副主切削刃进行切削。另外，进给方法也有两种：一种是手动进给，用手摇动中滑板手柄作横向进给；另一种是自动进给，操作自动横向进给手柄，实现自动进给。

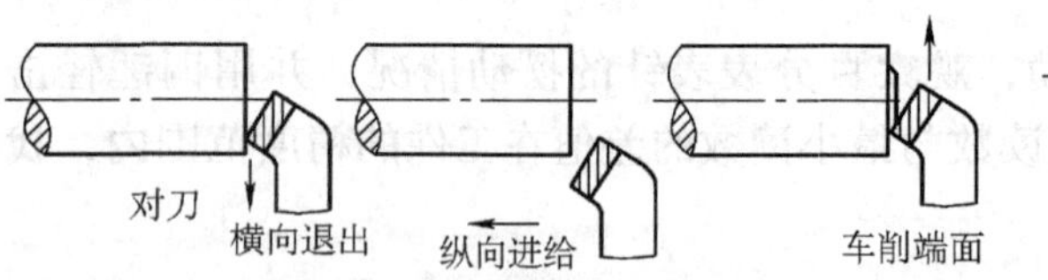

图 1-17　车削端面的操作过程

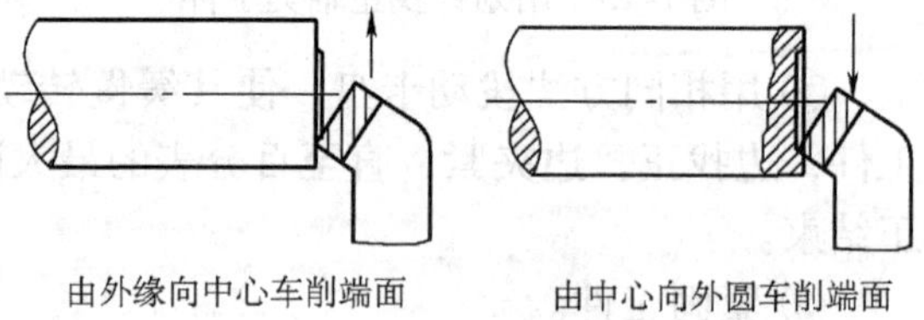

图 1-18　车削端面的方法

五、车削外圆

在车床上，利用外圆车刀把工件的外圆柱面加工出来的过程称为车削外圆。常见的外圆车刀有直头车刀，45°弯头车刀和 90°偏刀等，它们的车削情况，如图 1-19 所示。

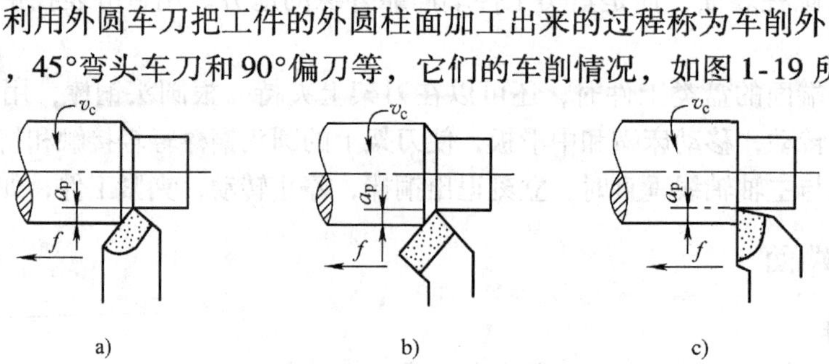

图 1-19　几种车刀车削外圆的情况

a）直头车刀　b）45°弯头车刀　c）90°偏刀

1. 准备工作

车削外圆的准备工作与车削端面一样。

2. 车削外圆的方法（图 1-20）

1）起动车床，使工件回转。

2）对刀。左手摇动床鞍手轮，右手摇动中滑板手柄，使车刀刀尖快速趋近并轻轻接触工件的待加工面，此时车刀的位置为直径方向的起始刻线位置。然后反向摇动床鞍手轮，中滑板手柄不动，使车刀纵向离开工件 5mm。

3）进给。摇动中滑板手柄，按格数横向进给，进给格数按背吃刀量计算得出。

4）车削。车削外圆时的进给方法有两种：一种是手动进给，用手摇动床鞍手轮作纵向进给；另一种是自动进给，操作自动纵向进给手柄，实现自动进给。

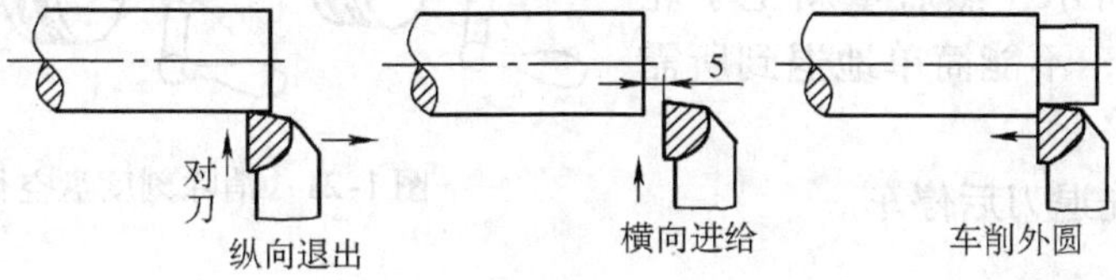

图 1-20　车削外圆的操作过程

3. 车削外圆的技术要点——背吃刀量的控制

车削外圆时的关键是准确而迅速地控制背吃刀量，通常利用中滑板的横向刻度盘来进行控制。

（1）横向刻度盘及其使用原理　中滑板的刻度盘装在横向进给的丝杠端头上，又称横向进给刻度盘，简称横向刻度盘。当横向刻度盘的丝杠转一圈时，横向刻度盘随之转一圈，固定在中滑板上的螺母就带动中滑板、刀架及车刀一起移动一个螺距的距离。假设横向进给丝杠的螺距为 5mm，横向刻度盘一周等分为 100 格，那么中滑板手柄转一周，即横向刻度盘转过 100 格，则中滑板、刀架和车刀移动 5mm，横向刻度盘转一格，则中滑板、刀架和车刀移动 0.05mm。

算一算

① 假设横向刻度盘一周等分为 80 格，中滑板每转一格的移动量为 0.05mm。请问中滑板丝杠的螺距是多少？手柄转动一周，中滑板及其刀架和车刀移动多少？

② 横向刻度盘每顺时针转过 1 格，刀架上的车刀向里走还是向外走？走多少？车刀切下铁屑（单边）的深度为多少?，工件直径减少了多少？

③ 假设横向刻度盘顺时针转了 10 格，那么工件的直径减少多少？

④ 假设工件直径需要减少 1.2mm，横向刻度盘应顺时针转还是逆时针转？应转过多少格？

⑤ 本项目加工的光轴，需要把外圆车削到 ϕ60mm，假设毛坯外圆为 ϕ65mm，车刀总共要进多少格（理想情况下）？

⑥ C6140 车床的横向刻度盘一周为 80 格。车削外圆对刀时，车刀刚好接触工件外圆表面，横向刻度盘的刻线在 20 的刻线上，现要将直径车小 2mm，请问横向刻度盘要进多少格？进到哪一根刻线上？

总之，横向刻度盘是控制直径方向背吃刀量的关键。

（2）横向刻度盘的使用要点

1）计算进给的格数。工件直径加工余量的一半除以横向刻度盘每格进给量等于进给格数。

2）确定起始刻线。在横向刻度盘进给前，先把车刀靠近工件外圆表面，采用对刀的方法或试切的方法，确定起始刻线。

3）转动横向刻度盘进给。使用横向刻度盘时，先快速转动手轮，当接近所需刻线时，再慢慢地转动手轮，转至所需尺寸，防止转过格。如不小心转过格了，必须先退回一圈，如图 1-21 所示，然后重新把手轮转到所需的格数上，不能简单地退到所需刻线上。

4）试切时，先退刀后停车。

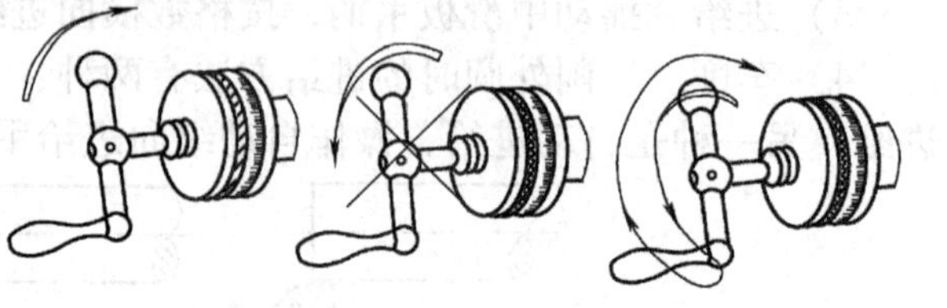

图 1-21　消除刻度盘空行程的方法

六、外圆直径的检测

1. 使用游标卡尺测量（图 1-22）

常用游标卡尺的游标读数值为 0.1mm、0.05mm、0.02mm，测量范围为 0 ~ 150mm，0 ~ 200mm，0 ~ 300mm 等。

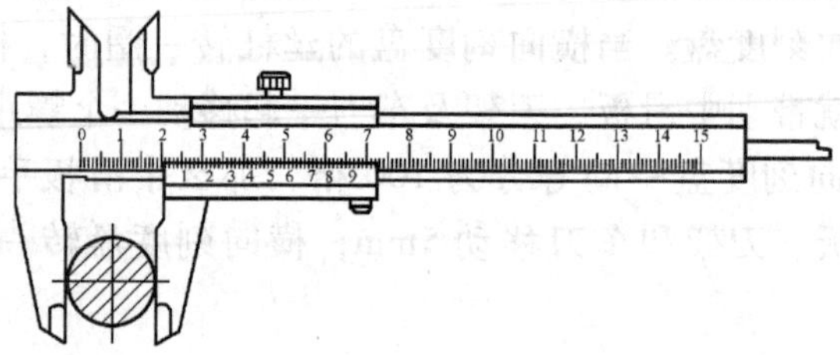

图 1-22　用游标卡尺测量外径

2. 使用外径千分尺测量（图 1-23）

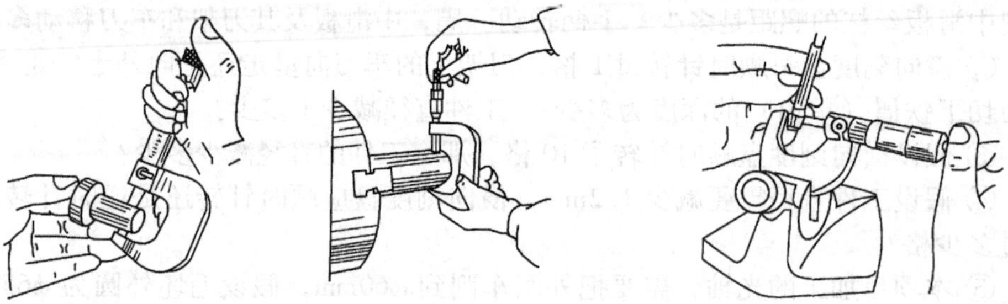

a)　b)　c)

图 1-23　用外径千分尺测量外径

a）单手握千分尺　b）双手握千分尺　c）将千分尺固定在基座上

常用外径千分尺的分度值为 0.01mm，测量范围为 0 ~ 25mm（图 1-24）、25 ~ 50mm、

50~75mm、75~100mm 等。使用时应根据被测工件的尺寸，选择相应测量范围的千分尺。

3. 使用卡规测量（图 1-25）

在大批量生产过程中，一般使用卡规检验工件的外圆直径。因为使用千分尺或游标卡尺检测工件的外圆不方便，而且容易加剧量具的磨损。

图 1-24　0~25mm 千分尺

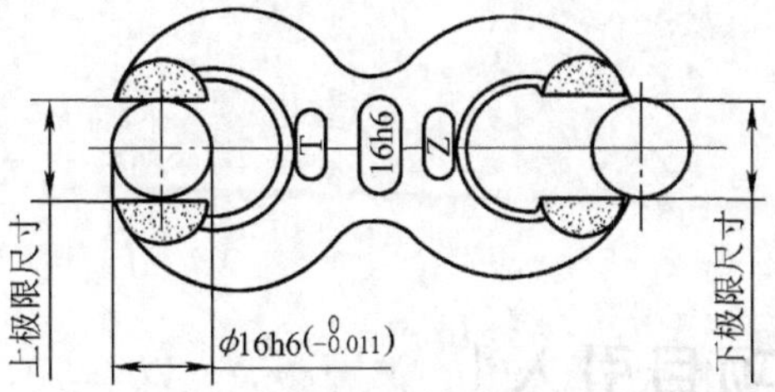

图 1-25　用卡规的检验外径

用卡规检测，能直接、快速地判断工件的外圆直径是否合格。卡规有两个测量面，尺寸大的测量面等于外圆的上极限尺寸，称之为通端 T；尺寸小的测量面等于外圆的下极限尺寸，称之为止端 Z。检测时，如果卡规的通端能通过，止端不能通过，则说明被测表面的尺寸在允许的误差范围内，为合格工件；否则为不合格工件。

七、车削外圆时的常见问题及其产生原因（表 1-3）

表 1-3　车削外圆时的常见问题及其产生原因

问　题	产生原因
毛坯车不到尺寸	1. 毛坯余量不够 2. 毛坯弯曲没有找正 3. 安装工件时，没有找正
达不到尺寸精度	1. 未经过试切和测量，盲目切深 2. 没掌握工件材料的收缩规律 3. 量具误差大或测量不准
表面粗糙度达不到要求	1. 各种原因引起的振动，如工件、刀具伸出太长，刚性不足，主轴承间隙过大；转动件不平衡；刀具主偏角过小 2. 后角过小，刀具后刀面和已加工表面摩擦 3. 切削用量选得不当
产生锥度	1. 用卡盘安装工件时，悬伸太长，受力后末夹端让开 2. 床身导轨和主轴轴线不平行 3. 用一夹一顶或两顶尖安装时，后顶尖轴线和主轴轴线不重合 4. 刀具磨损
产生椭圆	1. 余量不均，没分粗、精车 2. 主轴轴承磨损，间隙过大 3. 中心孔壁接触不好或顶尖顶得太松，回转顶尖摆动

项目二 阶梯轴的加工

[项目引入]

前面我们学习了如何车削光轴（直轴），在机械零件的实际生产中，还有一些回转体零件，它由直径不同的外圆柱面组合而成，我们把这类轴称为阶梯轴，又称台阶轴，如图 2-1 所示。这类阶梯轴在车床上是怎样加工的呢？要解决这个问题，实际上就是要掌握车工中，车削有长度限制的外圆和端面的方法。

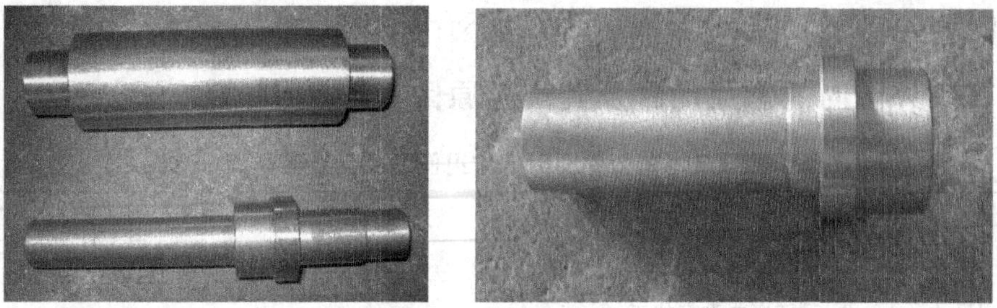

a) b)

图 2-1　阶梯轴

[项目任务与要求]

按图 2-2 的要求加工阶梯轴。毛坯可使用项目一的零件。

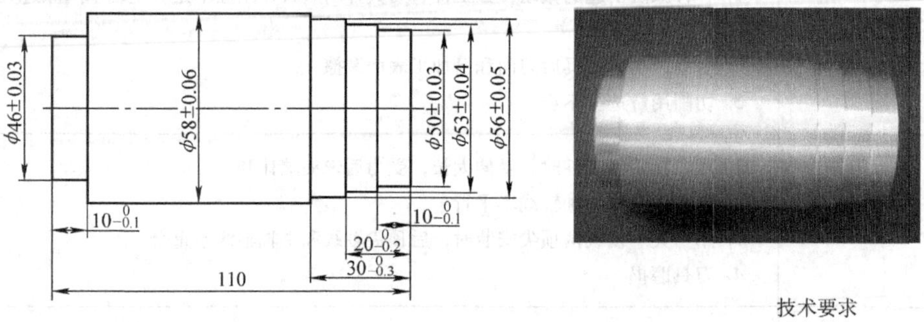

技术要求
倒钝锐边。

阶梯轴	材料
	45钢

图 2-2　阶梯轴

[学习目标]

知识目标

◆ 理解床鞍上纵向刻度盘的原理及读数方法

◆ 理解小滑板纵向刻度盘的原理及读数方法

◆ 了解阶梯轴（台阶轴）的特点

技能目标

◇ 掌握台阶面的车削方法

◇ 掌握台阶长度的控制方法

◇ 掌握台阶长度的检测方法

情感、态度与价值观目标

☆ 注意培养学习车工知识的兴趣

[项目计划与实施]

想一想

要完成这项任务需要哪些知识准备？需要哪些技能准备？需要哪些刀具、量具、夹具？怎样安装车削台阶面的车刀？怎样安装工件？怎样车削外圆直径相差不大的台阶？怎样车削外圆直径相差较大的台阶？车削阶梯轴时，怎么控制和检测台阶长度？加工如图 2-2 所示零件的工艺流程是什么？请认真思考上述问题，查阅有关资料，完成项目计划表。

注：项目计划表详见附录 E，建议在每个项目开始前填写。

做一做

根据图 2-2 的要求加工阶梯轴。

1. 根据图样进行分析

1）图 2-2 所示的阶梯轴由三个外圆直径相差不大的台阶和一个外圆直径相差较大的台阶组成。

2）外圆直径与台阶长度都有公差要求，注意分粗车与精车。

3）阶梯轴总长为 110mm。由于该工件同轴度的要求不高，因此，拟采用三爪自定心卡盘装夹工件，暂不采用一夹一顶和两顶尖装夹工件。

该工件的加工示意图如图 2-3 所示。

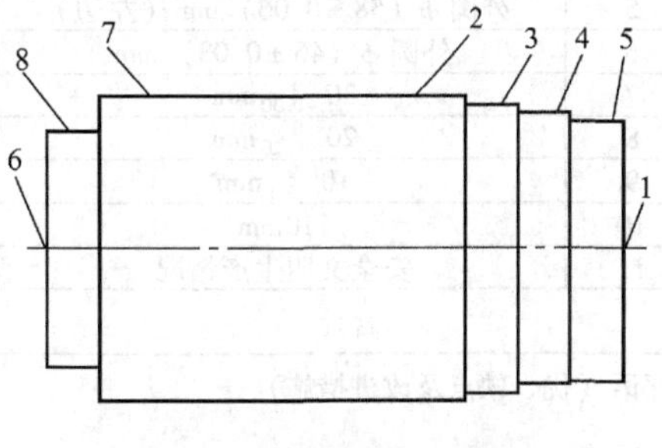

图 2-3 阶梯轴加工示意图

2. 加工步骤（表2-1，供参考）

表2-1　加工步骤

步骤	加工内容	刀具、量具
1	用三爪自定心卡盘夹持毛坯左端外圆，伸出70mm左右，找正并夹紧 车削右端面	45°弯头车刀或90°外圆车刀
2	车削外圆 ϕ58mm 至要求，长度65mm	90°外圆车刀、50～75mm 的外径千分尺、游标卡尺
3	车削外圆 ϕ56mm 至要求，长度30mm 至要求	
4	车削外圆 ϕ53mm 至要求，长度20mm 至要求	
5	车削外圆 ϕ50mm 至要求，长度10mm 至要求，锐边倒钝	
6	调头，用三爪自定心卡盘夹持已加工好的外圆表面（ϕ58mm，垫铜片），找正并夹紧，车削左端面，保证总长110mm	45°弯头车刀或90°外圆车刀、游标卡尺
7	车削外圆 ϕ58mm 至要求，长度至接线处	90°外圆车刀、50～75mm 和25～50mm 的外径千分尺、游标卡尺
8	车削外圆 ϕ46mm 至要求，长度10mm 至要求，锐边倒钝	
9	检查	外径千分尺、游标卡尺

[项目检查与评价]

写一写

填写项目学习报告。

注：项目学习报告详见附录F，建议在每个项目完成后填写。

评一评

项目检查评价表见表2-2。

表2-2　项目检查评价表

序号	检测的项目	分值	自我测试		小组测试		教师测试	
			结果	得分	结果	得分	结果	得分
1	外圆 ϕ（58±0.06）mm（右边）	5						
2	外圆 ϕ（56±0.05）mm	10						
3	外圆 ϕ（53±0.04）mm	10						
4	外圆 ϕ（50±0.03）mm	10						
5	外圆 ϕ（58±0.06）mm（左边）	5						
6	外圆 ϕ（46±0.03）mm	10						
7	$30_{-0.30}^{0}$mm	10						
8	$20_{-0.20}^{0}$mm	10						
9	$10_{-0.1}^{0}$mm	10						
10	110mm	5						
11	安全文明生产情况	15						
	合计	100						

评语（优、缺点及改进措施）

[知识加油站]

读一读

一、阶梯轴

阶梯轴由两个或两个以上直径不相等的光轴（直轴）叠加而成，其表面呈现一层一层的台阶。加工这类轴时，除了要保证其外圆直径，还要保证其台阶的长度尺寸。

二、车削台阶面

1. 台阶面车刀的选择及安装

（1）车刀的选择　加工台阶面实际上是车削外圆和车削端面的组合。因此，车削台阶面的车刀通常是90°偏刀，车削右台阶面通常采用90°右偏刀，车削左台阶面通常采用90°左偏刀。

（2）车刀的安装　90°偏刀的安装方法前面已经讲过，但需要注意车刀的主偏角。90°偏刀的主偏角主要根据相邻两个直径相差的大小来决定。车削直径相差较大的台阶面时，主偏角应略大于90°，一般取92°~95°；车削直径相差较小的台阶面时，主偏角等于90°。

2. 不同台阶面的车削方法

（1）车削两个直径相差不大的台阶面　车削两个直径相差不大的台阶时，应选用90°偏刀，车刀安装后的主偏角必须等于90°，经一次或两次车削出。这样既车削外圆又车削端面，在保证外圆尺寸的基础上，控制台阶长度，自然得到台阶面，如图2-4a所示。

（2）车削两个直径相差较大的台阶面　车削两个直径相差较大的台阶时，可先用一把主偏角小于90°的车刀粗车，再把90°偏刀的主偏角安装成92°~95°，分几次车出，进给时应留有精车外圆和端面的加工余量。精车外圆，车削到符合要求的台阶长度时，停止纵向进给，用手摇中滑板手柄，使车刀慢慢、均匀退出，即把端面精车一刀。至此，一个台阶加工完毕，如图2-4b所示。

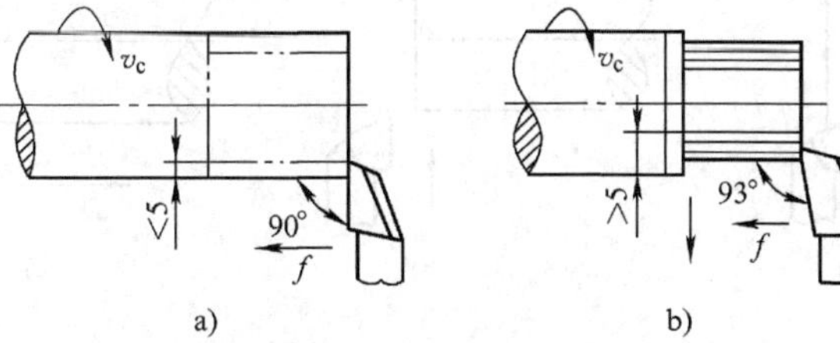

图2-4　台阶面的加工方法

a）一次进给　b）多次进给

3. 车削阶梯轴的技术要点

加工阶梯轴时，不仅要车削外圆，而且要车削环形端面。因此，车削时既要保证外圆的直径尺寸，又要保证台阶面的长度尺寸。

（1）精车与粗车　车削精度较高的台阶面时，一般需要分粗车、半精车和精车。

粗车的目的是切除加工表面绝大部分的加工余量。粗车时，对加工表面没有严格的要求，只需留有一定的半精车余量和精车余量即可。因此，粗车时主要考虑的是提高生产率和保证车刀的使用寿命。在车床动力允许的条件下，粗车时应采用较小的切削速度，较大的进给量和较大的背吃刀量，一般背吃刀量可为2～5mm。由于粗车时切削力很大，所以工件必须安装得牢固可靠。

精车是车削的末道加工，它的目的是保证加工精度和加工表面的质量。精车时背吃刀量小，一般为0.3～0.6mm；切削力较小，车刀磨损较小，一般将车刀磨得较锋利，选择较高的切削速度。而进给量则应选得小些，以降低加工表面的表面粗糙度值。

半精车是介于粗车与精车之间的加工工序。

（2）台阶面外圆直径的控制　当台阶面外圆直径的加工余量较小时，一般一刀直接车削出；当外圆直径的加工余量较大时，一般分粗车、半精车和精车。粗车和半精车外圆时，外圆的车削深度根据外圆加工余量的大小进行分配，分配后再由横向刻度盘进行控制。粗车和半精车后，一般留有0.3～0.6mm的精车余量。

例如，一工件外圆直径的加工余量为4mm，可以这样分配：粗车2.5mm，半精车1mm，精车0.5mm。

外圆直径的最终尺寸是由精车来保证的。精车时通常用什么方法控制进给准确性呢？目前使用最多的方法是试切法。

试切法的具体操作如下：

1）对刀即确定起始刻线位置，如图2-5a所示。起动车床，移动车刀至工件右端外圆端面，使刀尖快速趋近并刚好接触工件的待加工表面，这时横向刻度盘的刻线为起始刻线。

2）横向刻度盘进给相应格数，如图2-5b所示。停车，横向不动，纵向退出，测量工件，根据零件图样上的尺寸要求计算出进给的格数，并转动横向刻度盘进给到需要的刻线上。

3）试切，即纵向车削出一段外圆面，如图2-5c所示。起动车床，纵向车削出一段长度为3～5mm的外圆面（够测量位置即可）。

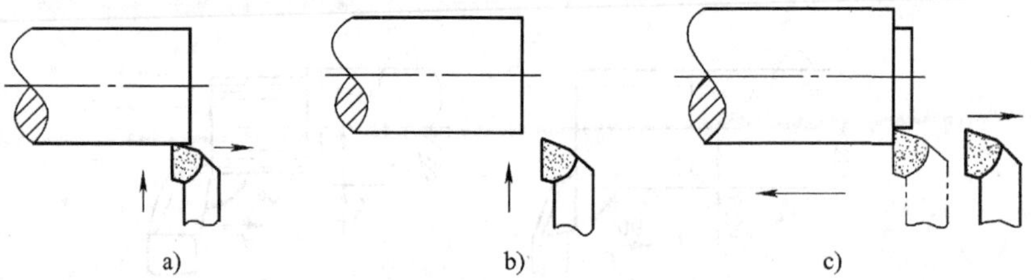

图2-5　外圆的试切法

a）对刀　b）进给　c）试切

4）检验核对。横向不动，纵向退出，停车，测量工件。将检测结果与零件图样上的尺寸要求作比较，如果符合图样的要求，说明进给格数正确；如果不符合图样的要求，说明还存在误差。再根据误差值计算出还需要进给的格数。重复2）、3）、4），直到符合零件图样的要求为止。

5）切削加工。当试切段的外圆尺寸符合零件图样上的尺寸要求后，就一次性把外圆车削完。

（3）阶梯轴台阶长度的控制　车削台阶面时，除了要保证外圆的直径，还要保证台阶的长度尺寸。下面介绍五种常用的控制台阶长度的方法。

1）用床鞍手轮上的纵向刻度盘控制。卧式车床的床鞍上有纵向进给刻度盘，如图2-6所示。当摇动手轮转动一圈时，床鞍手轮上的纵向刻度盘转动一周，这时固定溜板箱上的刀架及车刀一起纵向移动一个距离。假设车床床鞍手轮上的纵向刻度盘一周为100格，每格为1mm，那么，手轮转一周即转100格，溜板箱上刀架及车刀则一起纵向移动100mm。

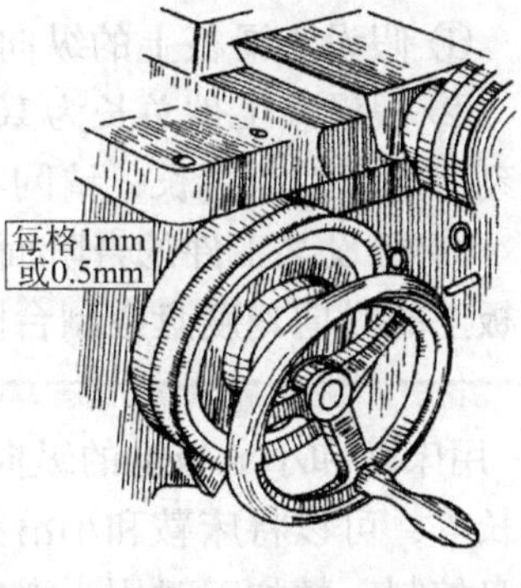

图2-6　床鞍上的纵向进给刻度盘

算一算

某车床床鞍的纵向刻度盘为100格，每格为1mm。

① 假设车床床鞍的纵向刻度盘转过30格，则刀架及车刀纵向移动了多长？

② 假设车床床鞍的纵向刻度盘从80格的刻线上，转到了20格的刻线上，请问刀架及车刀纵向移动了多长？

③ 假设某工件台阶长度为55mm，现要车削该台阶的外圆，车床床鞍的纵向刻度盘应转多少格？假设起始时，床鞍的纵向刻度盘在21格的刻线上，那么当车削到工件要求的位置时，应该在哪一格的刻线上？

使用方法：先确定起始刻线，以车刀的刀尖刚好接触工件右端面为加工起点，然后根据零件图样的尺寸要求，计算出所需的格数，加工到所需的刻线。

车床床鞍的纵向刻度盘，有的每格为1mm，有的每格为0.5mm，所以这种控制长度的方法精度不高，其误差值一般在0.3mm以内。它只适用于控制精度不高、较长的台阶、孔、工件的总长。

2）用小滑板上的纵向刻度盘控制。中滑板的上层是小滑板，小滑板上有纵向进给刻度盘，如图2-7所示。它的原理与中滑板上的横向刻度盘原理一样，一般每格为0.05mm，所以这种控制长度的方法，精度较高，其误差值一般在0.05mm以内。它适用于控制精度较高、长度较短的台阶、孔、端面槽的尺寸。

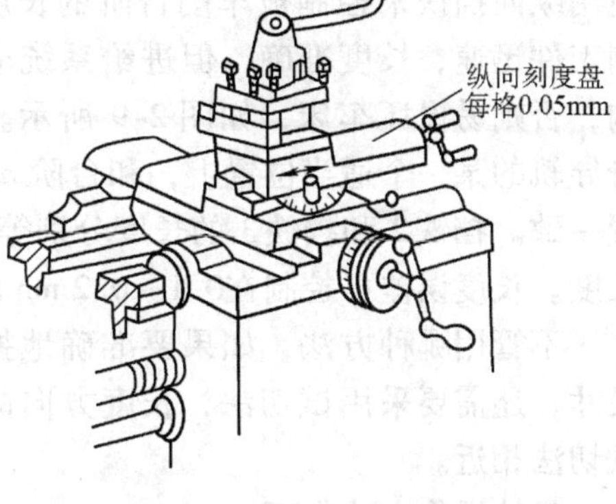

图2-7　小滑板上的纵向刻度盘

算一算

① 假设小滑板上的纵向刻度盘转过5格，则刀架及车刀纵向移动了多长？

② 假设某工件总长为100.20mm，现需要车削到100mm，要求用小滑板上的纵向刻度盘来控制总长，请问小滑板上的纵向刻度盘应进多少格？

③ 假设某工件的台阶面长度要求为30mm，现在加工到了29.5mm。如果用小滑板上的纵向刻度盘控制台阶的长度尺寸，请问小滑板上的刻度盘还应进多少格。

3）用床鞍和小滑板上的纵向刻度盘组合控制。针对较长的、精度较高的台阶、孔、工件的总长等，可以将床鞍和小滑板上的刻度盘组合起来进行控制，即粗加工时用床鞍上的纵向刻度盘控制，精加工时用小滑板上的纵向刻度盘控制，方法同上。

4）用刀尖刻线控制。用金属直尺、样板或卡钳测量出台阶的长度位置，再用车刀刀尖在台阶所在的位置处刻出细线，如图2-8所示，然后再车削。

这种方法主要用于精度不高的工件，主要在粗加工时采用。

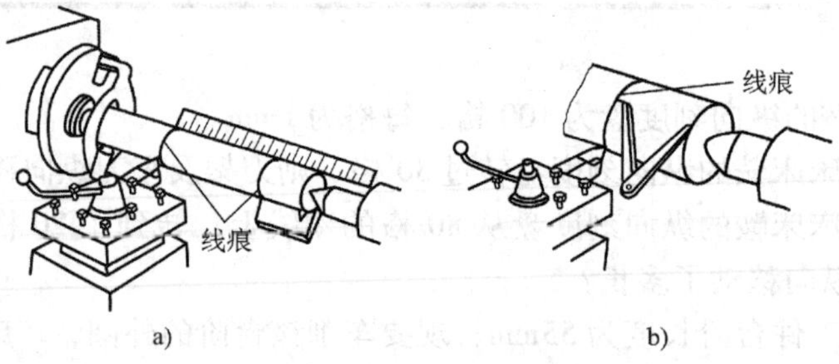

图2-8　用刻线痕确定台阶位置

a）用金属直尺或样板测量　b）用内卡钳测量

5）用挡铁控制。车削带有多个台阶的工件时，可以使用纵向挡铁来控制被车削台阶的长度。用这种方法控制工件迅速、长度准确，但进给系统应具有过载保护机构，否则易损坏车床，如图2-9所示。挡铁1固定在床身导轨的某一个适当位置上，和台阶 a_3 台阶面的轴向位置一致。挡铁2和挡铁3的长度分别等于台阶 a_3 和 a_2 的长度。长度误差可控制在0.1~0.2mm的范围内。

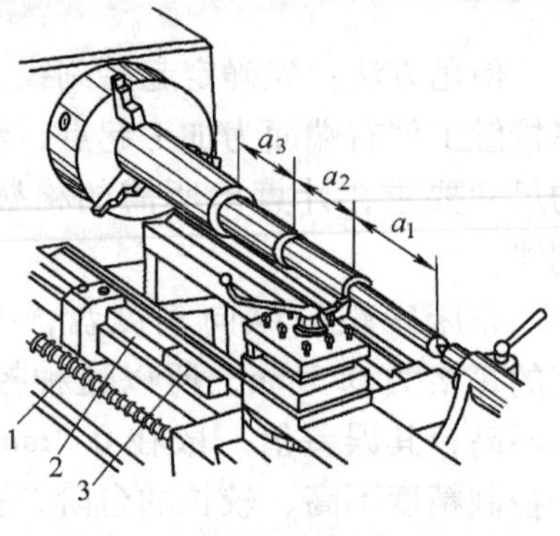

图2-9　用挡铁定位车削台阶

1、2、3—挡铁

不管用哪种方法，如果要准确地控制好长度方向的尺寸，还需要采用试切法，长度方向的试切法与外圆的试切法相近。

具体操作方法如下：

1）对刀，即确定切削起始刻线的位置。移动小滑板，使车刀刀尖刚好接触工件端面，此时刀尖的位置为起始位置。

2）进给，即确定纵向刻度盘进给格数。横向退出，纵向不动，根据零件图样的尺寸要求，计算出需要的格数，按格数进到相应的刻线上。

3）车削出一段台阶的端面。车刀纵向不动，横向车削出一小段（够测量位置即可）。

4）检验校对。横向退刀，纵向不动，测出长度值。如符合要求则继续车削下去，直到完成为止；如不符合要求，则计算出它们的误差值。再根据误差值算出还需用小滑板进给的格数，重复2）、3）、4），直到达到要求为止。

5）车削加工。当试切段的长度尺寸符合零件图样上的尺寸要求后，就一次把台阶面或端面车削完。

三、台阶面的测量

1. 台阶长度的测量

台阶的长度尺寸通常用金属直尺、游标深度尺、游标卡尺、极限量规、样板等进行检测。用金属直尺与游标深度尺测量台阶长度的方法如图2-10所示。

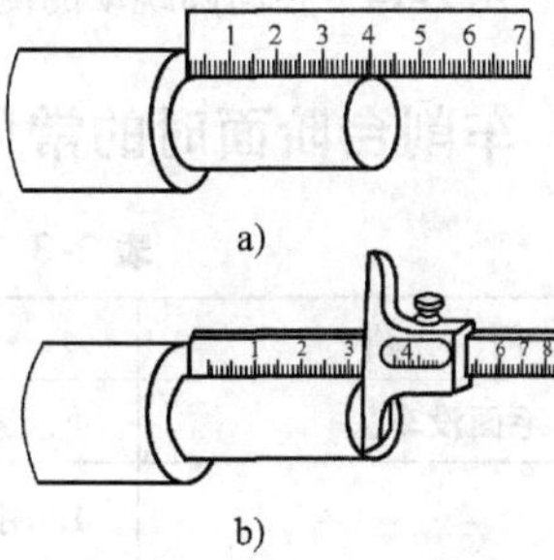

图2-10　测量台阶长度的方法

a）用金属直尺测量　b）用游标深度尺测量

2. 台阶工件几何误差的检测

1）平面度和直线度误差可用刀口形直尺和塞尺进行检测，刀口形直尺如图2-11所示。

图2-11　刀口形直尺

2）端面、台阶面对工件轴线的垂直度误差，常用直角尺（图2-12）、标准套和百分表（图2-13）进行检测。

3）测量径向圆跳动的方法是将工件放在V形架上，轴向设有一个支承限位，让百分表触头和工件外圆接触，如图2-14所示。转动工件，百分表读数的最大值与最小值之差就是该测量面上径向圆跳动的误差。按上述方法测量若干个断面，取各断面上测得跳动量的最大值，就是该工件的径向圆跳动误差。

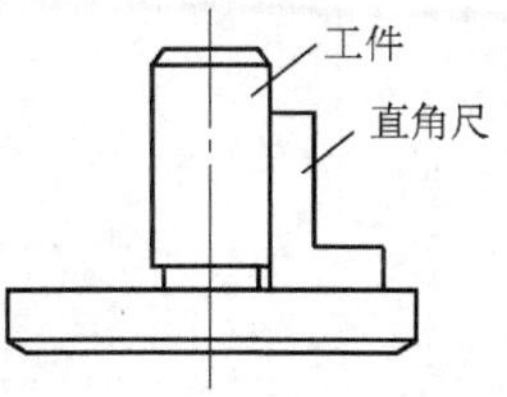

图2-12　用直角尺检测

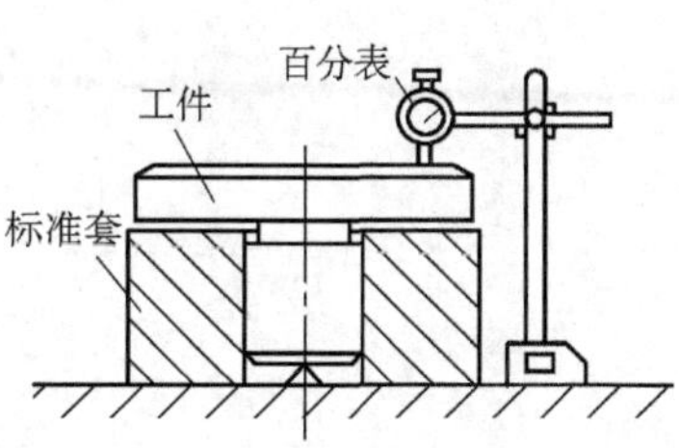

图2-13　用标准套和百分表检测

4）测量端面圆跳动的方法是把百分表的测量头靠在所需测量的端面上，工件转一周，百分表读数的最大值与最小值之差即为该直径测量面上的端面圆跳动误差，如图2-15所示。按上述方法在若干直径处进行测量，其端面圆跳动的最大值为该工件的端面圆跳动误差。

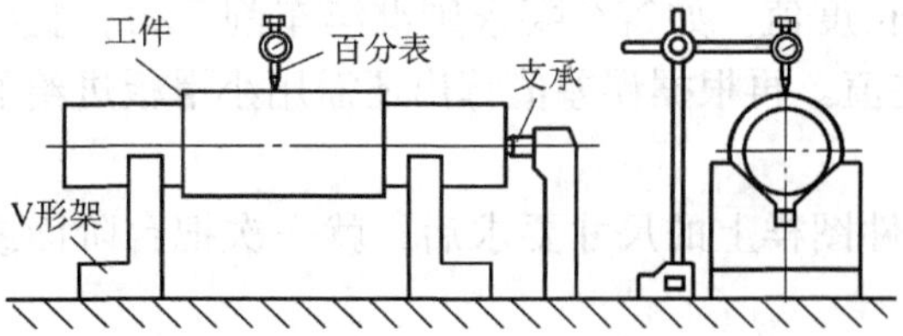

图 2-14　径向圆跳动的测量

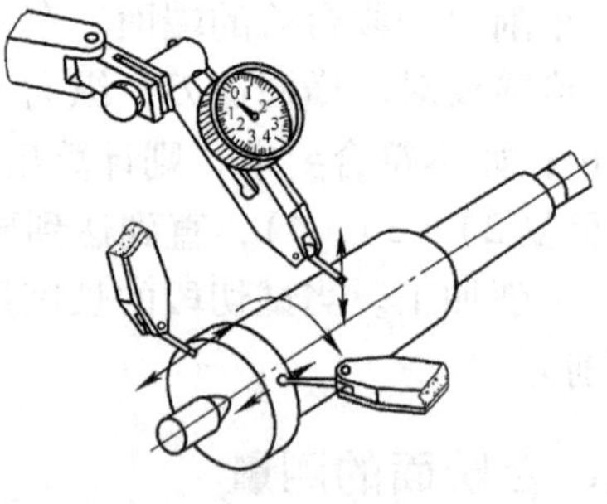

图 2-15　用两顶尖支承测量端面圆跳动

四、车削台阶面时的常见问题及其产生原因（表 2-3）

表 2-3　车削台阶面时的常见问题及其产生原因

问　　题	产 生 原 因
毛面没车去	加工余量不够，或工件未找正
端面产生凹面或凸面	1. 用右偏刀从外向中心进给时，床鞍没固定，车刀扎入工件产生凹面 2. 车刀不锋利，小滑板太松或刀架没压紧，使车刀受切削力作用而“让刀”，因而产生凸面
台阶与轴线不垂直	1. 低台阶与轴线不垂直是由于车刀安装后主切削刃与轴线不垂直 2. 高台阶与轴线不垂直的原因与端面产生凸、凹面的原因相同
台阶长度不正确	1. 看错图样或测量不准 2. 没及时停止自动进给，进给长度超过要求 3. 台阶长度试切不准确
表面粗糙度达不到要求	1. 车刀角度不正确，刀尖不锋利 2. 切削用量选择不当 3. 未留足精车余量

项目三 外圆沟槽零件的加工

[项目引入]

在机械设备零件中，由于工作或结构工艺的需要，在一些零件外圆表面上会有各种断面形状的沟槽，我们称之为外圆沟槽，如图 3-1 所示。这些外圆沟槽在车床上是怎样加工的呢？要解决这个问题，实际上就是要掌握车工中，车削外圆沟槽的方法。

a)　　b)　　c)

图 3-1　带有外圆沟槽的零件

在实际生产加工过程中，有些零件是在较长的毛坯上加工出来的，加工好后一般需要从毛坯上切下来；有些零件则是先把较长的毛坯切断成与零件相当的尺寸，再加工出来的。怎样在车床上切下零件或切断毛坯呢？要解决这个问题，实际上就是要掌握车工中，切断的方法。

[项目任务与要求]

按图 3-2 的要求，先加工外圆沟槽零件，再切断。毛坯使用 $\phi60\text{mm} \times 150\text{mm}$ 的棒料。

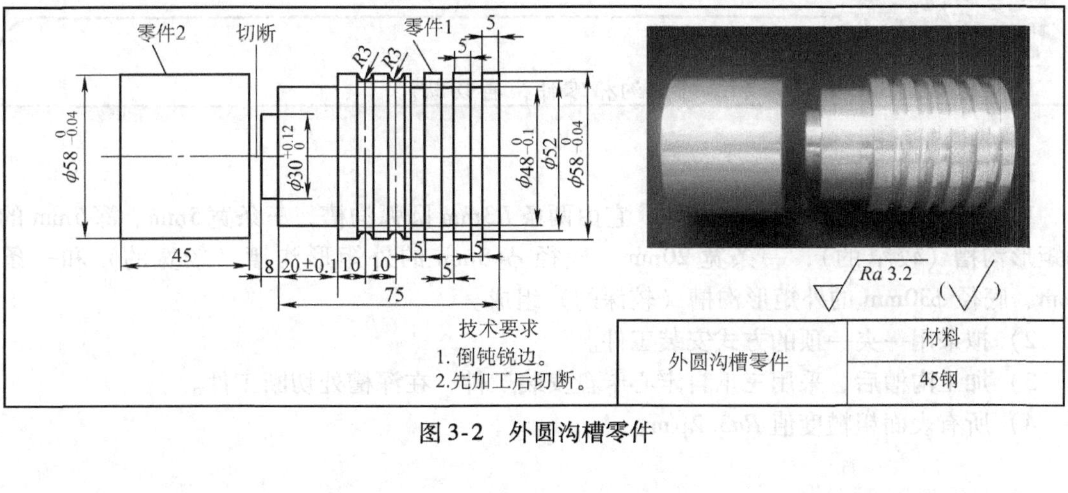

图 3-2　外圆沟槽零件

[学习目标]

知识目标

◆ 了解外圆沟槽车刀和切断刀的几何形状和角度

◆ 会确定切断刀的刀头宽度和刀头长度

◆ 了解外圆沟槽的种类与特点

技能目标

◇ 掌握切断零件和毛坯的方法

◇ 掌握车削外圆沟槽的方法

◇ 掌握检测外圆沟槽的方法

◇ 掌握用一夹一顶安装工件的方法

情感、态度与价值观目标

☆ 注意培养企业“6S”管理意识

[项目计划与实施]

想一想

要完成这项任务需要哪些知识准备？需要哪些技能准备？需要哪些刀具、量具、夹具？怎样安装切断刀或外圆沟槽车刀？怎样安装较长的工件？切断工件的操作要点是什么？怎样车削较宽的外圆沟槽？怎样车削较窄的外圆沟槽？怎样车削外圆弧沟槽和梯形沟槽？怎样控制和检测外圆沟槽的尺寸误差和几何误差？加工如图3-2所示零件的工艺流程是什么？请认真思考上述问题，查阅有关资料，完成项目计划表。

注：项目计划表详见附录E，建议在每个项目开始前填写。

做一做

根据图3-2的要求加工外圆沟槽零件，再切断。

1. 根据图样进行分析

1）图3-2所示为外圆沟槽零件，它由两条 $R3$mm 圆弧沟槽，三条宽5mm、深5mm的外圆矩形沟槽（较窄的），一条宽20mm、底径 ϕ48mm的外矩形沟槽（较宽的）和一条宽8mm、底径 ϕ30mm的外矩形沟槽（较深的）组成。

2）拟采用一夹一顶的方式安装工件。

3）加工沟槽后，采用三爪自定心卡盘安装工件，在深槽处切断工件。

4）所有表面粗糙度值 $Ra3.2\mu m$。

该工件的加工示意图如图3-3所示。

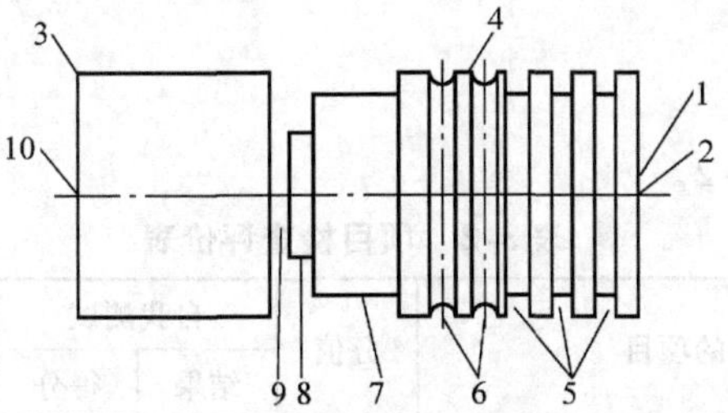

图3-3　外圆沟槽零件加工示意图

2. 加工步骤（表3-1，供参考）

表3-1　加工步骤

步骤	加工内容	刀具、量具
1	用三爪自定心卡盘夹持毛坯外圆，伸出30mm左右，找正并夹紧	45°弯头车刀或90°外圆车刀、游标卡尺
	车削右端面	
2	钻中心孔	钻夹头、中心钻
3	车削毛坯的夹头位置（保留工件长130mm）	90°外圆车刀
4	采用一夹一顶的方式安装工件，夹住毛坯的夹头位置	顶尖、90°外圆车刀、外径千分尺
	车削外圆 ϕ58mm至要求，长度75mm	
5	车削三条较窄的外矩形沟槽 ϕ48mm×5mm至要求	外矩形沟槽车刀
6	车削两条外圆弧沟槽 R3mm、底径 ϕ52mm至要求	外圆弧沟槽车刀
7	车削较宽的外矩形沟槽 ϕ48mm×20mm至要求，保证位置尺寸55mm	外矩形沟槽车刀
8	车削较深的外矩形沟槽 ϕ30mm×8mm至要求，保证长度（20±0.1）mm至要求	外矩形沟槽车刀
9	沿深槽左侧面切断，车平左端面，锐边倒钝	切断刀、45°弯头车刀或90°外圆车刀
10	调头，用三爪自定心卡盘夹持已加工好的外圆表面（垫铜片），找正并夹紧，保证工件长度	45°弯头车刀或90°外圆车刀
	车削端面，保证工件长度45mm	
11	检查	千分尺和游标卡尺等

[项目检查与评价]

写一写

填写项目学习报告。

注：项目学习报告详见附录F，建议在每个项目完成后填写。

评一评

项目检查评价表见表 3-2。

表 3-2　项目检查评价表

序号	检测的项目		分值	自我测试		小组测试		教师测试	
				结果	得分	结果	得分	结果	得分
1	工件1	外圆 $\phi58_{-0.04}^{\ 0}$mm	10						
2		圆弧底径 $\phi52$mm	5						
3		外圆沟槽底径 $\phi48_{-0.1}^{\ 0}$mm（宽槽处）	7						
4		外圆沟槽底径 $\phi30_{\ 0}^{+0.12}$mm	10						
5		75mm	3						
6		（20 ±0.1） mm	5						
7		10mm（2 处）	5						
8		槽深 5mm（3 处）	10						
9		槽宽 5mm（3 处）	4						
10		$R3$mm（2 处）	6						
11	工件2	45mm	6						
12		外圆 $\phi58_{-0.04}^{\ 0}$mm	4						
13	外圆表面粗糙度 $Ra3.2\mu m$		10						
14	安全文明生产情况		15						
15	合计		100						

评语（优、缺点及改进措施）

[知识加油站]

读一读

一、切断

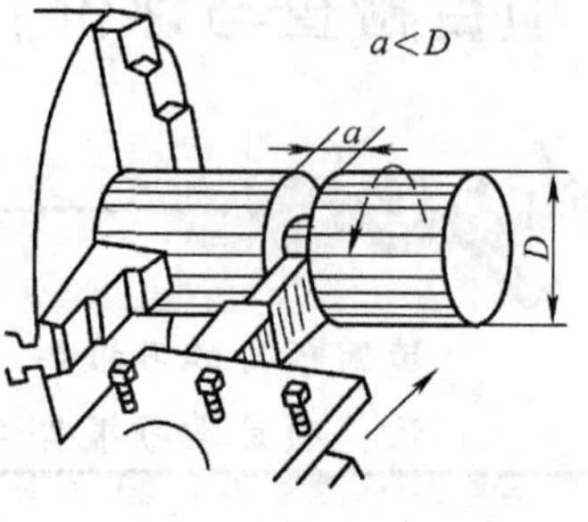

图 3-4　切断

切断是指在车床上，利用切断刀把已加工好的零件从棒料上切下来，或者把棒料毛坯切断成几段的加工方法，如图 3-4 所示。

切断的关键技术：一是切断刀几何参数的选择及刃磨方法；二是选择合理的切削用量。

1. 切断刀的种类

（1）高速钢切断刀和硬质合金切断刀　按切削部分材料不同，切断刀分为高速钢切断刀和硬质合金切断刀（图3-5）。

（2）反向切断刀　切断直径较大的工件时，由于刀头较长，刚性较差，很容易引起振动。这时可采用反向切断法，即主轴与工件反转，用反向切断刀进行切断，如图3-6所示。用反向切断法切断工件时，切削力的方向与工件重力方向一致，不容易引起振动，切屑也方便从下面排出，不容易堵塞在工件槽内。

图3-5　硬质合金切断刀

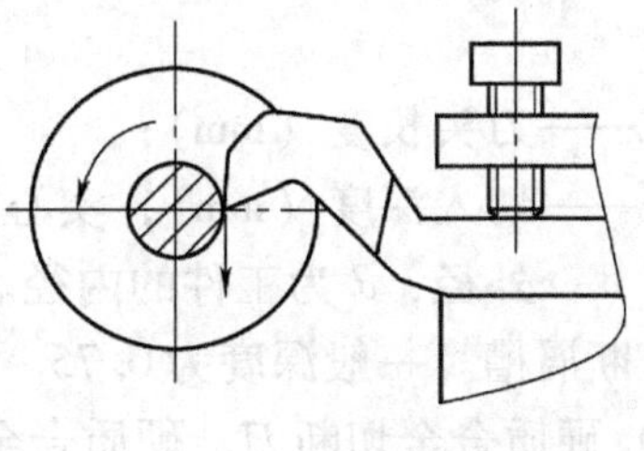

图3-6　反向切断和反向切断刀

（3）弹性切断刀　把用高速钢做成的片状刀体，装夹在弹性刀柄上，可组成弹性切断刀，如图3-7所示。弹性切断刀不仅可节省高速钢材料，而且在切削中当进给量过大时，弹性刀柄受力会变形，由于刀柄的弯曲中心在刀柄的上部，刀体会自动让刀，可避免因扎刀而造成切断刀折断。

图3-7　弹性切断刀

2. 切断刀的几何参数

切断刀以横向进给为主，前端的切削刃为主切削刃，两侧的切削刃为副切削刃。切断刀的刀头既长又窄，因此，刀头强度较差，排屑条件不好，安装后悬伸较长，刚度较低，容易产生振动，刀头容易折断，特别要注意刀头几何参数的选择。

（1）高速钢切断刀　几何形状和几何角度如图3-8所示。

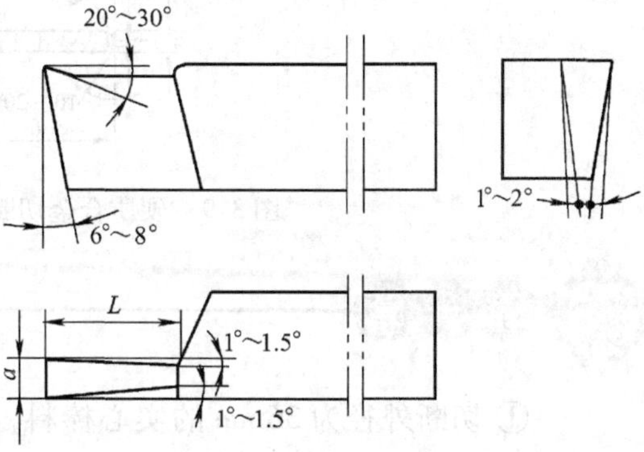

图3-8　高速钢切断刀的几何角度

1）前角。切断钢料时，前角取20°～30°；切断铸铁时，前角取0°～10°。

2）主后角。一般取6°～8°，切断弹塑性材料时取大值，切断脆性材料时取小值。

3）副后角。切断刀有两个对称的副后角，其作用是减小副后刀面与工件已加工表面的摩擦，一般取1°～2°。

4）主偏角。切断刀以横向进给为主，一般取90°。

5）副偏角。切断刀的两个副偏角必须对称，以免因两侧所受的切削力不均而影响平面度和断面对轴线的垂直度。副偏角不宜大，以免削弱刀体强度，一般取1°～1.5°。

6）主切削刃宽度 a。主切削刃宽度太宽，会因切削力太大而引起振动，且浪费工件材料；宽度太窄，则会削弱切断刀的强度。

主切削刃的宽度一般可按下列经验公式计算

$$a \approx (0.5 \sim 0.6)\sqrt{D} \tag{3-1}$$

式中 a——主切削刃的宽度（mm）；

D——被切断工件的直径（mm）。

7）刀头部分的长度 L。刀头长度应满足切断工件的要求，但不宜太长，以免引起振动和使刀体折断。

刀头长度可按式（3-2）计算

$$L = h + (2 \sim 3)\text{mm} \tag{3-2}$$

式中 L——刀头长度（mm）；

h——切入深度（mm），实心工件，$h = D/2$；空心工件，$h = (D - d)/2$。D 为工件的外径，d 为工件的内径。

8）断屑槽。一般深度为 0.75～1.5mm，倾角为 1°～3°。

（2）硬质合金切断刀　硬质合金切断刀的几何角度及几何参数（图 3-9）与高速钢切断刀相近，但有些刀头的下部做成鱼肚形，目的是增加刀头的强度。

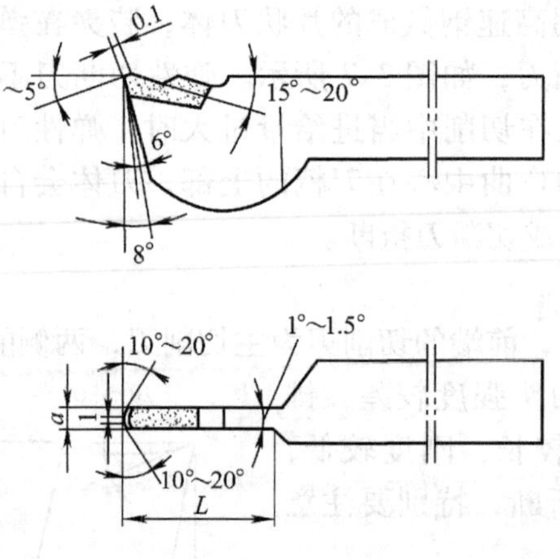

图 3-9　硬质合金切断刀的几何角度及几何参数

算一算

① 切断外径为 36mm 的实心棒料，根据经验，切断刀的刀头宽度和刀头长度为多大？

② 切断外径为 60mm、内孔孔径为 30mm 的空心工件，根据经验，切断刀的刀头宽度和刀头长度为多大？

3. 切断刀的刃磨

（1）刃磨方法

1）刃磨左侧副后刀面。两手握刀，车刀前刀面向上，如图 3-10a 所示，同时磨出左侧副后角和副偏角。

2）刃磨右侧副后刀面。两手握刀，车刀前刀面向上，如图 3-10b 所示，同时磨出右侧副后角和副偏角。

3）刃磨主后刀面。如图 3-10c 所示，同时磨出主后角。

4）刃磨前刀面。车刀前刀面对着砂轮磨削表面，如图 3-10d 所示，磨出前角和断屑槽。

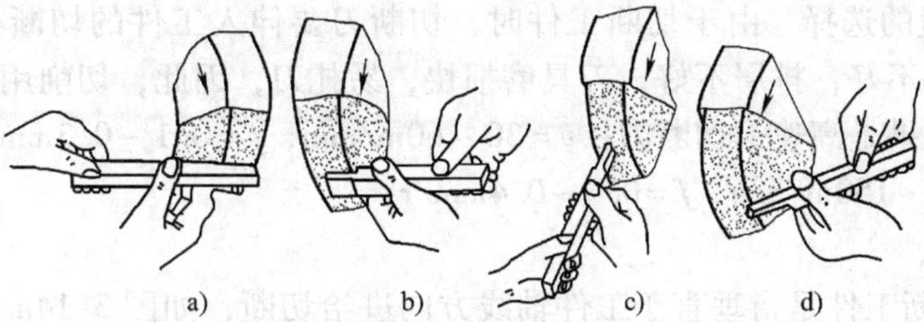

图 3-10　切断刀的刃磨步骤和方法

（2）刃磨切断刀时常出现的问题

1）前角与断屑槽常出现的问题如图 3-11 所示。

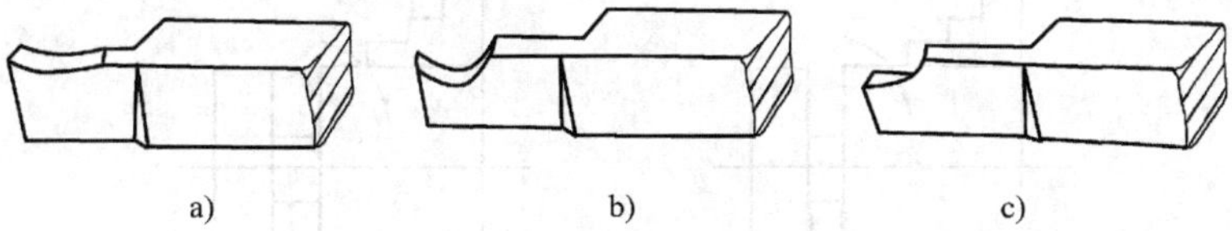

图 3-11　前角与断屑槽正确与错误的示意图

a）正确　b）错误　c）错误

2）两侧副后角常出现的问题如图 3-12 所示。

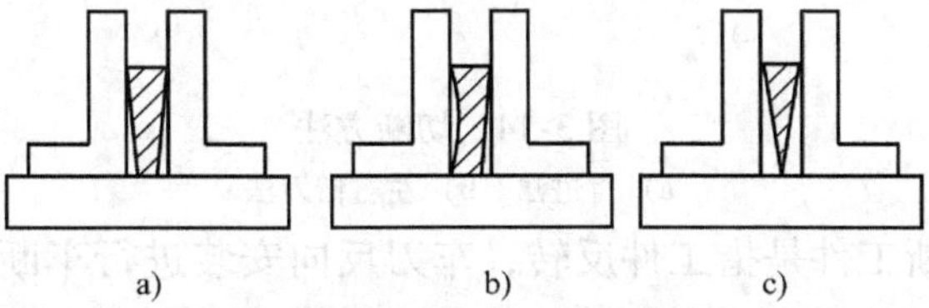

图 3-12　两侧副后角正确与错误的示意图

a）正确　b）错误　c）错误

3）两侧副偏角常出现的问题如图 3-13 所示。

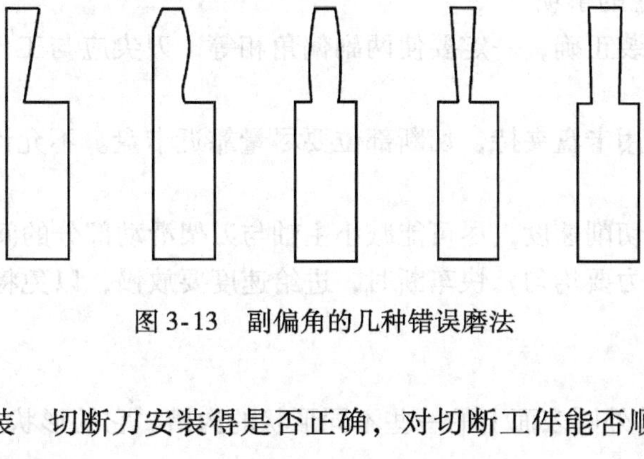

图 3-13　副偏角的几种错误磨法

4. 切断方法

（1）切断刀的安装　切断刀安装得是否正确，对切断工件能否顺利进行，切断工件平面是否平直有直接的影响。安装切断刀应注意以下几个问题：

1）切断刀的主切削刃必须严格对准工件的回转中心。

2）切断刀的中心线应和工件的轴线垂直。

3）安装时，必须保证切断刀两侧偏角对称。

4）切断刀不宜悬伸太长。

（2）切削用量的选择　由于切断工件时，切断刀要伸入工件的切断槽里，周围被工件和切屑包围，散热不好，排屑不好，刀具磨损快，易扎刀，因此，切削用量相对车削外圆来说，应小一些。如果是高速钢切断刀，$v=30\sim60\text{m/min}$，$f=0.1\sim0.3\text{mm/r}$；如果是硬质合金切断刀，$v=120\sim150\text{m/min}$，$f=0.3\sim0.4\text{mm/r}$。

（3）切断方法

1）直进法切断工件是指垂直于工件轴线方向进给切断，如图3-14a所示。一般用于车床、刀具、工件等刚性较好，车刀安装夹紧较好的情况。

2）左右借刀法切断工件是指切断刀在轴线方向反复地往返移动，同时两侧径向进给，直至工件被切下，如图3-14b所示。一般用于系统刚性不足的情况。

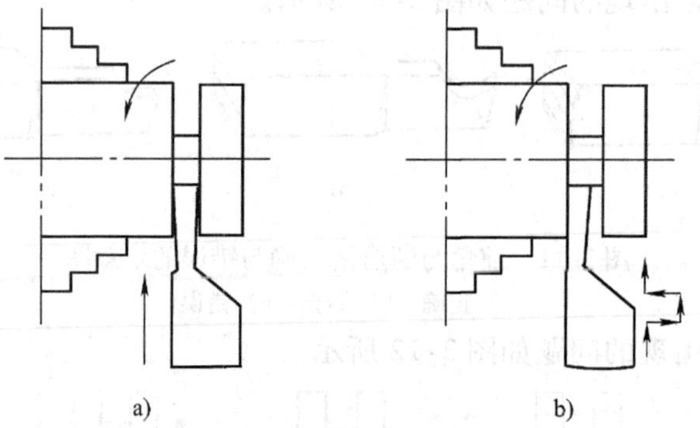

图3-14　切断方法
a）直进法　b）左右借刀法

3）反向切断法切断工件是指工件反转，车刀反向安装进行车断，如图3-6所示，用于直径较大的工件。用反向切断法切断工件时，对于卡盘与主轴采用螺纹联接的车床，其联接部分必须装有保险装置，以防工作中卡盘松脱。反向切断时，刀架受力方向向上，所选用车床的刀架应有足够的刚度。

（4）切断时应注意的事项

1）切断刀必须安装正确，一定要使两副偏角相等，刀尖应与工件轴线等高，刀头伸出刀架的长度不宜过长。

2）切断工件一般用卡盘夹持，切断部位要尽量靠近卡盘。不允许在两顶尖上装夹工件进行切断。

3）切断时应降低切削速度，尽可能减小主轴与刀架滑动部分的间隙。

4）手动进给时用力要均匀，快车断时，进给速度要放慢，以免将刀尖折断。

二、外圆沟槽

外圆沟槽是指零件外圆表面上的一些不同形状的沟槽。它的形状主要有矩形、圆弧形和梯形等，如图 3-15 所示。

加工外圆沟槽要在零件外圆表面进行，因此加工时排屑、冷却和测量相对车削外圆要困难。

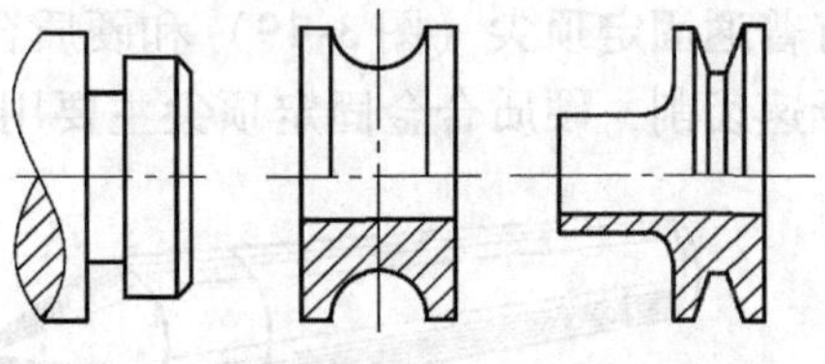

图 3-15　常见外圆沟槽的形状

三、车削外圆沟槽

车削外圆沟槽是指在车床上，利用外圆沟槽车刀在工件的外圆表面上车削出各种形状沟槽的加工方法。加工外圆沟槽时，除了要保证外圆沟槽的形状外，还要保证它的槽深、槽宽、槽的位置尺寸。

1. 外圆沟槽车刀及其安装

（1）外圆沟槽车刀　车削矩形槽的外圆沟槽车刀，其几何形状及角度与切断刀相似，外圆沟槽车刀刀头的宽度与长度可根据外圆沟槽的宽度与深度来确定。一般情况下，外圆沟槽车刀可用切断刀代替。

车削其他形状槽的外圆沟槽车刀，如果外圆沟槽的宽度较小，刀头的形状可直接做成外圆沟槽的形状，如圆弧形或梯形。

（2）外圆沟槽车刀的安装　外圆沟槽车刀的安装方法与切断刀的安装方法相同。外圆沟槽车刀必须垂直于工件的轴线，否则车削出的槽壁会不平直，从而影响沟槽的质量。可用直角尺检查其副偏角。

2. 较长毛坯的装夹

加工较长的或必须经多道工序才能完成的轴类工件时，常采用两顶尖或一夹一顶的方式装夹工件。

（1）两顶尖装夹工件（图 3-16）　用两顶尖装夹工件的特点是装夹方便，不需要找正，而且定位精度较高。

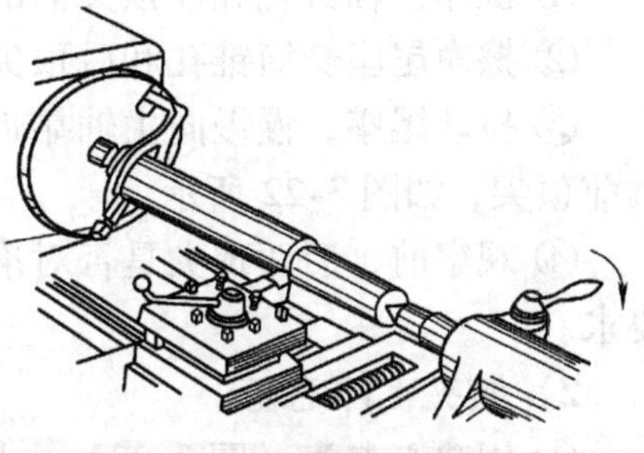

图 3-16　用两顶尖装夹工件

顶尖的作用是定中心，承受工件的质量与切削时的切削力。顶尖分为前顶尖和后顶尖两类。

前顶尖安装在主轴上，随主轴和工件一起回转，与工件中心孔无相对运动，不产生摩擦。前顶尖有两种类型：一种是以带锥度的柄部插入主轴锥孔内的前顶尖，如图 3-17 所示；另一种是夹在三爪自定心卡盘内的前顶尖，如图 3-18 所示。

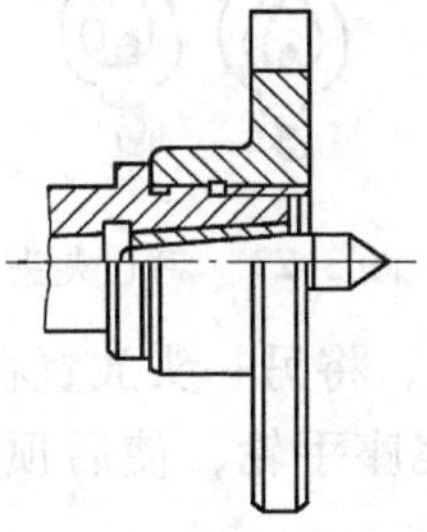

图 3-17　插入主轴锥孔内的前顶尖

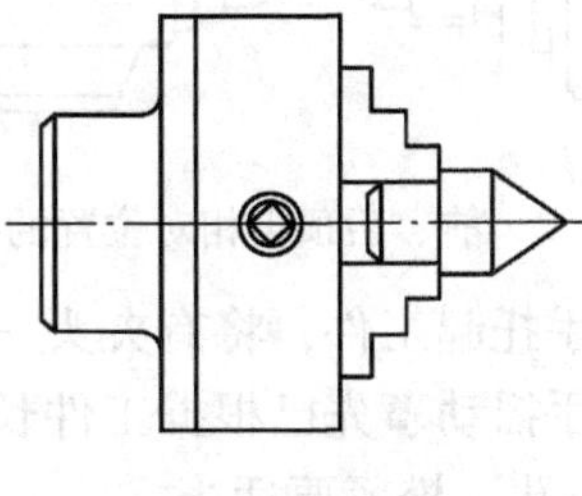

图 3-18　夹在三爪自定心卡盘内的前顶尖

安装在尾座套筒锥孔中的顶尖为后顶尖，后顶尖分为固定顶尖和回转顶尖。固定顶尖又有普通固定顶尖（图3-19）和硬质合金固定顶尖（图3-20）之分。普通固定顶尖主要用于低速切削，硬质合金固定顶尖主要用于高速切削。

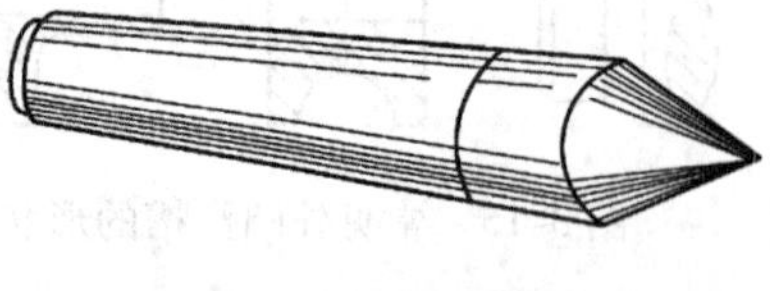

图3-19　普通固定顶尖

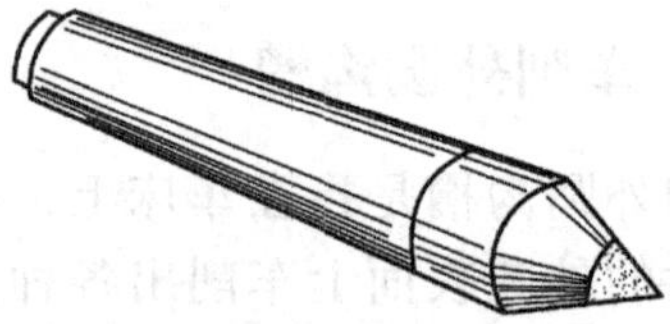

图3-20　硬质合金固定顶尖

回转顶尖如图3-21所示，它将顶尖与中心孔之间的滑动摩擦转变成顶尖内部轴承的滚动摩擦，克服了固定顶尖易磨损和易产生高热的缺点，可以承受很高的转速，但定心精度不如固定顶尖高，刚性也稍差。

用两顶尖装夹工件的步骤如下。

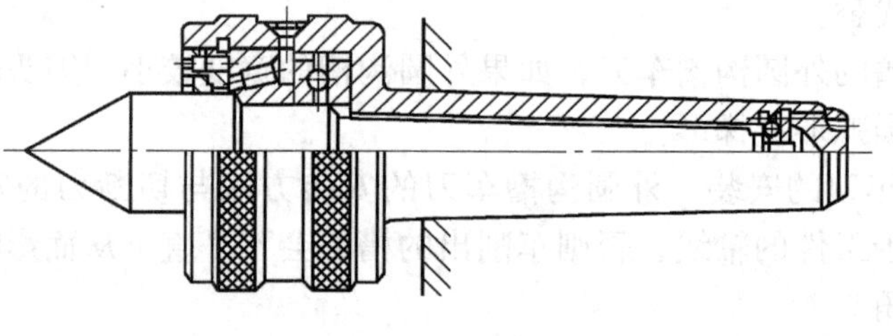

图3-21　回转顶尖

1）安装并找正顶尖。

① 擦净主轴锥孔和前顶尖柄部，将前顶尖插入主轴锥孔内。

② 擦净尾座套筒锥孔和后顶尖柄部，将后顶尖插入尾座套筒锥孔内。

③ 拉动尾座，慢慢向主轴靠近，位置合适后，摇动尾座手轮，使后顶尖趋近并轻轻接触前顶尖，如图3-22所示。

④ 观察前、后两顶尖是否对准。若两顶尖没有对准，调整尾座的调整螺钉，直至符合要求。

2）装夹工件毛坯。

① 用鸡心夹头（图3-23）夹紧工件一端的适当部位。

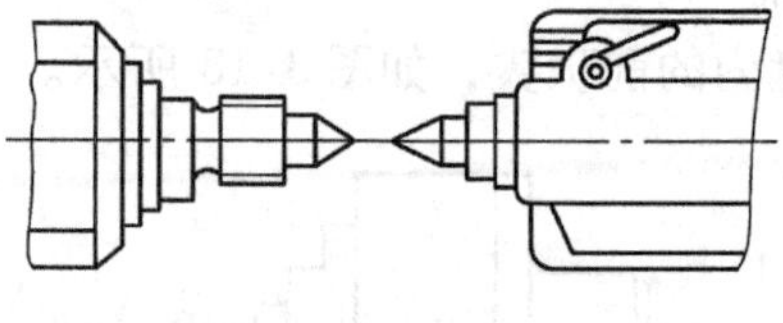

图3-22　前、后顶尖相对位置的找正

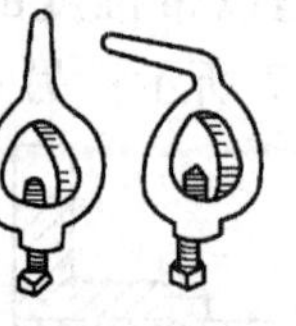

图3-23　鸡心夹头

② 左手托起工件，将有夹头一端的中心孔放置前顶尖上，将另一头放置在后顶尖上。

③ 右手摇动事先已根据工件长度调整好位置并紧固的尾座手轮，使后顶尖顶入工件另一端的中心孔，松紧要适当。

④ 注意尾座套筒从尾座架伸出的长度应尽量短，并在中心孔中加润滑脂。

3）钻削中心孔。中心孔的常用类型有A型、B型，如图3-24所示。直径小于6.3mm

的 A 型和 B 型中心孔通常用由高速钢制成的中心钻直接钻出，A 型中心钻和 B 型中心钻如图 3-25 所示。

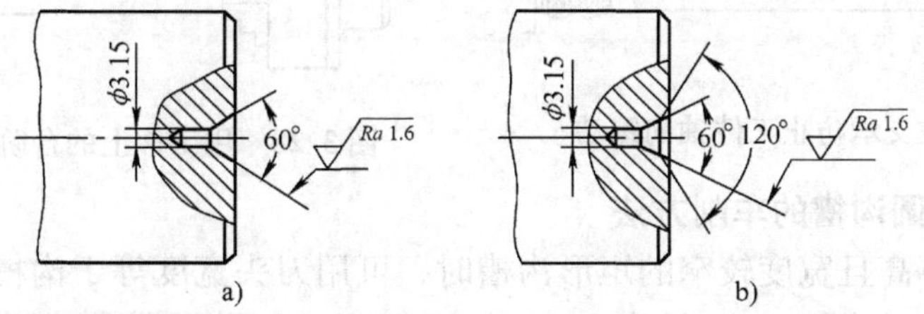

图 3-24　常见的中心孔

a）A 型中心孔　b）B 型中心孔

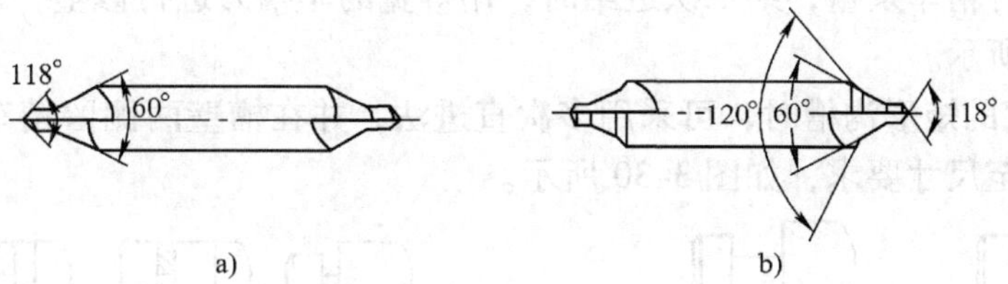

图 3-25　常见的中心钻

a）A 型中心钻　b）B 型中心钻

钻中心孔的步骤如下：

① 安装中心钻，把中心钻装入钻夹头并锁紧。

② 擦净钻夹头柄部和尾座锥孔，将钻夹头的柄部装入尾座锥孔中。

③ 安装工件时，使工件伸出的长度尽量短些。

④ 钻中心孔前必须车平端面，端面不能留有凸台。

⑤ 找正尾座中心，起动车床，观察中心钻头部与工件回转中心是否一致。

⑥ 调好切削用量。钻中心孔时，主轴转速较高，进给量较小，注意加注切削液。

⑦ 控制中心孔的深度，钻入时不能太深或太浅，如图 3-26 所示。

⑧ 钻完后，中心钻应在孔中稍作停留后再退出。

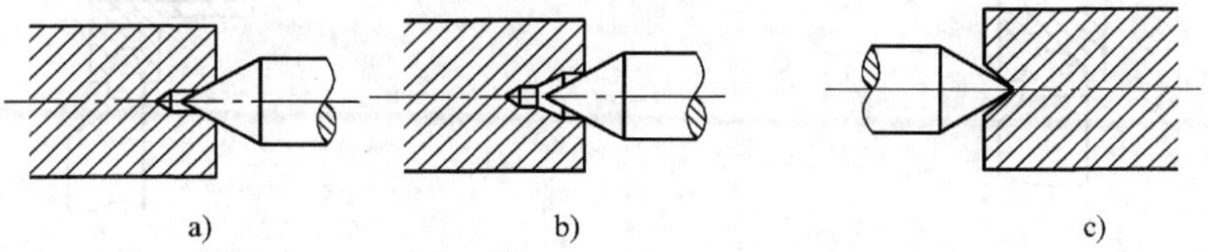

图 3-26　中心孔的深度

a）正确　b）太深　c）太浅

（2）一夹一顶装夹工件　用一夹一顶装夹工件的特点是安全可靠，能承受较大的轴向切削力，刚性强，适用于粗大笨重、相对位置精度不是很高的轴类零件。其限位方法有两种。

1）用支承限位。如图 3-27 所示，在卡盘内装一个轴向限位支承，以防止在轴向切削力的作用下，工件发生轴向蹿动。

2）用台阶限位。如图 3-28 所示，在工件被夹持部位车削出一个台阶，作为轴向限位支承，防止切削中工件发生轴向蹿动。

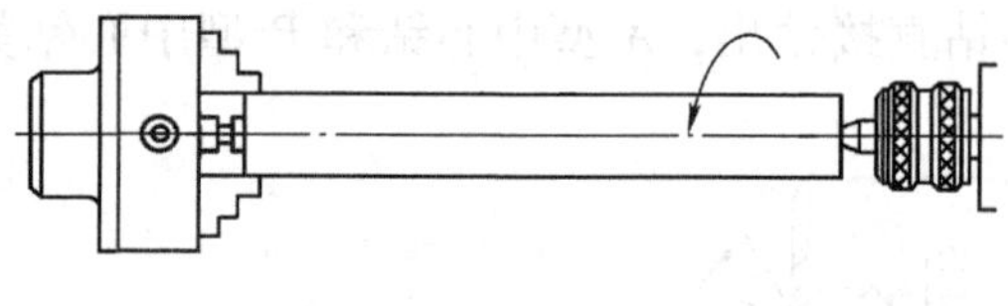

图 3-27　用限位支承防止工件轴向蹿动

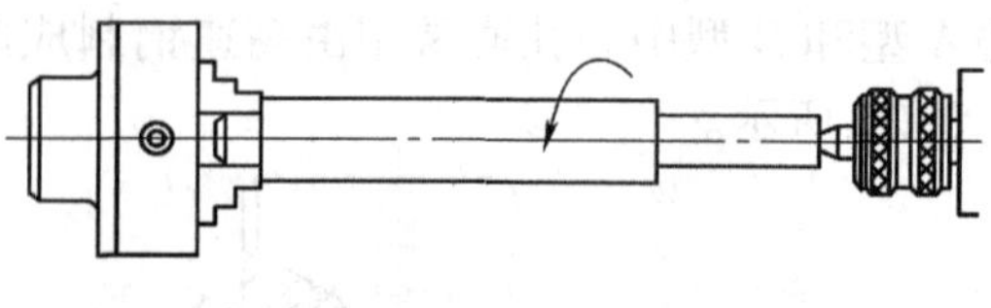

图 3-28　用工件上的台阶防止工件轴向蹿动

3. 不同种类外圆沟槽的车削方法

1）车削精度不高且宽度较窄的矩形沟槽时，可用刀头宽度等于沟槽宽度的车槽刀，采用直进法一次车成，如图 3-29a 所示。

2）车削精度要求较高的矩形沟槽时，一般采用两次进给车成。第一次进给车削沟槽时，槽壁两侧留有精车余量；第二次进给时，用等宽的车槽刀进行修整，也可用原车槽刀精车，如图 3-29b 所示。

3）车削较宽的矩形沟槽时，可采用多次直进法，并在槽壁两侧留精车余量，然后根据槽深和槽宽精车至尺寸要求，如图 3-30 所示。

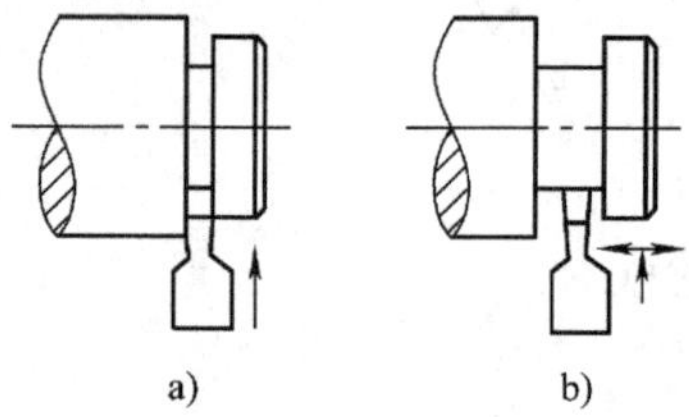

图 3-29　车削较窄的矩形外圆沟槽

a）用直进法车削矩形外圆沟槽　b）矩形外圆沟槽的精车

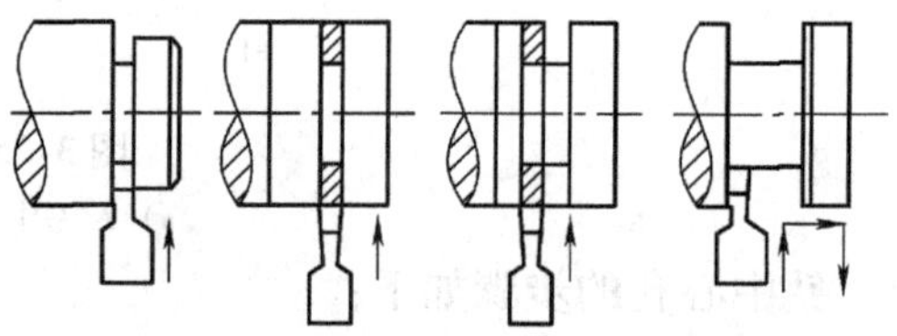

图 3-30　车削较宽的矩形外圆沟槽

4）车削较小的圆弧形槽时，一般用成形车刀一次车出，如图 3-31 所示。

5）车削较小的梯形槽时，一般用梯形沟槽车刀一次车削完成。对于较大的梯形槽，通常先车削直槽，然后用梯形沟槽车刀采用直进法或左右切削法完成，如图 3-32 所示。

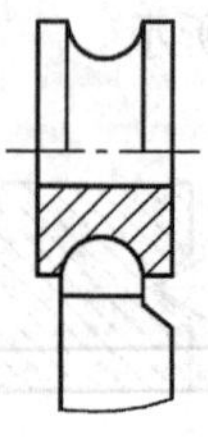

图 3-31　车削较小的圆弧形槽

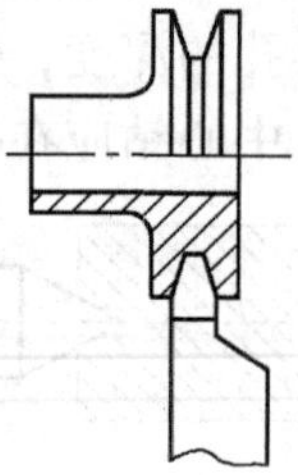

图 3-32　车削梯形槽

四、外圆沟槽的检测

外圆沟槽的检测包括检查外圆沟槽的形状，测量外圆沟槽的槽宽、槽深和位置尺寸。

1. 外圆沟槽形状的检查

外圆沟槽的形状通常采用样板进行检查。

2. 外圆沟槽尺寸的测量

（1）精度较低的矩形沟槽　可用金属直尺和外卡钳测量其宽度和直径。

（2）精度较高的矩形沟槽　可用千分尺测量槽底直径，如图 3-33 所示；用游标卡尺测量槽宽和沟槽的位置尺寸，如图3-34和图3-35所示；也可用内测千分尺测量槽宽。

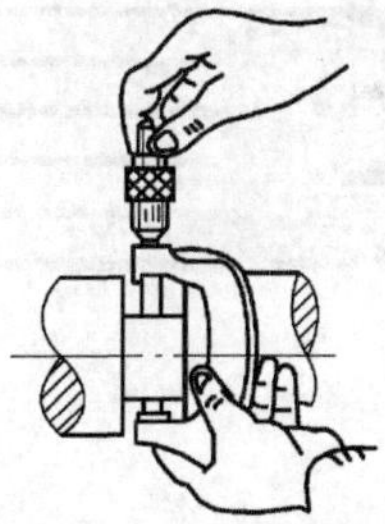

图3-33　测量槽底直径

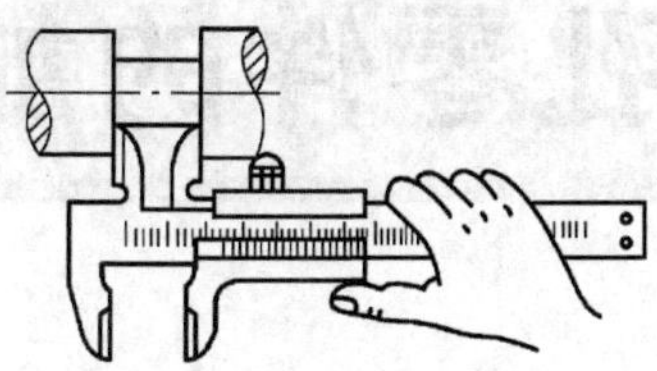

图3-34　测量槽宽

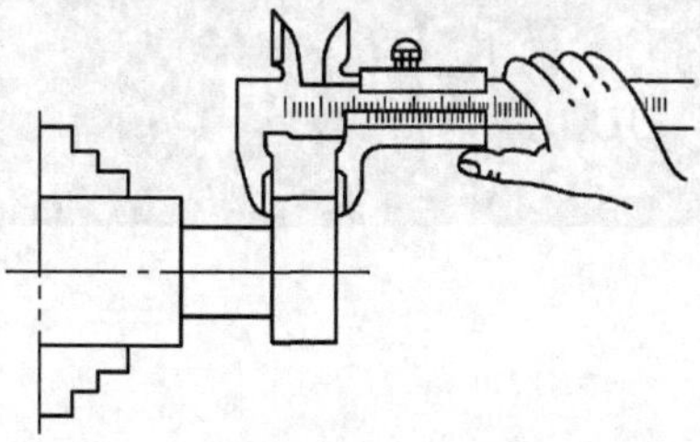

图3-35　测量槽的位置尺寸

（3）圆弧形沟槽和梯形沟槽　这两种沟槽的几何尺寸一般采用游标卡尺、深度尺和千分尺进行测量。

五、切断时的常见问题及其产生原因（表3-3）

表3-3　切断时的常见问题及其产生原因

问　题	产生原因
切断后工件断面凹凸不平	1. 窄切断刀的主切削刃与轴线不平行，且有较大夹角，而左侧刀尖又有磨损现象。进给时，在侧向切削抗力的作用下，刀头容易偏斜，造成被切断工件平面内凹 2. 切断刀两侧的刀尖刃磨或磨损不一致，造成切断中让刀，使工件断面凹凸不平 3. 车床主轴有轴向蹿动 4. 切断刀安装歪斜或副切削刃没有磨直
切断时产生振动	1. 主轴与轴承之间间隙太大 2. 切断时转速过高，进给量过小 3. 切断的棒料太长，在离心力的作用下产生振动 4. 切断刀远离工件支承点或切断刀伸出过长 5. 工件细长，切断刀切削刃太宽
切断刀折断	1. 工件夹紧不牢，切断点远离卡盘，在切削力作用下，工件被抬起，造成切断刀折断 2. 切断时排屑不畅，切屑堵塞，使切断刀切削部分承受的载荷增大，造成折断 3. 切断刀的副偏角、副后角磨得太大，削弱了切削部分的强度 4. 装夹时，切断刀与工件轴线不垂直，主切削刃与工件回转中心不等高 5. 切断刀前角过大，切削时进给量过大 6. 床鞍、中滑板、小滑板松动，切削时产生“扎刀”现象，造成折断

项目四 通孔零件的加工

[项目引入]

在机械零件中，有一种完全贯通、孔径大小一样的孔，我们称之为通孔，也称直孔，如图 4-1 所示。这些通孔在车床上是怎样加工的呢？要解决这个问题，实际上就是要掌握车工中，通（直）孔的加工方法。

a) b) c)

图 4-1 带有通孔的零件

[项目任务与要求]

按图 4-2 的要求加工通孔零件。毛坯可使用项目三中切断下的零件。

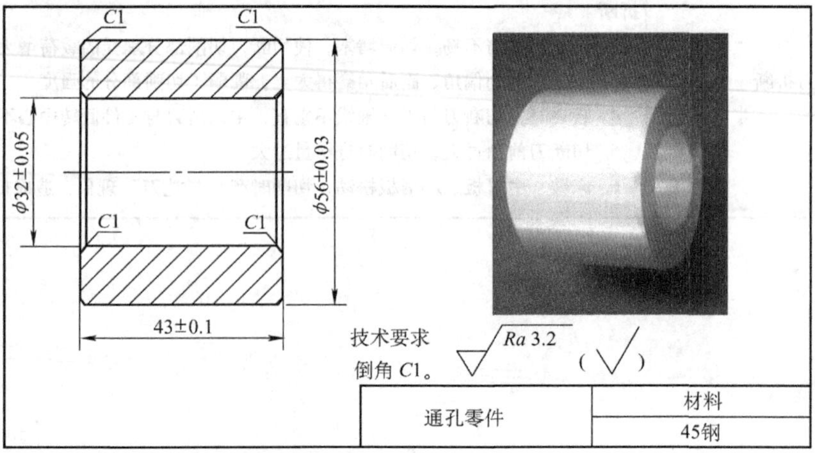

图 4-2 通孔零件

[学习目标]

知识目标

◆ 了解麻花钻的几何形状和角度

◆ 了解通孔镗刀的几何形状和角度

◆ 了解通孔的特点

技能目标

◇ 掌握在车床上钻、扩通孔的方法

◇ 掌握镗通孔的方法

◇ 掌握检测孔径的方法

情感、态度与价值观目标

☆ 注意培养节约意识

[项目计划与实施]

想一想

要完成这项任务需要哪些知识准备？需要哪些技能准备？需要哪些刀具、量具、夹具？怎样选择和安装麻花钻（直柄和锥柄）？怎样选择和安装通孔镗刀？怎样控制和检测孔径？怎样刃磨麻花钻和通孔镗刀？加工如图 4-2 所示零件的工艺流程是什么？请同学们认真思考上述问题，查阅有关资料，完成项目计划表。

注：项目计划表详见附录 E，建议在每个项目开始前填写。

做一做

根据图 4-2 的要求加工通孔件。

1. 根据图样进行分析

1）图 4-2 所示为通孔件，由孔径为 $\phi32$mm 的直孔与外径为 $\phi56$mm 的外圆组成。

2）孔径较大，精度较高，表面粗糙度值 $Ra3.2\mu m$，应采用先钻，后扩，再镗的加工方法，同时采用三爪自定心卡盘装夹。

该工件的加工示意图如图 4-3 所示。

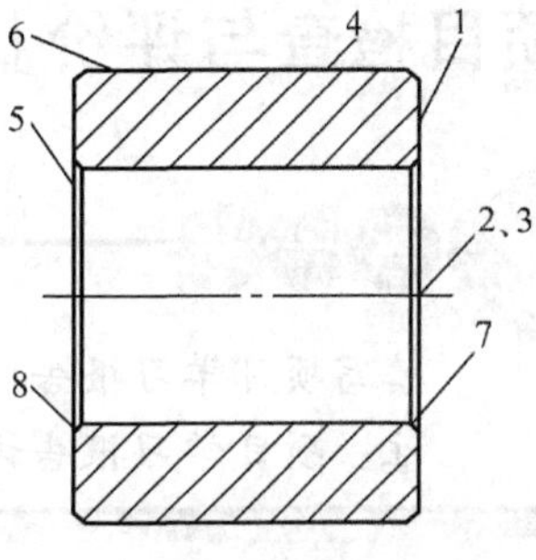

图 4-3　通孔零件加工示意图

2. 加工步骤（表 4-1，供参考）

表 4-1　加工步骤

步骤	加工内容	刀具、量具
1	用三爪自定心卡盘夹持毛坯外圆，伸出 30mm 左右，找正并夹紧	45°弯头车刀或 90°外圆车刀
	车削右端面	
2	钻孔（钻通）	麻花钻 ϕ18mm
3	扩孔（扩通）	麻花钻 ϕ30mm
4	车削外圆 ϕ56mm 至要求，长度约 25mm，外圆倒角	90°外圆车刀、千分尺
5	调头，用三爪自定心卡盘夹持已加工好的外圆表面（垫铜片），留出加工位置，找正并夹紧，车削左端面，保证总长 43mm 的要求	45°弯头车刀或 90°外圆车刀、游标卡尺
6	车削外圆 ϕ56mm 至要求，长度至接线处，外圆倒角	90°外圆车刀、千分尺
7	镗通孔 ϕ32mm 至要求，长度贯穿，孔口倒角	通孔镗刀、内径千分尺
8	调头，找正，孔口倒角	通孔镗刀
9	检查	千分尺、内径千分尺、游标卡尺等

[项目检查与评价]

写一写

填写项目学习报告。

注：项目学习报告详见附录 F，建议在每个项目完成后填写。

评一评

项目检查评价表见表4-2。

表4-2　项目检查评价表

序号	检测的项目	分值	自我测试		小组测试		教师测试	
			结果	得分	结果	得分	结果	得分
1	外圆 ϕ（56 ±0.03）mm（左端）	10						
	外圆 ϕ（56 ±0.03）mm（右端）	10						
	外圆表面粗糙度 $Ra3.2\mu m$	10						
2	孔径 ϕ（32 ±0.05）mm	25						
	内孔表面粗糙度 $Ra3.2\mu m$	10						
3	（43 ±0.1）mm	10						
4	$C1$（4处）	10						
5	安全文明生产情况	15						
6	合计	100						

[知识加油站]

读一读

一、孔的类型

机械零件上的孔。从精度的角度可分为一般精度的孔、较高精度的孔和高精度的配合孔。一般精度的孔，如螺纹联接的孔，可通过钻孔或扩孔完成；较高精度的孔，如与轴类工件配合的齿轮和带轮的内孔，除了钻孔、扩孔外，还必须在车床上进行镗孔；高精度的配合孔，如精密缸套或与柱塞配合的阀体孔，还必须进行铰孔、研磨孔等。从结构特征的角度，孔可分为直孔、阶梯孔和圆锥孔等。从是否贯穿的角度，孔可分为通孔和不通孔。

二、钻孔

1. 钻孔的概念

钻孔是指在机床上使用钻头在实心材料上加工出孔的方法。钻孔一般适用于低精度连接孔的加工或孔的粗加工。其加工尺寸的标准公差等级可达IT11～IT12，表面粗糙度值可达 $Ra12.5\mu m$。

2. 麻花钻

（1）麻花钻的结构　麻花钻一般用整体高速钢或工具钢制成，也可用硬质合金镶制。麻花钻由工作部分、颈部和柄部组成，工作部分由切削部分和导向部分组成，如图4-4

所示。

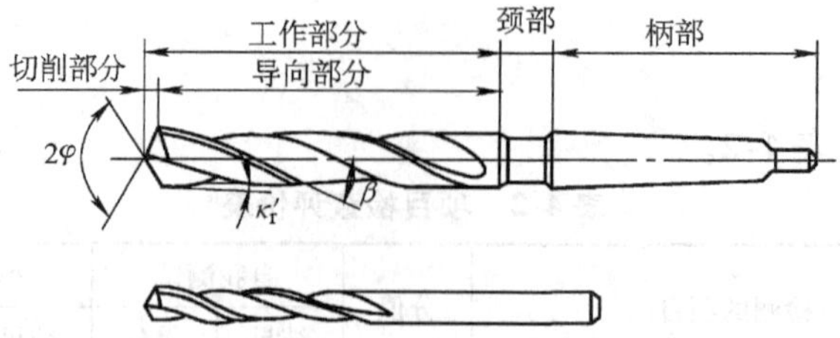

图 4-4　麻花钻的结构

麻花钻的柄部有直柄和莫氏圆锥柄两种。莫氏圆锥柄钻头的直径见表 4-3。

表 4-3　莫氏圆锥柄钻头的直径

莫氏锥号	1	2	3
钻头直径/mm	3 ~ 14	14 ~ 23.02	23.02 ~ 31.75
莫氏锥号	4	5	6
钻头直径/mm	31.75 ~ 50.8	50.8 ~ 76.2	76.2 ~ 80

（2）麻花钻切削部分的主要几何角度　标准麻花钻的顶角一般取 118°，横刃斜角一般取 50° ~ 55°。

（3）麻花钻的刃磨　麻花钻两主切削刃和钻心线之间的夹角应对称，刃长要相等，横刃长度应适中，横刃斜角等于 55°。横刃越长，进给力越大，轴向进给也就越吃力；但如果横刃太短，钻尖强度会较低。麻花钻的刃磨方法如图 4-5 所示。

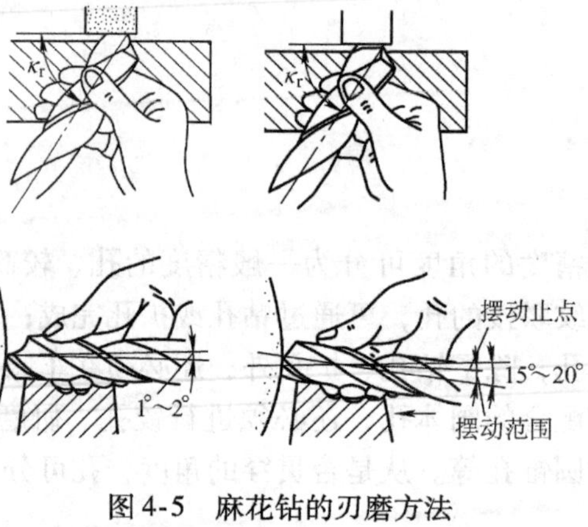

图 4-5　麻花钻的刃磨方法

刃磨不当会使孔径增大，如图 4-6 所示。

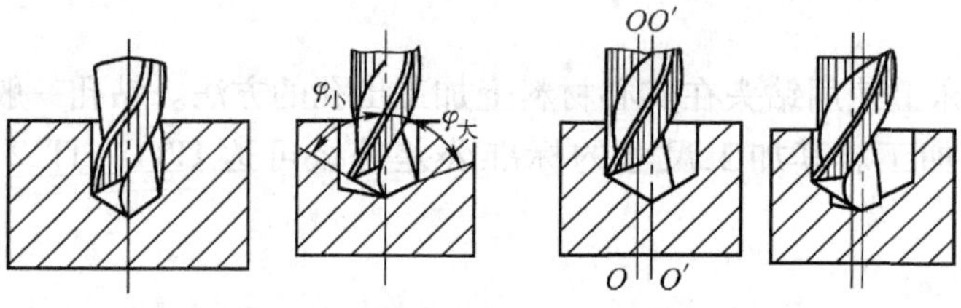

图 4-6　因钻头刃磨不正确使孔扩大

3. 钻孔的方法（图4-7）

（1）麻花钻的选用

1）直径的选择。对于精度一般的孔，可选用直径相当的钻头直接钻出；对精度较高的孔，应选用留有一定加工余量的钻头。

2）长度的选择。一般应选用螺旋槽部分略长于孔深的钻头。麻花钻过长则刚度差；麻花钻过短则排屑困难，也不宜钻通孔。

（2）麻花钻的安装（图4-8）

1）直柄麻花钻应先装到钻夹头内，再装入车床尾座的锥孔中。

2）锥柄麻花钻头可以直接或借助过渡套筒装入车床尾座的锥孔中。

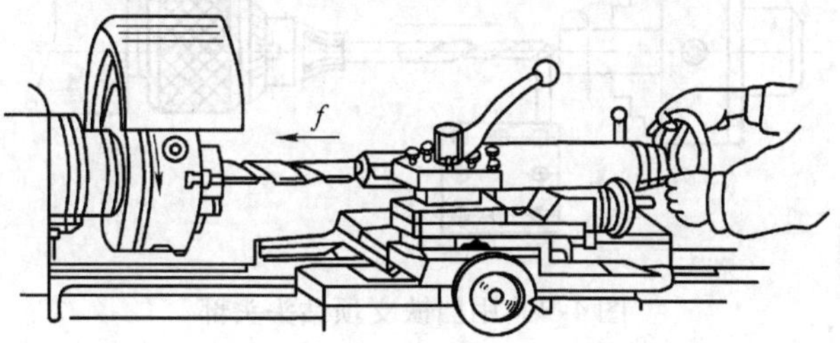

图4-7 在车床上钻孔的方法

图4-8 麻花钻的安装

a）用钻夹头安装 b）用过渡套筒安装

（3）切削用量的选择

1）背吃刀量为钻头直径的一半。

2）进给量是指工件或钻头每转一转时，钻头移动的距离，材料越软进给量越大。

3）切削速度为

$$v=\frac{\pi dn}{1000}$$

式中 v——切削速度（m/s或m/min）；

d——钻头直径（mm）；

n——车床主轴的转速（r/s或r/min）。

材料越软切削速度越大。用高速钢钻头钻钢料时，切削速度一般选15～30m/min；钻铸铁时，一般选10～25m/min。

（4）钻孔的步骤

1）钻孔前，先把工件端面车平，中心处不许有凸台，以利于钻头正确定心。否则钻头将不能定心，甚至会使钻头折断。

2）找正尾座，使钻头中心对准工件的回转中心，否则可能会将孔径钻大或钻偏，甚至折断钻头。

3）用小直径麻花钻钻孔时，钻前应先在工件端面上钻出中心孔，再钻孔，这样既便于定心，又使钻出孔的同轴度精度高。

4）用细长钻头钻孔时，为防止钻头晃动，可在刀架上夹一挡铁，支顶钻头头部，帮助钻头定心，如图 4-9 所示。

具体方法是：先将钻头尖端少量钻入工件平面，然后缓慢摇动中滑板，移动挡铁，逐渐接近钻头前端，使钻头中心稳定地落在工件回转中心的位置上后，继续钻削，当钻头正确定心后，即可退出挡铁。

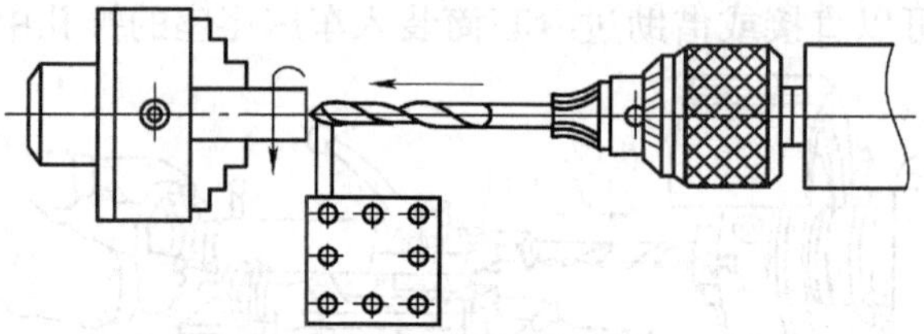

图 4-9　用挡铁支顶钻头头部

5）钻深孔时，要及时退出排屑和冷却。防止因切屑堵塞而使钻头被“咬死”或折断。

6）起钻时，进给量要小，待钻头切削部分全部进入工件后才可正常钻削。

7）钻削钢料件时，必须浇注充分的切削液。

4. 钻通孔的技术要点

根据孔的类型，钻孔可分为钻通孔和钻不通孔。钻通孔主要应保证孔的直径，孔的深度以钻穿为止，不需控制。钻孔的孔径主要由钻头直径保证。另外，快钻穿时应减少进给量，以防钻头折断。

三、扩孔

1. 扩孔的概念

扩孔是指在车床上，用扩孔钻或大直径的钻头把原有的孔扩大的加工方法。原有的孔主要包括铸件或锻件上的预制孔和实心材料上已加工的孔。

扩孔的加工质量较好，扩孔所得尺寸的标准公差等级可达 IT11 ~ IT10，表面粗糙度值可达 $Ra6.3 \sim 12.5\mu m$。

2. 扩孔钻

扩孔所用的刃具是扩孔钻（图 4-10a），有时也用较大直径的麻花钻代替扩孔钻扩孔。扩孔钻的特点如下：

1）扩孔钻通常有 3 ~ 4 个切削刃，导向性好，切削平稳。

2）扩孔钻没有横刃，避免了横刃对切削过程的不利影响。

3）扩孔时背吃刀量较小。

4）扩孔钻钻心粗大，刚度高，切削用量可选得大一些。

3. 扩孔的方法

用扩孔钻扩孔的方法与钻孔的方法基本相同，如图 4-10b 所示。

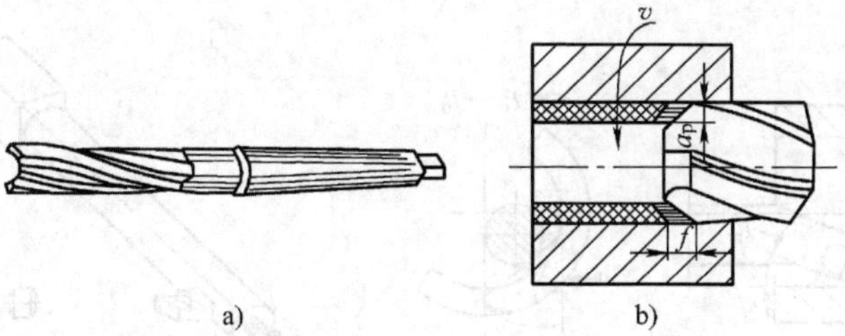

图 4-10 扩孔钻与扩孔

a）扩孔钻 b）扩孔

4. 扩通孔的技术要点

1）通孔的孔径由扩孔钻的直径保证。

2）通孔不需控制孔深，扩通为止。

3）在实体材料上钻大孔时，通常先钻孔后扩孔。钻孔时，麻花钻的直径为所要求孔径的0.5~0.7倍。

四、镗孔

1. 镗孔的概念

镗孔是指在车床上，使用镗孔刀把预制孔，如铸造孔、锻造孔或钻、扩的孔加工成更高精度的孔的加工方法。镗孔所得尺寸的标准公差等级一般可达到IT7~IT8，表面粗糙度值达Ra1.6~3.2μm。因此，镗孔既可作半精加工，也可作精加工。

2. 镗刀的特点及类型

镗孔所用车刀是内孔车刀，也称镗刀。由于零件上的孔有一定的大小和深度，加工孔的刀具必然会受到孔大小和深度的限制，故镗刀既不能做得太粗，又不能做得太短，因此镗刀的刚性和强度较低。镗刀按其所加工孔的类型可分为通孔镗刀和不通孔镗刀；按结构可分为整体式镗刀和组合式镗刀；按加工精度要求可分为粗镗刀和精镗刀；按刀具的材料可分为硬质合金镗刀和高速钢镗刀。

3. 镗孔的方法

镗孔加工一般分为粗镗、半精镗、精镗。镗孔时，第一刀的粗镗通常采用手动镗削，第一刀之后的粗镗可以采用自动进给镗削，以尽快切削金属余量为主，但粗镗必须要留半精镗和精镗余量；最后一刀为精镗，精镗以达到要求的尺寸精度和表面质量为主。

4. 镗孔的主要特点

1）镗孔的工作条件比车削外圆困难，因此，镗孔时的切削速度、进给量和背吃刀量比车削外圆小。

2）镗孔的方法基本上与车削外圆相同，只是进给与退刀方向相反。

5. 镗通孔的技术要点

镗孔按所加工孔的类型分为镗通孔和镗不通孔。

（1）通孔镗刀的特点及安装方法

1）通孔镗刀的几何形状和主要角度如图4-11所示，其主要特点为：

① 镗刀的刀杆悬伸长，刚性差，易振动。

② 主偏角 κ_r 一般取65°~75°，粗镗刀副偏角 κ'_r 一般取15°~30°，精镗刀副偏角 κ'_r

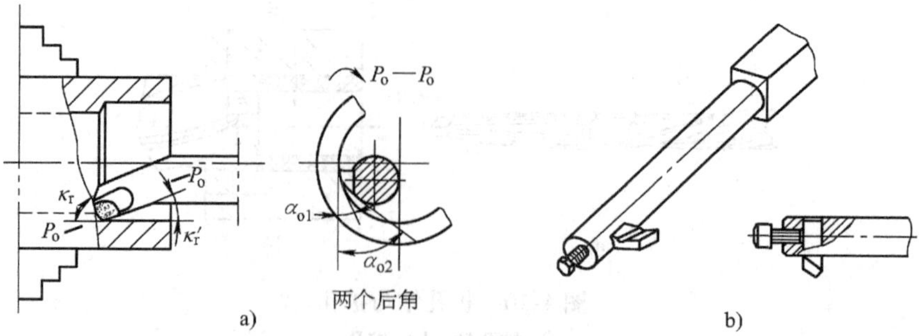

图4-11　通孔镗刀的结构

a）整体式通孔镗刀　b）组合式通孔镗刀

一般取4°~6°。

③ 为了保证镗刀的后刀面既不和工件内孔的表面发生干涉和摩擦，也不使镗刀因后角磨得过大而削弱刀尖强度，镗刀后刀面一般磨成两个后角。

④ 通孔镗刀应磨成前排屑的形式。

2）通孔镗刀的安装方法如下：

① 刀尖应对准工件的中心或比中心稍高，以便增大镗刀的后角。

② 刀杆伸出长度应尽可能短些，一般比孔深多5mm左右。

③ 刀杆与轴线基本平行，以防止刀杆与内孔壁发生干涉。

④ 镗刀装好后，首先手动移到孔内试走一遍，检查有无碰撞现象，以确保安全。

（2）孔径的控制　镗通孔时，主要控制孔径，孔的深度只需要镗通即可。控制孔径的方法与控制外径的方法一样，采用试切法。镗刀先轻轻碰一下孔口内壁，纵向退出，根据径向余量的一半横向进给（注意与车削外圆的进给方法刚好相反），纵向移动镗刀，切削2mm左右长的孔壁，纵向快速退出车刀（横向不动）然后停车测量。反复试切，直至符合孔径精度要求后，再自动进给，完成镗削。

五、孔径的测量

通孔的测量主要是测量孔径，通常根据孔径的大小、精度，以及工件的数量，选用相应的测量工具。

1. 精度较低的孔径的测量

采用金属直尺、内卡钳（图4-12）、游标卡尺进行测量。

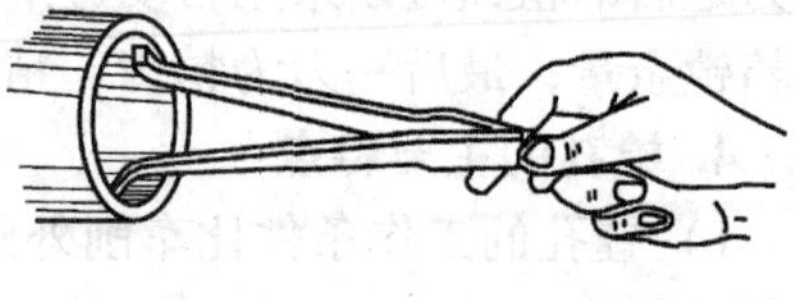

图4-12　用内卡钳测量孔径

2. 精度高的孔径的测量

（1）大批量生产　大批量生产时，常采用塞规检验工件。塞规由通端、止端和手柄组成，如图4-13所示。塞规的通端尺寸等于孔的下极限尺寸，止端尺寸等于孔的上极限尺寸。测量时，如果通端能塞入孔内，而止端不能塞入孔内，则说明孔径合格，如图4-14所示。

塞规通端的长度比止端的长度长，一方面便于修磨通端，以延长塞规的使用寿命，另一方面便于区分通端与止端。

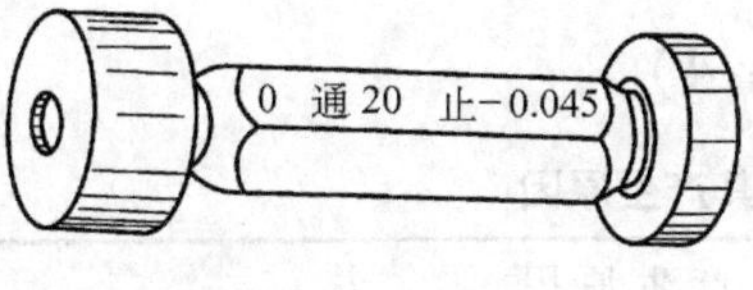

图4-13　塞规

图4-14　用塞规检验孔径

（2）小批量生产　常采用内测千分尺、内径千分尺、内径百分表等进行测量。

1）内测千分尺。内测千分尺的测量范围有5～30mm和25～50mm等规格，分度值为0.01mm。在测量精度较高、深度较小的孔径时，可采用内测千分尺，如图4-15所示。内测千分尺的刻线方向与外径千分尺相反，当微分筒顺时针旋转时，活动量爪张开，测量值增大，可测量出工件的孔径。

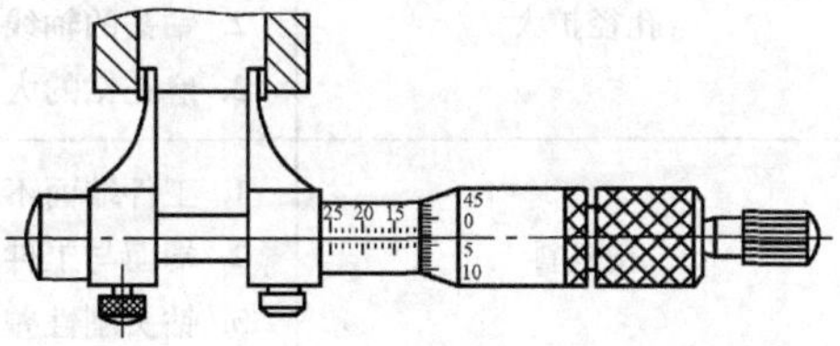

图4-15　内测千分尺及其使用方法

2）内径千分尺。内径千分尺的测量范围有50～250mm，50～600mm，150～1400mm等规格，分度值为0.01mm。

在测量孔径大于50mm，精度较高、深度较大的孔时，可采用内径千分尺。测量内孔时，内径千分尺的轴线要与孔轴线垂直，并在孔内做径向摆动，找到读数的最大值。在此基础上再进行轴向摆动，找到读数的最小值，这个值就是孔的实际尺寸，如图4-16所示。这两个重合读数就是孔的实际尺寸。

3）内径百分表。内径百分表利用对比法测量孔径，测量前先校准百分表零位，就是根据被测孔径，用千分尺把内径百分表校准为零。测量时，为得到准确的尺寸，活动测量头应在径向方向摆动并找出最大值，在轴向方向摆动并找出最小值，如图4-17所示。所得值即为孔径公称尺寸的偏差值，由此计算出孔径的实际尺寸。内径百分表的分度值为0.01mm，测量范围有0～3mm，0～5mm，0～10mm等规格。内径百分表主要用于测量精度要求高而且较深的孔。

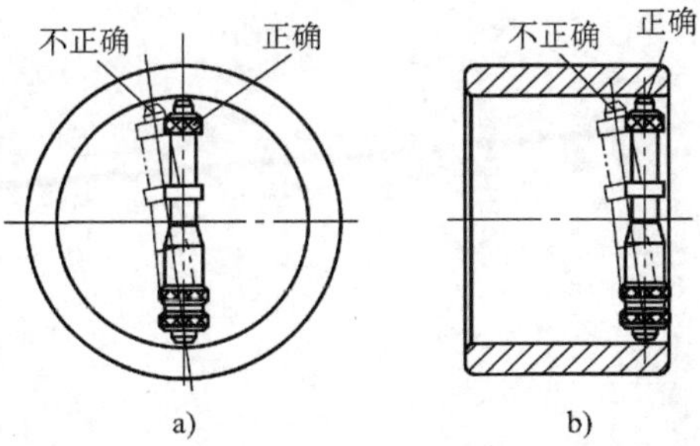

图4-16　内径千分尺的使用方法
a）径向位置　b）轴向位置

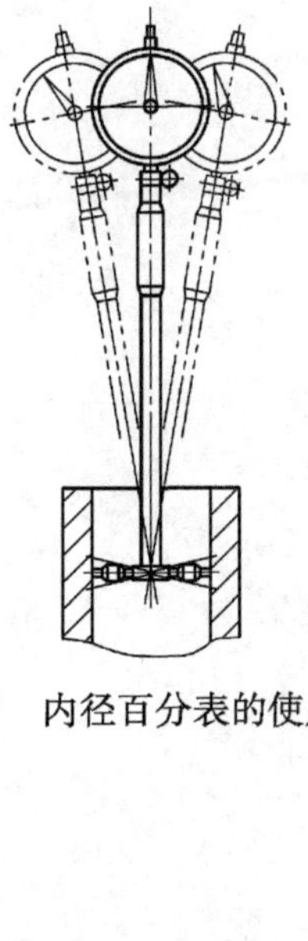

图4-17　内径百分表的使用方法

六、钻孔时的常见问题及其产生原因（表4-4）

表4-4 钻孔时的常见问题及其产生原因

问　　题	产 生 原 因
孔径扩大	1. 钻头的顶角刃磨不正确 2. 钻头的轴线与工件轴线不重合 3. 麻花钻的大小选择不当
孔歪斜	1. 工件端面不平 2. 端面与工件轴线不垂直 3. 钻头刚性差，进给量过大
孔错位	1. 顶角不等，且顶点不在钻头轴线上 2. 尾座偏离中心
孔的表面粗糙度值大	1. 麻花钻的主、副切削刃已磨损 2. 钻孔的切削用量选择不当

项目五　台阶孔零件的加工

[项目引入]

前面我们学习了如何加工直孔，我们能否加工一种不贯穿的孔呢？我们称不贯穿的孔为不通孔，如果它的底面是平的，又称平底孔，如图 5-1a 所示。我们能否加工一种由几个孔径不同的内圆柱面组合而成的阶梯孔呢？阶梯孔也称台阶孔，如图 5-1b 所示。这些不通孔（平底孔）和阶梯孔（台阶孔）在车床上是怎样加工的呢？要解决这两个问题，实际上就是要掌握车工中，不通孔和台阶孔的加工方法。

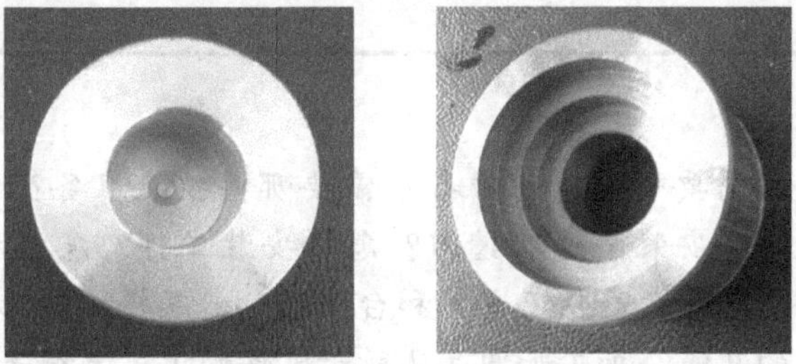

a)　　　　　　b)

图 5-1　带有平底孔或台阶孔的零件

a）不通孔零件（平底孔）　b）台阶孔零件

[项目任务与要求]

按图 5-2 的要求加工台阶孔零件。毛坯使用 ϕ60mm × 110mm 的棒料。

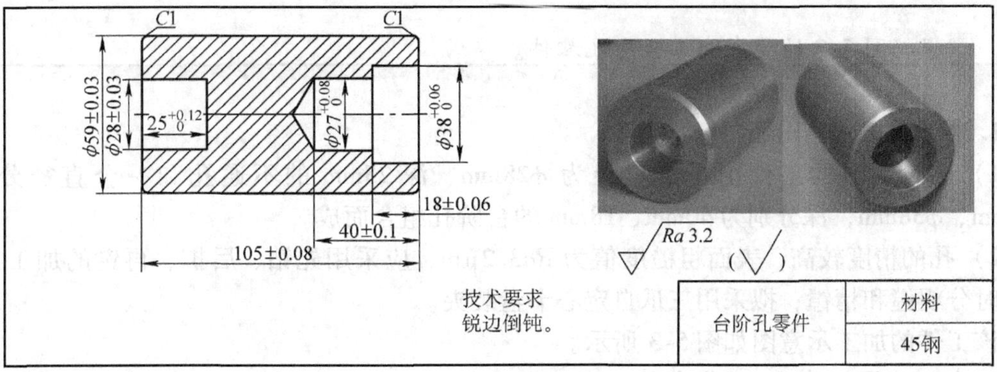

图 5-2　台阶孔零件

[学习目标]

知识目标

◆ 了解不通孔镗刀的几何形状和角度

◆ 理解孔的圆度和圆柱度的概念

◆ 了解不通孔（平底孔）和台阶孔的特点

技能目标

◇ 掌握不通孔（平底孔）的加工方法

◇ 掌握台阶孔的加工方法

◇ 掌握不通孔和台阶孔孔深的控制和测量方法

情感、态度与价值观目标

☆ 注意培养文明生产意识

[项目计划与实施]

想一想

要完成这项任务需要哪些知识准备？需要哪些技能准备？需要哪些刀具、量具、夹具？怎样选择和安装不通孔镗刀？怎样安装工件？怎样加工平底孔和台阶孔？它们的操作要点是什么？钻不通孔和台阶孔时，怎样控制孔深？怎样控制和检测不通孔和台阶孔的孔深？加工如图5-2所示零件的工艺流程是什么？请认真思考上述问题，查阅有关资料，完成项目计划表。

注：项目计划表详见附录E，建议在每个项目开始前填写。

做一做

根据图5-2的要求加工台阶孔零件。

1. 根据图样进行分析

1）图5-2中的工件由一个直径为ϕ28mm、深25mm的不通孔和一个直径分别为ϕ27mm、ϕ38mm，深分别为40mm、18mm的台阶孔组合而成。

2）孔的精度较高，表面粗糙度值为$Ra3.2\mu m$；应采用先钻、后扩、再镗的加工工艺；镗削时分粗镗和精镗；拟采用三爪自定心卡盘装夹。

该工件的加工示意图如图5-3所示。

2. 加工步骤（表5-1，供参考）

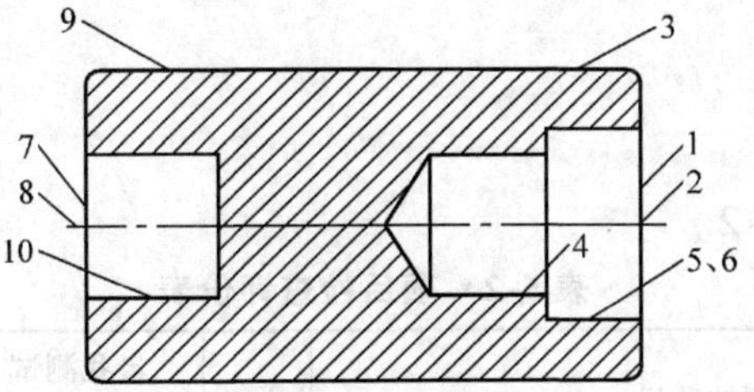

图 5-3　台阶孔零件加工示意图

表 5-1　加工步骤

步骤	加工内容	刀具、量具
1	用三爪自定心卡盘夹持毛坯外圆，伸出 60mm 左右，找正并夹紧 车削右端面	45°弯头车刀或 90°外圆车刀
2	钻、扩孔 ϕ26mm，深 39.5 mm（从麻花钻外缘最大直径处量起）	麻花钻、游标卡尺
3	粗、精车外圆 ϕ59mm 至要求，长度为 55mm 左右，外圆倒角 $C1$	90°外圆车刀、千分尺
4	粗、精镗内孔 ϕ27mm 至要求，长度 40mm 至要求	不通孔镗刀、内径千分尺
5	扩孔 ϕ36mm，深度 17.5 mm	麻花钻
6	粗、精镗内孔 ϕ38mm 至要求，长度 18mm 至要求，内孔倒钝锐边	不通孔镗刀
7	调头，用三爪自定心卡盘夹持已加工好的外圆表面（垫铜片），留出加工位置，找正并夹紧，车削左端面，保证总长 105mm 的要求	45°弯头车刀或 90°外圆车刀
8	钻、扩孔 ϕ26mm，深 24.5mm（从麻花钻的钻尖量起），用直径相同的平底钻扩平底孔，深 24.8mm	麻花钻、平底钻头
9	粗、精车外圆 ϕ59mm 至要求，长度至接线处，外圆倒角 $C1$	90°外圆车刀
10	粗、精镗内孔 ϕ28mm 至要求，长度 25mm 至要求，倒钝锐边	不通孔镗刀
11	检查	千分尺、内径千分尺、游标卡尺等

[项目检查与评价]

写一写

填写项目学习报告。

注：项目学习报告详见附录 F，建议在每个项目完成后填写。

评一评

项目检查评价表见表5-2。

表5-2　项目检查评价表

序号	检测的项目	分值	自我测试		小组测试		教师测试	
			结果	得分	结果	得分	结果	得分
1	外圆 ϕ（59 ±0.03）mm（两端）	10						
	外圆表面粗糙度 Ra 3.2μm	5						
2	孔径 $\phi38^{+0.06}_{0}$mm	10						
3	孔径 $\phi27^{+0.08}_{0}$mm	10						
4	孔径 ϕ（28 ±0.03）mm	10						
5	（105 ±0.08）mm	5						
6	$25^{+0.120}_{0}$mm	8						
7	（40 ±0.1）mm	2						
8	（18 ±0.06）mm	5						
9	$C1$（2处）	5						
10	内孔表面粗糙度 Ra3.2μm（内孔3处）	15						
11	安全文明生产情况	15						
12	合计	100						

评语（优、缺点及改进措施）

[知识加油站]

读一读

一、不通孔（平底孔）和台阶孔的特点

不通孔是不贯通的孔，平底孔是孔底为平面的不通孔，台阶孔是圆柱内表面有若干层台阶的孔。这些孔的主要特点是有一定的深度要求，因此在加工这些孔时，除了要保证它的内径，还要保证它的孔深。

二、钻、扩不通孔和台阶孔的技术要点

钻、扩不通孔和台阶孔的技术要点是控制不通孔和台阶孔的孔深。

1. 用车床尾座的刻度控制孔深

钻孔时，摇动尾座手轮，当麻花钻切削部分（钻尖）切入工件端面时，记下尾座套筒

上的刻度，作为起始刻度，根据孔深计算出终止刻度。钻孔时，钻到终止刻度即可。

2. 在钻头上作记号控制孔深

用金属直尺或游标卡尺在麻花钻上量取孔深（一般从钻尖开始量起），并在终止尺寸处作记号。钻孔时，钻到记号即可。

3. 用限位块控制孔深

在大批量生产时，通常在车床尾座安装限位块，用限位块控制孔深。

4. 用金属直尺控制孔深

当麻花钻切削部分（钻尖）切入工件端面时，用金属直尺测量尾座套筒的伸出长度，钻孔时用套筒伸出的长度加上孔深来控制尾座套筒的伸出量，如图 5-4 所示。

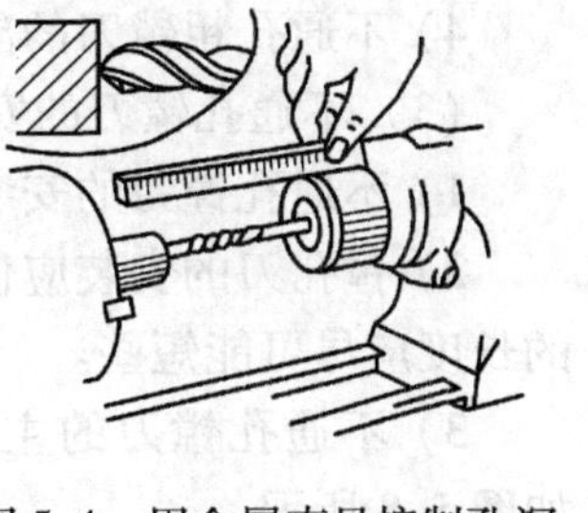

图 5-4　用金属直尺控制孔深

三、镗不通孔（平底孔）和台阶孔

精度较高的不通孔（平底孔）、台阶孔，还必须在车床上进行镗削。

1. 不通孔镗刀及其安装

（1）不通孔镗刀的类型　不通孔镗刀按镗刀结构可分组合式镗刀（图 5-5a）和整体式镗刀（图 5-5b）；按加工精度的要求可分粗镗刀和精镗刀；按刀具材料可分硬质合金不通孔镗刀（图 5-6）和高速钢不通孔镗刀。

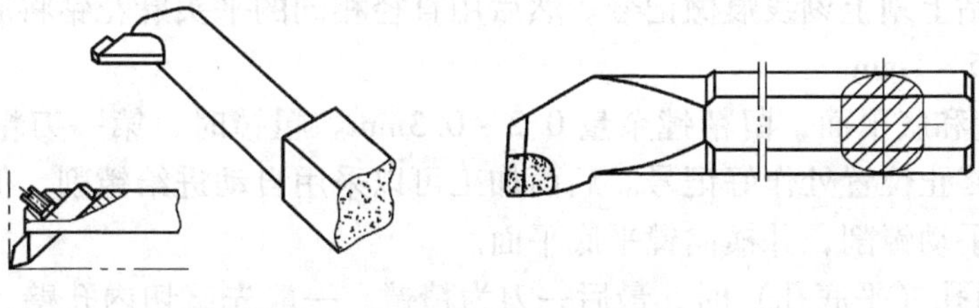

图 5-5　不通孔镗刀

a）组合式　b）整体式

（2）不通孔镗刀的几何形状和主要角度（图 5-7）　不通孔镗刀几何形状的主要特点为：

1）不通孔镗刀的主偏角 κ_r 大于 90°，一般取 92° ~ 95°，后角要求与通孔镗刀相同，刀尖在刀杆的最前端。

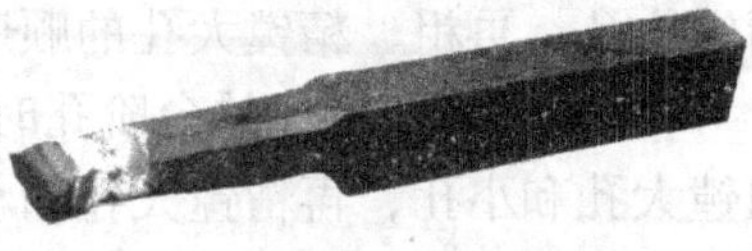

图 5-6　硬质合金不通孔镗刀

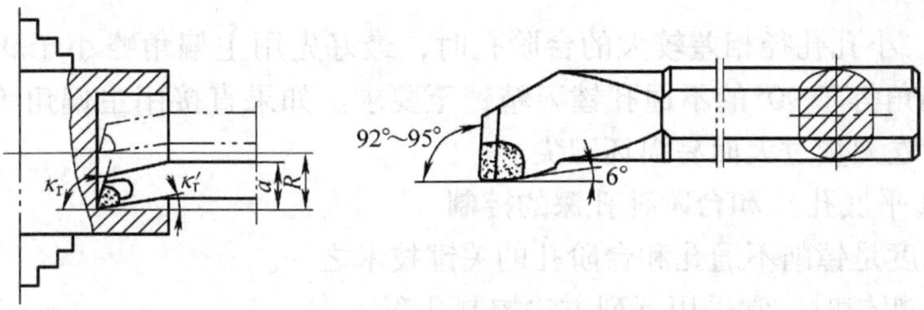

图 5-7　不通孔镗刀的几何形状与主要角度

2）平底不通孔镗刀刀尖到刀柄外侧的距离应小于孔的半径 R，否则无法镗平底孔的底面。

3）不通孔镗刀的前刀面应磨出后排断屑槽，因为镗不通孔时无法从前端排屑，只能从后端排屑。刃倾角 λ_s 一般取 $-2° \sim 0°$。

4）不通孔粗镗刀的副偏角取 $15° \sim 30°$，不通孔精镗刀的副偏角取 $4° \sim 6°$。

（3）不通孔镗刀的安装

1）不通孔镗刀的安装方法与通孔镗刀的安装方法基本相同。

2）镗孔刀的安装应使刀尖与工件回转中心等高或比工件回转中心稍高，刀柄伸出刀架的长度应尽可能短些。

3）不通孔镗刀的主切削刃应与端平面成 $3° \sim 5°$ 夹角，如图 5-8 所示。

4）在镗削台阶内平面时，横向应有足够的退刀余地。

5）车削平底孔时，横向退刀距离应大于孔的半径，刀尖应严格对准工件中心。

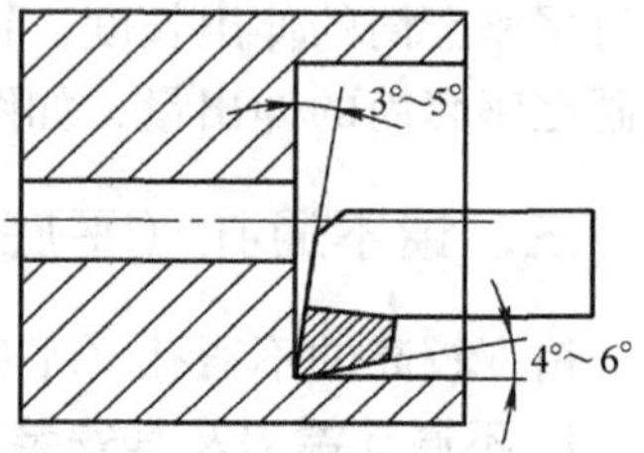

图 5-8　不通孔镗刀的安装

2. 镗削不通孔（平底孔）的方法

1）车平端面。

2）必要时，可先钻中心孔作为导引孔。

3）钻底孔。选择比孔径小 1.5 ~ 2mm 的钻头，先钻出底孔，其钻孔深度从麻花钻顶尖量起，并在麻花钻上划上刻线痕做记号。然后用直径相同的平头麻花钻将底孔扩成平底，底平面处留余量 0.5 ~ 1mm。

4）粗镗孔壁和底平面，留精镗余量 0.2 ~ 0.3mm。粗镗时，第一刀粗镗一般采用手动镗削，并在接近终止位置处作好记号。后面加工可以采用自动进给镗削，但当自动镗削接近底端时，应改为手动镗削，并横向镗平底平面。

5）精镗不通孔（平底孔）时，最后一刀为精镗。一般先试切内孔壁，保证孔径，然后自动镗削到底端，保证孔深，最后再横向精镗平内孔的底平面。

3. 镗削台阶孔的方法

1）镗削直径较小的台阶孔时，由于观察困难，尺寸精度不易控制，所以常采用先粗、精镗小孔，再粗、精镗大孔的顺序进行加工。

2）镗削直径较大的台阶孔时，在便于测量小孔尺寸且视线不受影响的情况下，一般先粗镗大孔和小孔，再精镗大孔和小孔。

3）镗削大、小孔孔径相差较小的台阶孔时，可直接用主偏角等于 90° 的不通孔镗刀进行镗削。

4）镗削大、小孔孔径相差较大的台阶孔时，最好先用主偏角略小于 90° 的镗刀进行粗镗，然后用主偏角等于 90° 的不通孔镗刀精镗至要求。如果直接用主偏角等于 90° 的不通孔镗刀镗削，因背吃刀量过大而易损坏刀尖。

4. 不通孔（平底孔）和台阶孔孔深的控制

控制孔的深度是镗削不通孔和台阶孔的关键技术之一。

（1）粗镗　粗镗时，常采用下列方法控制孔深。

1）在刀杆上刻线法，如图 5-9a 所示。

2）安放限位片法，如图 5-9b 所示。

3）用纵向固定挡铁和定程块（与车削外圆台阶相似）控制孔深。

4）用床鞍上的纵向进给刻度盘和小刀架的纵向刻度盘（与车削外圆台阶相似）控制孔深。

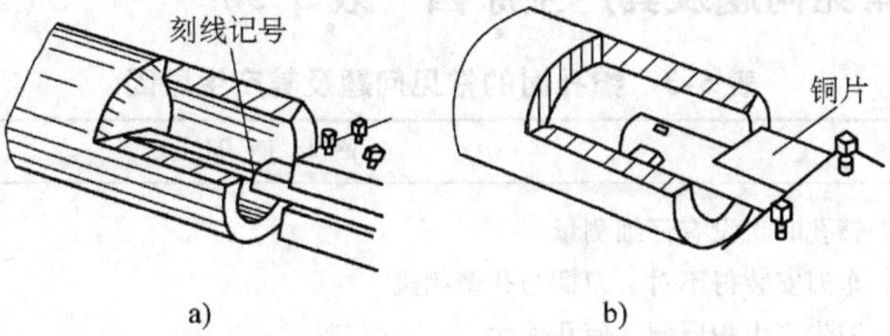

图 5-9　控制孔深度的方法
a）刻线法　b）限位片法

（2）精镗　精镗时，常采用试切法。

1）利用深度千分尺和小滑板刻度盘控制试切。

2）利用深度游标卡尺和小滑板刻度盘控制试切。

3）利用普通百分表和小滑板刻度盘控制试切。

四、不通孔和台阶孔的检测

1. 孔径的测量

不通孔和台阶孔的检测方法与通孔孔径的测量方法相同。

2. 孔深的测量

1）对于精度要求较低的孔，可使用金属直尺、一般游标卡尺和极限样板进行测量。

2）对于精度要求一般的孔，可使用深度游标卡尺进行测量，如图 5-10 所示。

3）对于精度要求较高的孔，可使用深度千分尺进行测量，测量方法如图 5-11 所示。

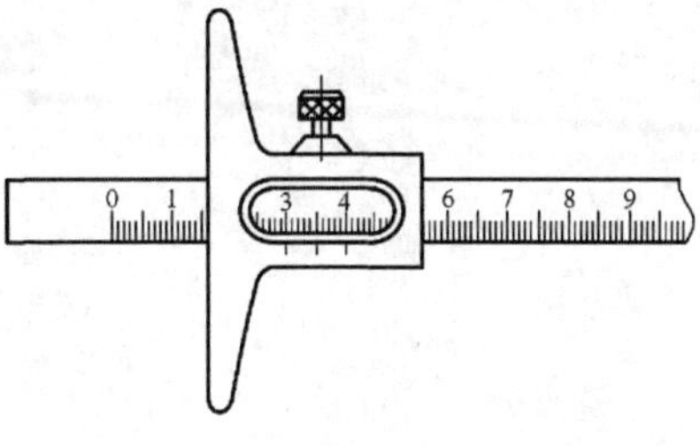

图 5-10　深度游标卡尺

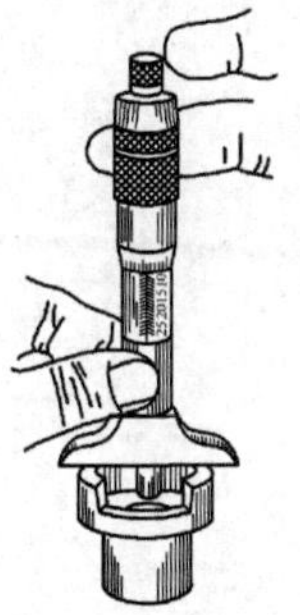

图 5-11　用深度千分尺测量孔深的方法

3. 孔的形状误差的检测

在车床上车削的圆柱孔，一般只检测圆度误差和圆柱度误差。

（1）圆度误差的检测　孔的圆度误差可用内径百分表进行检测。测量前，应先用环规或千分尺将内径百分表校准到零位。测量时，将测量头放入孔内，在垂直于孔轴线的某一断面内的各个方向上测量，测量的最大值与最小值之差的一半即是该断面的圆度误差。

（2）圆柱度误差的检测　孔的圆柱度误差也可用内径百分表进行检测。测量时，在孔全长的前、中、后各位置测量若干个断面，比较各个断面的测量结果，所有读数中最大值与最小值之差的一半，即是孔全长的圆柱度误差。

五、镗孔时的常见问题及其产生原因（表5-3）

表5-3　镗孔时的常见问题及其产生原因

问　　题	产生原因
孔的尺寸不正确	1. 镗孔时，没有仔细测量 2. 车刀安装得不对，刀柄与孔壁相碰 3. 刀尖产生积屑瘤，使孔偏大 4. 工件的热胀冷缩
内孔不圆	1. 主轴承间隙过大，主轴轴颈呈椭圆形 2. 加工余量不均，没有分粗、精镗 3. 薄壁零件夹紧变形
内孔有锥度	1. 刀具磨损 2. 主轴轴线歪斜 3. 刀杆过粗，和工件内壁相碰 4. 刀杆刚性差，产生“让刀”现象 5. 床身存在水平误差，使床身导轨与主轴轴线不平行 6. 床身导轨磨损不均匀，使进给轨迹与工件轴线不平行
内孔的表面粗糙度值大	1. 镗刀磨钝 2. 镗刀切削刃磨不良，表面粗糙度值大 3. 镗刀安装不合理，如刀尖低于工件中心，导致几何角度不合理 4. 切削用量不当 5. 刀柄细长，产生振动

项目六　内沟槽零件的加工

[项目引入]

前面我们学习了如何加工外沟槽，在机械设备中，有些零件由于工作或结构工艺的需要，在其内孔表面上需要加工出各种形状的沟槽，我们称之为内沟槽，如图 6-1 所示。我们能否在车床上加工这些内沟槽呢？要解决这个问题，实际上就是要掌握车工中，车削内沟槽的方法。

a)　　b)　　c)

图 6-1　零件的内沟槽

[项目任务与要求]

按图 6-2 的要求加工内沟槽件。毛坯可使用项目五的零件。

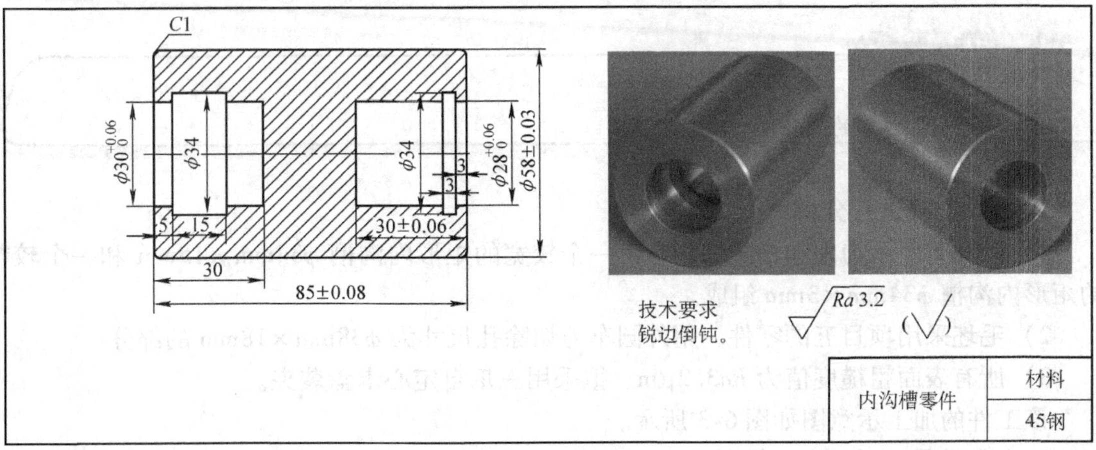

图 6-2　内沟槽零件

[学习目标]

知识目标

◆ 了解内沟槽车刀的几何形状和角度

◆ 了解内沟槽的种类和特点

◆ 理解内沟槽的作用

技能目标

◇ 掌握车削较窄的矩形内沟槽的方法

◇ 掌握车削较宽的矩形内沟槽的方法

◇ 掌握内沟槽尺寸的控制与检测方法

情感、态度与价值观目标

☆ 注意培养良好的学习习惯

[项目计划与实施]

想一想

要完成这项任务需要哪些知识准备？需要哪些技能准备？需要哪些刀具、量具、夹具？怎样安装矩形内沟槽车刀？怎样安装工件？怎样车削较窄的矩形内沟槽？怎样车削较宽的矩形内沟槽？怎样控制和检测内沟槽的轴向尺寸、槽宽和槽深？加工如图 6-2 所示零件的工艺流程是什么？请认真思考上述问题，查阅有关资料，完成项目计划表。

注：项目计划表详见附录 E，建议在每个项目开始前填写。

做一做

根据图 6-2 的要求加工内沟槽件。

1. 根据图样进行分析

1）图 6-2 所示为内沟槽零件，它由一个较宽的矩形内沟槽 $\phi34\text{mm}\times15\text{mm}$ 和一个较窄的矩形内沟槽 $\phi34\text{mm}\times3\text{mm}$ 组成。

2）毛坯采用项目五的零件，用外圆车刀切除孔尺寸为 $\phi38\text{mm}\times18\text{mm}$ 的部分。

3）所有表面粗糙度值为 $Ra3.2\mu\text{m}$。拟采用三爪自定心卡盘装夹。

该工件的加工示意图如图 6-3 所示。

2. 加工步骤（表 6-1，供参考）

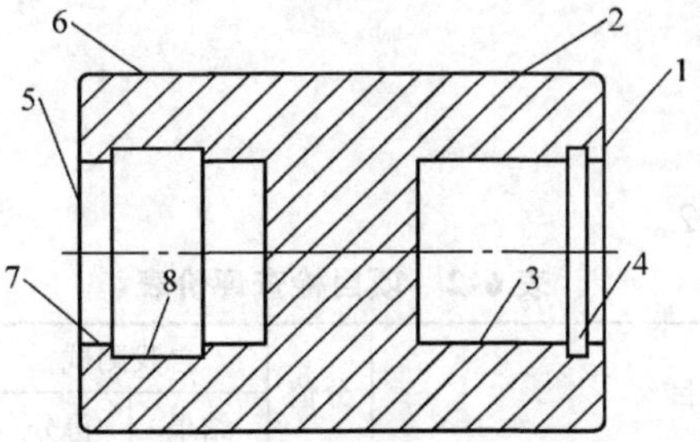

图 6-3　内沟槽零件加工示意图

表 6-1　加工步骤

步骤	加工内容	刀具、量具
1	用三爪自定心卡盘夹持毛坯外圆，伸出 50mm 左右，找正并夹紧	45°弯头车刀或 90°外圆车刀
	车削右端面（车去孔径为 ϕ38mm 的那段）	
2	粗、精车外圆 ϕ58mm 至要求，长度为 45mm，外圆倒角 $C1$	90°外圆车刀、千分尺
3	钻、扩平底孔至 ϕ26mm，深为 29.5 mm	平底钻头、游标卡尺
	镗孔 ϕ28mm、长度 30mm 至要求，孔口倒钝锐边	不通孔镗刀
4	粗、精车内沟槽，保证 $\phi34\text{mm}\times3\text{mm}$ 的要求，位置尺寸 3mm	内圆沟槽车刀、钩形游标卡尺、弯脚游标卡尺
5	调头，用三爪自定心卡盘夹持已加工好的外圆表面（垫铜片），找正并夹紧，车削左端面，保证总长 85 mm 的要求	45°弯头车刀或 90°外圆车刀
6	粗、精车外圆 ϕ58mm 至要求，长度至接线处，外圆倒角 $C1$	90°外圆车刀
7	钻、扩平底孔至 ϕ26mm，深为 29.5 mm	平底钻头
	镗孔 ϕ30mm、长度 30mm 至要求，孔口倒钝锐边	不通孔镗刀
8	粗、精车内沟槽，保证 $\phi34\text{mm}\times15\text{mm}$ 的要求，位置尺寸 5mm	内圆沟槽车刀
9	检查	千分尺、内径千分尺、深度游标卡尺、钩形游标卡尺、弯脚游标卡尺

[项目检查与评价]

写一写

填写项目学习报告。

注：项目学习报告详见附录 F，建议在每个项目完成后填写。

评一评

项目检查评价表见表6-2。

表6-2　项目检查评价表

序号	检测的项目	分值	自我测试		小组测试		教师测试	
			结果	得分	结果	得分	结果	得分
1	外圆 ϕ（58±0.03）mm（两端）	10						
2	孔径 $\phi30^{+0.06}_{0}$mm	10						
3	孔径 $\phi28^{+0.06}_{0}$mm	10						
4	（85±0.08）mm	5						
5	（30±0.06）mm	5						
6	5mm（位置尺寸）	5						
7	3mm（位置尺寸）	5						
8	内沟槽 ϕ34mm×15mm	10						
9	内沟槽 ϕ34mm×3mm	10						
10	C1（2处）	5						
11	表面粗糙度 $Ra3.2\mu m$	10						
12	安全文明生产情况	15						
13	合计	100						

评语（优、缺点及改进措施）

[知识加油站]

读一读

一、内沟槽

内沟槽是零件内孔表面上不同形状的槽。

1. 按断面形状分类

按断面形状不同，内沟槽可分为矩形槽、圆弧形槽、梯形槽，如图6-4所示。

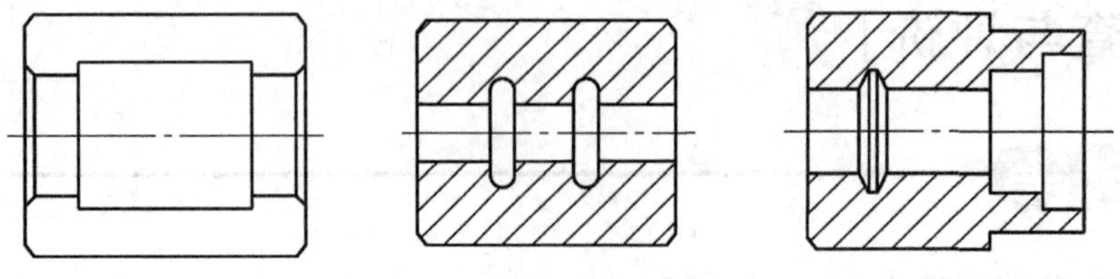

a)　　b)　　c)

图6-4　内沟槽断面形状

a）矩形槽　b）圆弧形槽（油、气通道槽）　c）梯形槽（密封槽）

2. 按作用分类

按所起作用的不同，内沟槽可分为退刀槽，密封槽，轴向定位槽，储油槽和油、气通道槽。

（1）退刀槽　在内孔适当位置加工出来的，可以作为车削内螺纹、磨孔时退刀用的内沟槽，如图6-5a所示。

（2）密封槽　为了防止轴上润滑剂溢出和防尘，在内孔的适当位置加工出来的，可以嵌入油毛毡的内沟槽，如图6-4c所示。

（3）轴向定位槽　为了实现相关零件的轴向定位，在内孔的适当位置加工出来的，可以嵌入弹性挡圈的内沟槽。

（4）储油槽　为了方便轴套内孔的加工和良好的定位，在内孔的适当位置加工出来的，用作通过或储存润滑油的内沟槽，如图6-5b所示。

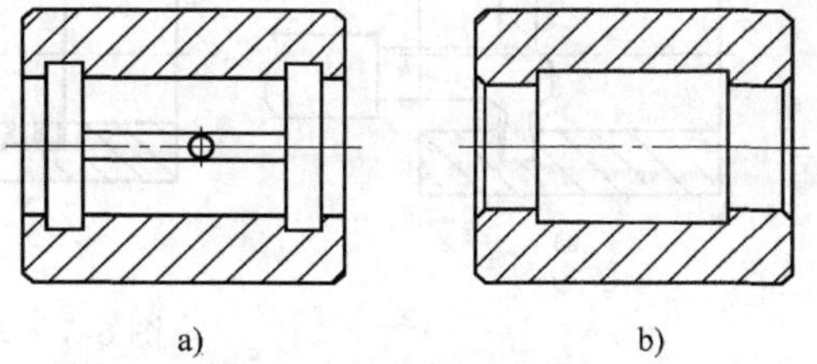

图6-5　常见的内沟槽

a）拉油槽的退刀槽　b）储油槽

（5）油、气通道槽　用于通油或通气，在液压或气动滑阀中加工出来的内沟槽，如图6-4b所示。

这类沟槽的加工在零件的内表面上进行，加工时排屑、冷却、测量相对车削外沟槽困难，因此，加工难度大，对刀具要求高。

二、车削内沟槽

车削内沟槽是指在车床上，利用内沟槽车刀在工件的内表面上车削出各种形状沟槽的加工方法。

1. 内沟槽车刀及其安装

（1）内沟槽车刀　内沟槽车刀的刀头受到槽尺寸大小的影响，因此，内沟槽车刀的刀头形状与外沟槽车刀的刀头形状很相似。

内沟槽车刀的刀杆又受到孔径的影响，因此，内沟槽车刀的刀杆部分与镗孔刀的刀杆部分很相似。

综合而言，内沟槽车刀的强度与刚度比外沟槽车刀和镗孔刀都低。

加工小孔中的内沟槽时，内沟槽车刀一般做成整体式；加工大孔中的内沟槽时，内沟槽车刀一般为机械夹固式，如图6-6a、b所示。

（2）内沟槽车刀的几何尺寸　内沟槽车刀的几何尺寸，如图6-6c所示。

（3）内沟槽车刀的安装　内沟槽车刀刀杆的安装方法与镗孔刀刀杆的安装方法一样，刀头的安装方法与外圆沟槽车刀刀头的安装方法一样。内沟槽车刀的刀体与刀杆的轴线垂直，主切削刃与内孔中心等高或比内孔中心略高，两侧副偏角必须对称。

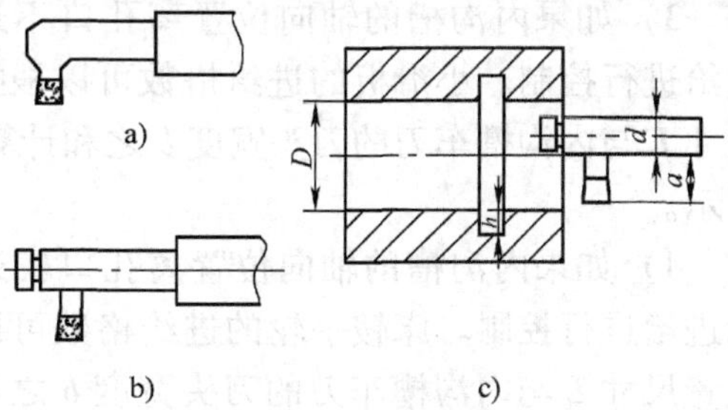

图6-6　内沟槽车刀

a）整体式内沟槽车刀　b）机械夹固式内沟槽车刀

c）内沟槽车刀与内沟槽的几何尺寸

2. 车削不同宽度内沟槽的方法

（1）车削宽度较小和要求不高的内沟槽　用主切削刃宽度等于内沟槽宽度的内沟槽车刀，采用直进法一次车出，如图6-7a所示。

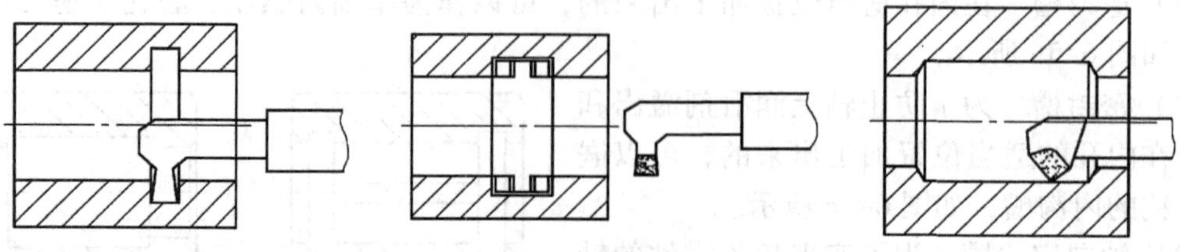

图6-7　车削内沟槽的方法

a）用直进法车削内沟槽　b）用多次直进法车削较宽的内沟槽　c）用纵向进给法车削较宽的内沟槽

（2）车削要求较高或较宽的内沟槽　采用直进法分几次车出。粗车时，内沟槽槽壁和槽底应留精车余量，然后根据槽宽、槽深的要求进行精车，如图6-7b所示。

（3）车削深度较浅、宽度很大的内沟槽　可用车孔刀车出凹槽，如图6-7c所示，再用内沟槽车刀车削沟槽两端的垂直面。

（4）车削较小的圆形或梯形的内沟槽　使用成形车刀，即刀头为圆形或梯形的内沟槽车刀，用直进法一次车出。

3. 内沟槽深度尺寸的控制

1）摇动床鞍与中滑板，将内沟槽车刀伸入孔口，并使主切削刃与孔壁刚好接触，此时中滑板刻度盘的刻度为进给的起始刻度位置。

2）根据内沟槽深度计算出中滑板进给格数，并在进给终止刻度位置做好标记或记下刻度值。

3）进给时，将中滑板进给到终止刻度位置即可。

4. 内沟槽轴向位置尺寸的控制

1）消除小滑板丝杠的间隙，把小滑板刻度调整到零刻度。

2）移动床鞍，使车刀靠近工件的端面，用小滑板控制时，小滑板的零刻度为起始刻度的位置；用床鞍手轮控制时，床鞍手轮的刻度为起始刻度的位置。

3）如果内沟槽的轴向位置离孔口不远，可用小滑板进给进行控制。小滑板的进给格数可以根据内沟槽的位置尺寸 L 与内沟槽车刀的刀头宽度 b 之和计算出来，如图6-8所示。

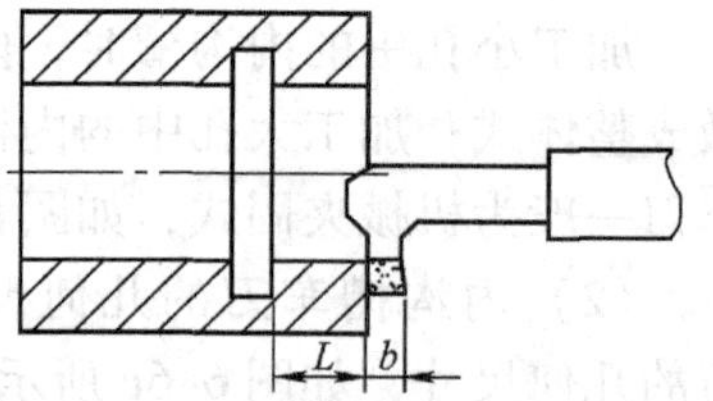

图6-8　内沟槽轴向位置的控制

4）如果内沟槽的轴向位置离孔口较远，可用床鞍手轮进给进行控制。床鞍手轮的进给格数可以根据内沟槽的位置尺寸 L 与内沟槽车刀的刀头宽度 b 之和计算出来，如图6-8所示。

5. 车削内沟槽的要点

1）横向进给车削内沟槽，进给量不宜过大，约0.1～0.2mm/r。

2）车削到槽深尺寸时，不要马上退刀，应稍作停留。

3）横向退刀前，使内沟槽车刀的主切削刃退离孔壁 0.5～0.8mm，在中滑板刻度盘上做出退刀刻度位置标记（退刀时用）。

4）横向退刀时，在确认内沟槽车刀已到达设定的退刀刻度位置标记后，才能纵向向外退出车刀。否则，会因横向退刀不足而碰坏已车削好的沟槽；横向退刀过多，可能使刀杆与孔壁相擦而伤及内孔。

三、矩形内沟槽的测量

1. 内沟槽深度的测量

内沟槽深度（或内沟槽直径）一般用弹簧内卡钳配合游标卡尺或千分尺进行测量，用弹簧内卡钳测量内沟槽直径的方法如图 6-9 所示。测量时，先将弹簧内卡钳收缩并放入内沟槽，然后调节卡钳螺母，使卡脚与槽底径表面接触，松紧要适度。然后将内卡钳收缩取出，恢复到原来尺寸。最后用游标卡尺或外径千分尺测出内卡钳张开的距离。

对于直径较大的内沟槽，可用弯脚游标卡尺进行测量，如图 6-10 所示。

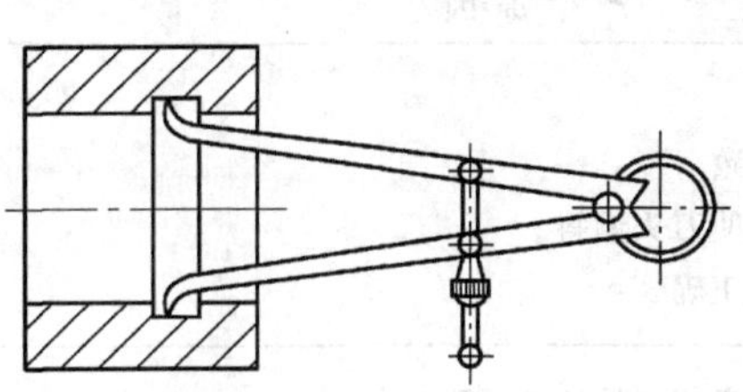

图 6-9　用弹簧内卡钳测量内沟槽的直径

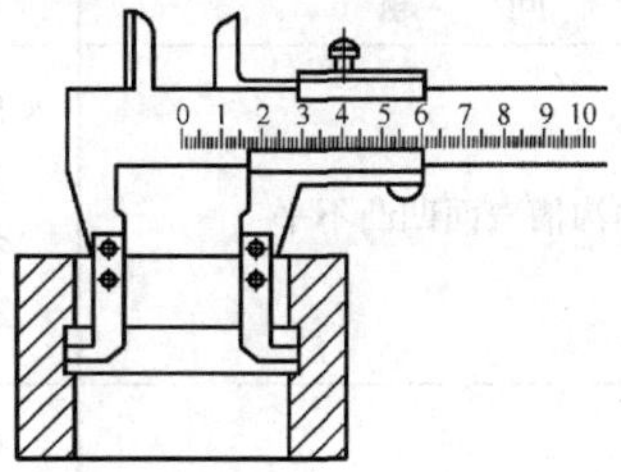

图 6-10　用弯脚游标卡尺测量内沟槽的直径

2. 内沟槽轴向位置尺寸的测量

内沟槽的轴向位置尺寸可用钩形深度游标卡尺进行测量，如图 6-11 所示。

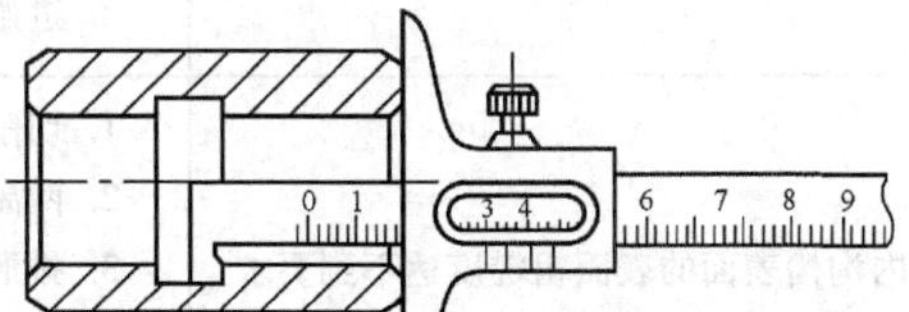

图 6-11　用钩形深度游标卡尺测量内沟槽的轴向位置

3. 内沟槽宽度的测量

内沟槽的宽度可用样板进行检测，如图 6-12 所示。当孔径较大时，可用游标卡尺进行测量，如图 6-13 所示。

四、车削梯形内沟槽的方法

车削梯形内沟槽时，一般先用内沟槽车刀车削直槽，如图 6-14a 所示，然后用梯形内沟槽车刀车削成形，如图 6-14b 所示。对于较小的梯形内沟槽，可以用一把梯形内沟槽车刀直接车削成形。

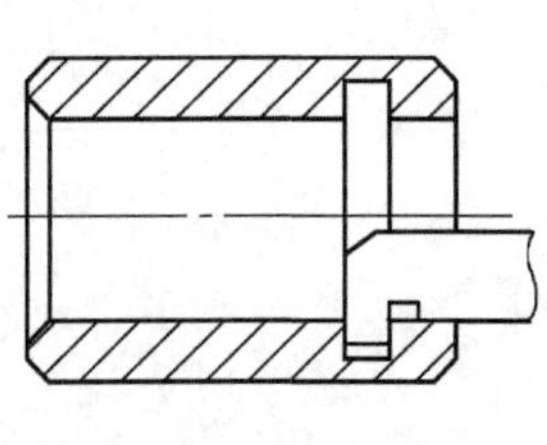

图 6-12　用样板检测内沟槽的宽度

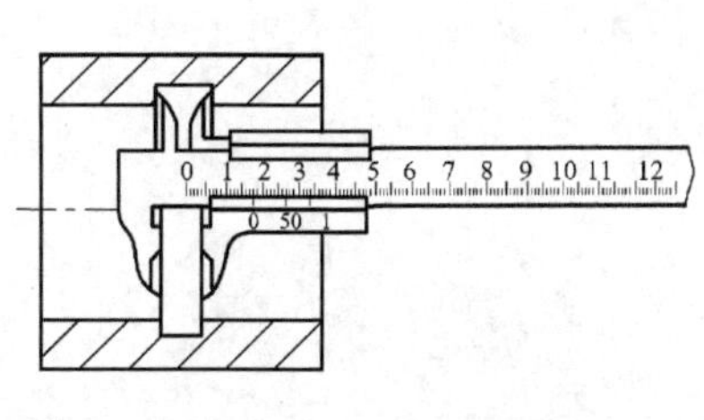

图 6-13　用游标卡尺检测内沟槽的宽度

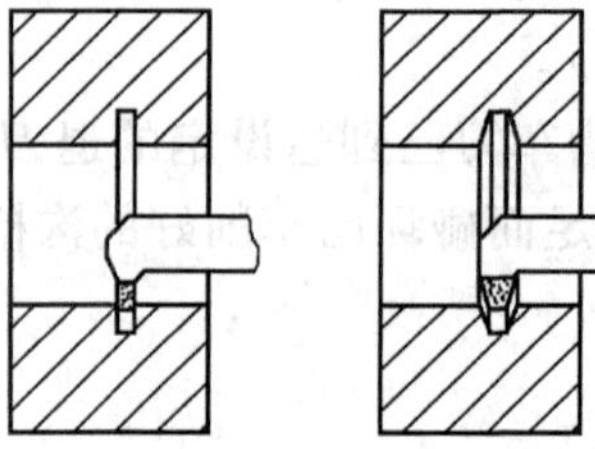

图6-14 车梯形内沟槽
a）车削直槽 b）车削梯形槽

五、车削内沟槽时的常见问题及其产生原因（表6-3）

表6-3 车削内沟槽时的常见问题及其产生原因

问　　题	产生原因
内沟槽表面凹凸不平	1. 主切削刃不平直 2. 两刀尖圆弧磨损不一致 3. 两侧副后角不对称，使刀头偏斜 4. 内沟槽车刀安装得不正确
内沟槽的尺寸不正确	1. 刻度盘松动或与刻度盘相连的丝杠间隙太大 2. 起始刻度位置不准 3. 进给格数计算错或终止刻度位置出错 4. 进给时，进过头了
内沟槽表面的表面粗糙度达不到要求	1. 切削时发生振动 2. 两副偏角过小，刀具和工件发生摩擦 3. 排屑不顺，冷却不到位 4. 切削速度不当 5. 退刀时产生干涉

项目七 端面沟槽零件的加工

[项目引入]

前面我们学习了如何加工外圆沟槽和内沟槽，我们能否加工端面沟槽呢？在机械设备中，为了储油、减轻工件的重量或减少工件的接触面积，会在一些零件的端面车削出一定形状的沟槽，我们称之为端面沟槽，如图 7-1 所示。这些端面沟槽在车床上是怎样加工的呢？要解决这个问题，实际上就是要掌握车工中，车削端面沟槽的方法。

a) b) c)

图 7-1 带有端面沟槽的零件

[项目任务与要求]

按图 7-2 的要求加工端面沟槽件。毛坯使用 $\phi58\text{mm}\times45\text{mm}$ 的棒料。

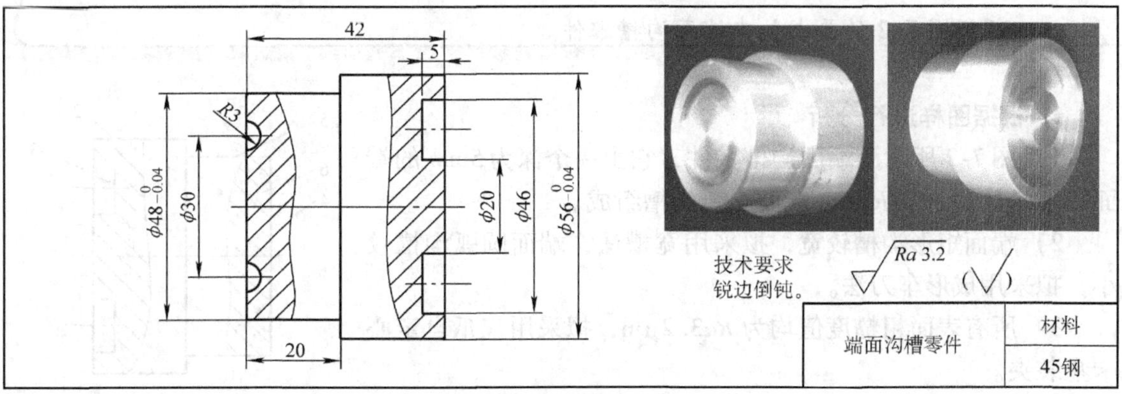

图 7-2 端面沟槽零件

[学习目标]

知识目标

◆ 了解端面沟槽车刀的几何形状和角度

◆ 了解端面沟槽的种类与特点

◆ 理解端面沟槽的作用

技能目标

◇ 掌握车削端面沟槽的方法

◇ 掌握端面沟槽的检测方法

◇ 学会找正盘类零件的方法

情感、态度与价值观目标

☆ 注意培养良好的职业素养

[项目计划与实施]

想一想

要完成这项任务需要哪些知识准备？需要哪些技能准备？需要哪些刀具、量具、夹具？怎样选择和安装端面沟槽车刀？怎样安装和找正工件？怎样车削端面矩形沟槽？怎样车削端面圆弧形沟槽？怎样控制和检测端面沟槽的位置尺寸、槽宽和槽深？加工如图 7-2 所示零件的工艺流程是什么？请认真思考上述问题，查阅有关资料，完成项目计划表。

注：项目计划表详见附录 E，建议在每个项目开始前填写。

做一做

根据图 7-2 的要求加工端面沟槽零件。

1. 根据图样进行分析

1）图 7-2 所示为端面沟槽零件，它由一个深为 5mm 的端面矩形沟槽和一个 R3mm 端面圆弧沟槽组成。

2）端面矩形沟槽较宽，拟采用宽槽法；端面圆弧沟槽较小，拟采用成形车刀法。

3）所有表面粗糙度值均为 Ra3.2μm，拟采用三爪自定心卡盘装夹。

该工件的加工示意图如图 7-3 所示。

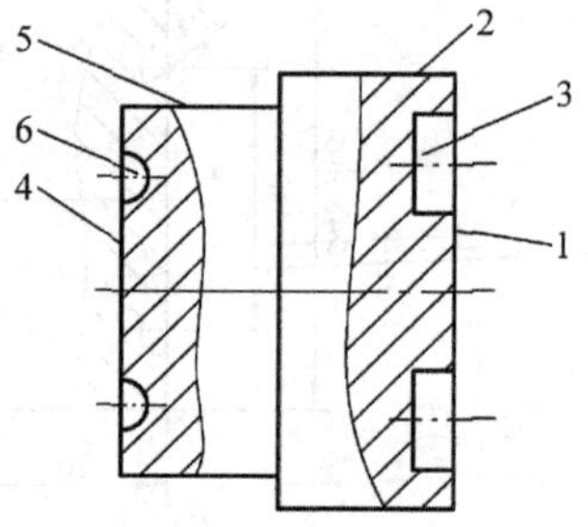

图 7-3　端面沟槽零件加工示意图

2. 加工步骤（表7-1，供参考）

表7-1　加工步骤

步骤	加工内容	刀具、量具
1	用三爪自定心卡盘夹持毛坯外圆，伸出25mm以上，找正并夹紧	45°弯头车刀或90°外圆车刀
	车削右端面	
2	粗、精车外圆 ϕ56mm至要求，长度大于22mm	90°外圆车刀
3	车削右端面的矩形沟槽，保证沟槽外侧直径为 ϕ46mm，内侧直径为 ϕ20mm，深为5mm	端面矩形沟槽车刀
4	调头，用三爪自定心卡盘夹持已加工好的外圆表面（垫铜片），找正并夹紧，车削左端面，保证总长42mm的要求	45°弯头车刀或90°外圆车刀
5	粗、精车外圆 ϕ48mm至要求，长度20mm至要求	90°外圆车刀
6	车削左端面沟槽，保证圆弧环槽中心线直径为 ϕ30mm、半径为3mm、深为3mm	端面圆形沟槽车刀
7	检查	千分尺、游标卡尺、矩形槽样板和圆弧槽样板、半径样板等

[项目检查与评价]

写一写

填写项目学习报告。

注：项目学习报告详见附录F，建议在每个项目完成后填写。

评一评

项目检查评价表见表7-2。

表7-2　项目检查评价表

序号	检测的项目		分值	自我测试		小组测试		教师测试	
				结果	得分	结果	得分	结果	得分
1	外圆 $\phi56_{-0.04}^{0}$mm		8						
2	外圆 $\phi48_{-0.04}^{0}$mm		8						
3	42mm		3						
4	20mm		3						
5	圆弧沟槽	ϕ30mm	10						
6		R3mm	5						
7		Ra3.2μm	7						

（续）

序号	检测的项目		分值	自我测试		小组测试		教师测试	
				结果	得分	结果	得分	结果	得分
8	矩形沟槽	外侧直径 ϕ46mm	10						
9		内侧直径 ϕ20mm	10						
10		深 5mm	6						
11		$Ra3.2\mu m$	7						
12	外圆表面粗糙度 $Ra3.2\mu m$		8						
13	安全文明生产情况		15						
14	合计		100						
评语（优、缺点及改进措施）									

[知识加油站]

读一读

一、端面沟槽

端面沟槽是指零件端面上的一些不同形状的沟槽。它的主要形状有矩形、圆弧形、燕尾形和T形，如图7-4所示。

端面沟槽的加工在零件的端面上进行，相对镗孔和车削外沟槽困难，因此，加工难度大，对刀具要求高。

二、车削端面沟槽

车削端面沟槽是指在车床上，利用端面车槽刀在工件的端面上车削出各种形状沟槽的加工方法，如图7-5所示。

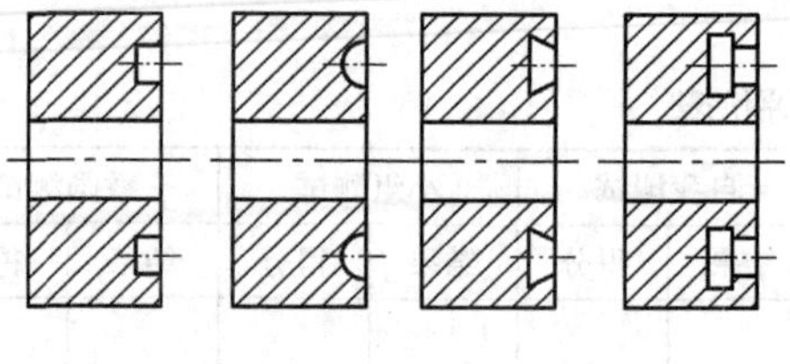

图7-4　常见的端面沟槽

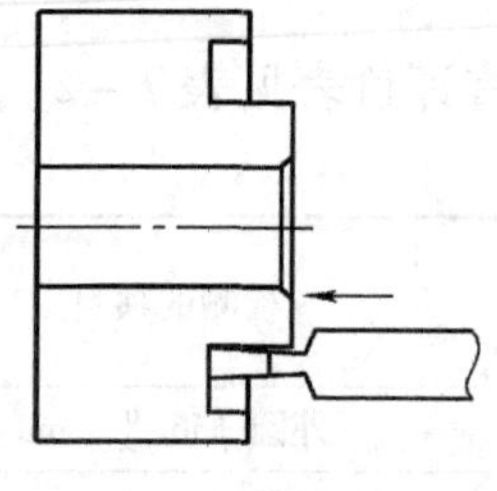

图7-5　车削端面沟槽

1. 端面沟槽车刀及其安装

（1）端面沟槽车刀　端面沟槽车刀如图7-6所示。车削时，其左侧的刀尖相当于在车削内孔，右侧的刀尖相当于在车削外圆。为了防止端面沟槽车刀的副后刀面与槽壁相碰，其左侧副后刀面必须按平面槽圆弧的大小刃磨成圆弧形，并带有一定的后角。

（2）端面沟槽车刀的安装

1）端面沟槽车刀的安装方法与镗孔刀的安装方法基本相同。

2）刀头的摆放与外沟槽车刀基本相同。

3）主切削刃应与工件回转中心等高。

4）车刀的中心线必须与工件的轴线平行。

5）主切削刃平行于端面，两侧有1°～2°的副偏角。

2. 端面沟槽位置尺寸的控制

（1）用金属直尺或游标卡尺控制车刀的位置

1）测量工件的实际外径 D。

2）根据端面沟槽外圈直径 d，按下式计算车刀左侧刀尖与工件外圆之间的距离 L。

$$L=\frac{D-d}{2}$$

3）按 L 调整端面沟槽车刀的位置，如图7-7所示。

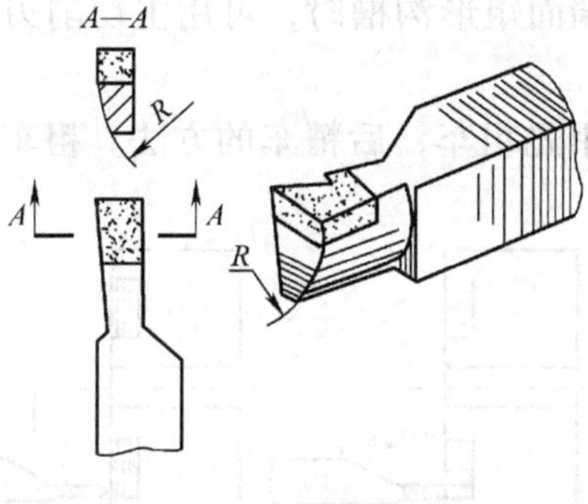

图7-6　端面沟槽车刀

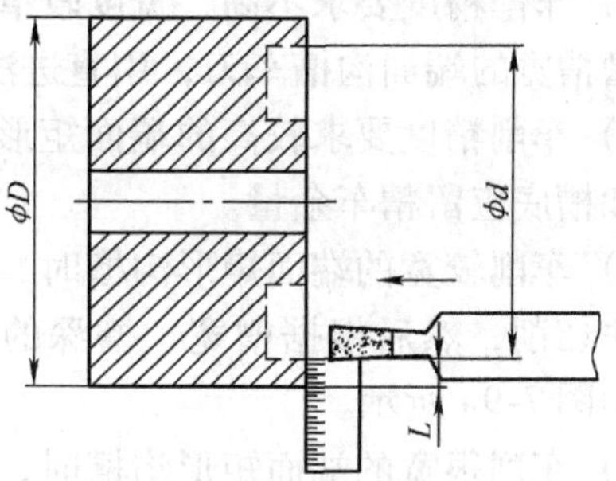

图7-7　用金属直尺调整车刀的位置

（2）用中滑板刻度盘控制车刀的位置

1）测量工件的实际外径 D，测量车刀的实际刀头宽度 B。

2）根据端面沟槽外圈直径 d，按下式计算车刀左侧刀尖与工件外圆之间的距离 L。

$$L=\frac{D-d}{2}$$

3）先移动车刀，使其右侧刀尖刚好与工件外圆接触，纵向退后，再移动中滑板刻度盘，按 $L+B$ 的数值调整端面沟槽车刀的位置，如图7-8所示。

3. 端面沟槽深度的控制

（1）用床鞍的纵向刻度盘控制深度　如果端面沟槽较深，可以利用车床床鞍的纵向刻度盘控制端面沟槽的深度。移动床鞍和中滑板，使端面沟槽车刀的主切削刃与工件的端面刚好接触。此时，车床床鞍纵向刻度盘的刻度为纵向起始刻度位置，根据端面沟槽的深度计算出纵向刻度盘进给的格数，再按计算出的格数进给。

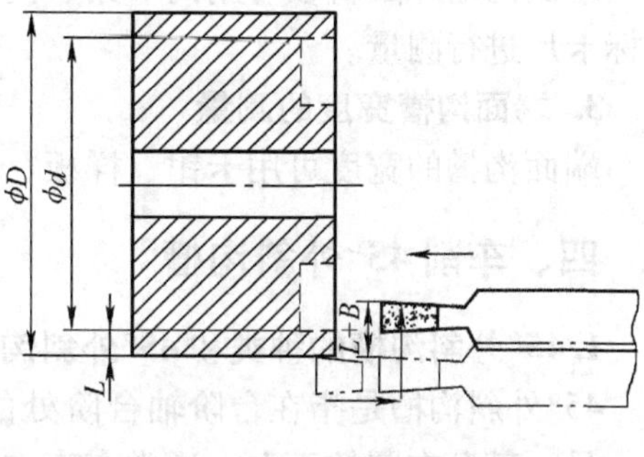

图7-8　用中滑板调整车刀的位置

（2）用小滑板的纵向刻度盘控制深度　如果

端面沟槽较浅，可以利用小滑板的纵向刻度盘控制端面沟槽的深度。移动中滑板和小滑板，使端面沟槽车刀的主切削刃与工件的端面刚好接触。此时，小滑板纵向刻度盘的刻度为纵向起始刻度位置，根据端面沟槽的深度计算出小滑板纵向刻度盘进给的格数，再按计算出的格数进给。

（3）用床鞍的纵向刻度盘和小滑板的纵向刻度盘组合控制深度　如果端面沟槽较深，精度较高，可以组合使用。

4. 端面沟槽宽度的控制

1）当端面沟槽的宽度较窄时，可以由端面车刀的刀头控制宽度。端面车刀刀头的宽度等于端面沟槽的槽宽。

2）当端面沟槽的宽度较宽时，可以利用中滑板的刻度盘控制宽度，中滑板进给的距离等于端面沟槽的宽度减去沟槽车刀刀头宽度的差。将中滑板进给的距离换算成中滑板进给的格数，按计算出的格数进给。

5. 车削端面矩形沟槽的方法

1）车削精度要求不高，宽度较窄、深度较浅的端面矩形沟槽时，可用主切削刃宽度等于沟槽槽宽的端面沟槽车刀，用直进法一次进给车出。

2）车削精度要求较高的端面矩形沟槽时，可采用先粗车，后精车的方法。粗车时，在槽壁和槽底应留精车余量。

3）车削较宽的端面矩形沟槽时，可采用多次直进法切削，然后根据槽宽、槽深的要求进行精车，如图7-9a所示。

4）车削很宽的端面矩形沟槽时，可采用小圆头或尖头的车刀横向进给切削，如图7-9b所示，然后用沟槽车刀或正、反偏刀精车至尺寸要求。

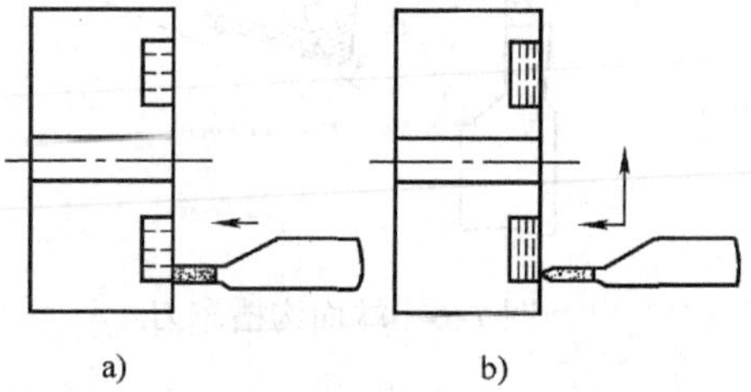

图7-9　车较宽的矩形端面沟槽
a）用多次直进法车削较宽的端面沟槽
b）用横向进给法车削较宽的端面沟槽

三、端面沟槽的测量

1. 端面沟槽深度的测量

端面沟槽的深度可用金属直尺、深度游标卡尺进行测量。

2. 端面沟槽外、内圈直径的测量

端面沟槽外圈直径可用内卡钳、内测千分尺进行测量；端面沟槽内圈直径可用外卡钳、游标卡尺进行测量。

3. 端面沟槽宽度的测量

端面沟槽的宽度可用卡钳、样板、卡板和游标卡尺进行测量。

四、车削45°外斜沟槽

1. 45°外斜沟槽的种类和45°外斜沟槽车刀

45°外斜沟槽是指在台阶轴台阶处的45°方向上开出一定形状的沟槽。它一部分在端面上，另一部分在圆柱面上。通常有直沟槽、圆弧形沟槽和外圆端面沟槽三种，与它们对应的45°外斜沟槽车刀也有三种，如图7-10所示。

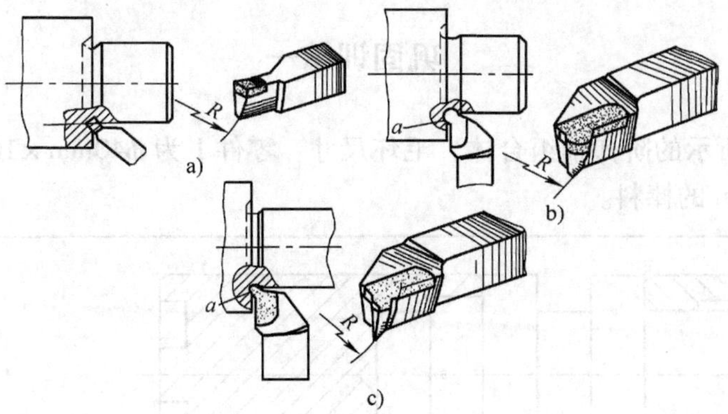

图 7-10　45°外斜沟槽及其车刀

a）直沟槽及其车刀　b）圆弧形沟槽及其车刀　c）外圆端面沟槽及其车刀

2. 车削 45°外斜沟槽的方法

（1）车削 45°外斜直沟槽　车削时，将小滑板转过 45°，用 45°外斜直沟槽专用车刀，用小滑板直接进给，切入成形，如图 7-10a 所示。

（2）车削 45°外斜圆弧形沟槽　其车削方法与车削 45°外斜直沟槽基本相同，不同之处在于沟槽车刀的类型。

外斜圆弧形沟槽车刀的主要特点是：根据沟槽圆弧的大小，将车刀的刀体磨出相应的圆弧形切削刃，其中切削端面的一段圆弧形切削刃必须磨有相应的圆弧后面，如图 7-10b 所示。

（3）车削 45°外斜外圆端面沟槽　其车削方法与上面两种基本相同，不同之处在于沟槽车刀的类型。外圆端面沟槽车刀的主要特点是：形状较为特殊，如图 7-10c 所示。车刀的前端磨成外圆切槽刀的形式，侧面则磨成平面切槽刀的形式，刀尖处的副后刀面上应磨出相应的圆弧。车削时，采用纵、横向交替进给的方式，由横向控制槽底直径，纵向控制端面沟槽的深度。

应当注意的是，由于 45°外斜沟槽车刀的车削部分强度很差，因此车削时应采用较小的切削用量。

五、车削端面沟槽时的常见问题及其产生原因（表 7-3）

表 7-3　车削端面沟槽时的常见问题及其产生原因

问　题	产生原因
端面沟槽表面凹凸不平	1. 主切削刃不平直 2. 端面沟槽车刀安装得不正确
端面沟槽的尺寸不正确	1. 大手轮刻度盘或小滑板刻度盘相连丝杠间隙太大 2. 起始刻度位置不准确 3. 进给格数计算错或终止刻度位置不正确
端面沟槽表面的表面粗糙度达不到要求	1. 切削时产生振动 2. 两副偏角过小，刀具和工件发生摩擦 3. 刀具磨钝 4. 切削速度不当，刀具安装得不正确

巩固训练一

加工图 7-11 所示的阶梯轴组合体，毛坯尺寸：零件 1 为 ϕ40mm × 100mm 的棒料，零件 2 为 ϕ40mm × 85mm 的棒料。

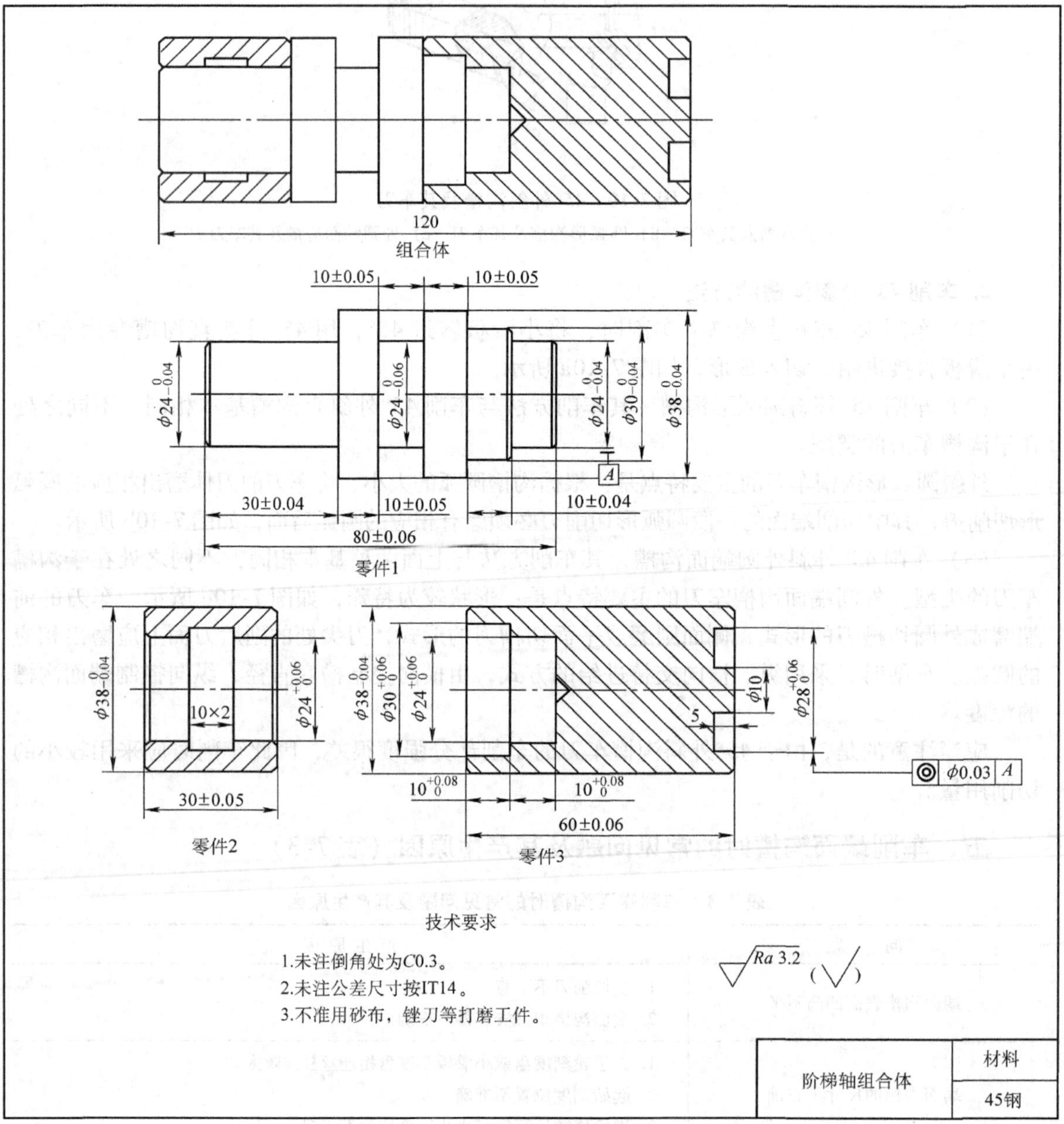

图 7-11　阶梯轴组合体

项目八 锥度轴的加工

[项目引入]

在使用机床和某些工具时，常会遇到一些圆锥面配合零件。在这些圆锥面配合零件中，有些圆锥面在工件的外表面，我们称之为外圆锥面，如图 8-1 所示的固定顶尖、活顶尖、钻夹头锥柄、麻花钻锥柄。这种带有外圆锥面的零件在车床上是怎样加工的呢？要解决这个问题，实际上就是要掌握车工中，车削外圆锥面的方法。

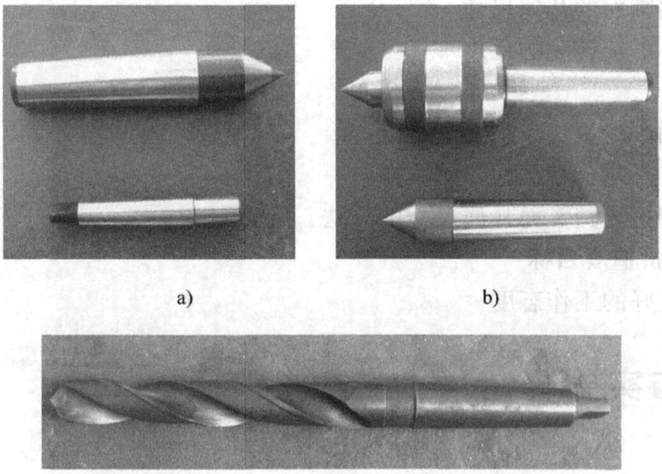

a) b)

c)

图 8-1 带有外圆锥面的零件

[项目任务与要求]

按图 8-2 的要求加工锥度轴。毛坯可使用项目二的零件。

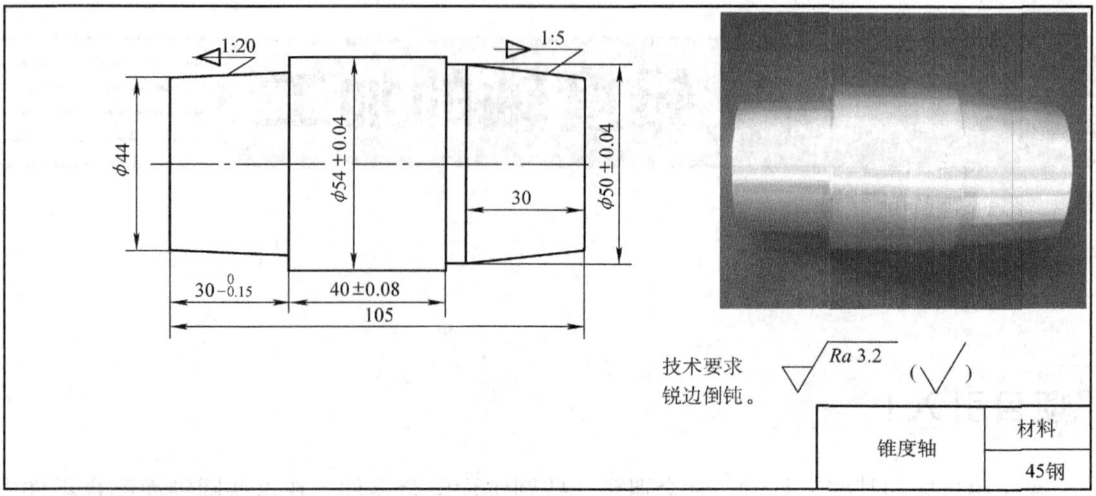

图 8-2　锥度轴

[学习目标]

知识目标

◆ 了解圆锥的形状与特点

◆ 学会计算圆锥面的几何尺寸

◆ 学会计算小滑板转动的角度

技能目标

◇ 能够用转动小滑板法车削外圆锥面

◇ 车削外圆锥面时，学会找正圆锥角

◇ 掌握控制和检测圆锥面几何尺寸的方法

情感、态度与价值观目标

☆ 注意培养良好的工作态度

[项目计划与实施]

想一想

要完成这项任务需要哪些知识准备？需要哪些技能准备？需要哪些刀具、量具、夹具？怎样安装刀具？怎样安装与找正工件？车削外圆锥面有哪些方法？怎样用转动小滑板法车削外圆锥面？怎样控制和检测外圆锥面的锥度或圆锥角？怎样控制和检测外圆锥面的几何尺寸？加工如图 8-2 所示零件的工艺流程是什么？请认真思考上述问题，查阅有关资料，完成项目计划表。

注：项目计划表详见附录 E，建议在每个项目开始前填写。

做一做

根据图 8-2 的要求加工锥度轴。

1. 根据图样进行分析

1）图 8-2 所示为锥度轴，它由锥度为 1∶5 和 1∶20 的两个外圆锥面组成，圆锥面长度均为 30mm，拟采用转动小滑板法车削圆锥体。

2）所有表面粗糙度值均为 $Ra3.2\mu m$。拟采用三爪自定心卡盘装夹。

该工件的加工示意图如图 8-3 所示。

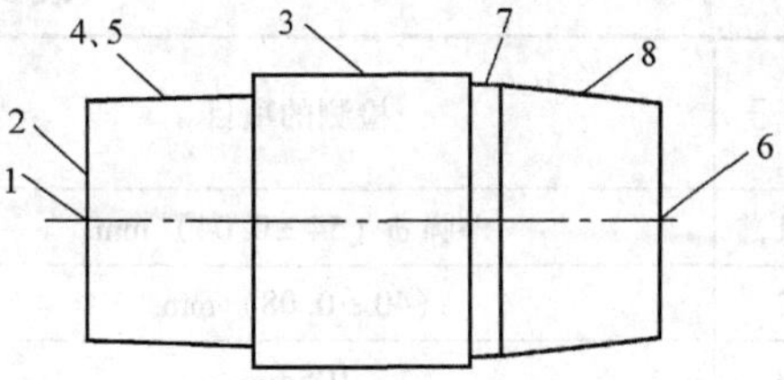

图 8-3　锥度轴加工示意图

2. 加工步骤（表 8-1，供参考）

表 8-1　加工步骤

步骤	加工内容	刀具、量具
1	用三爪自定心卡盘夹持毛坯外圆，伸出 75mm 左右，找正并夹紧	45°弯头车刀或 90°外圆车刀
2	车削左端面	
3	粗、精车 ϕ54mm 外圆至要求，长度为 72mm	90°外圆车刀
4	粗车锥度为 1∶20 圆锥面的最大圆锥直径，长 30mm	90°外圆车刀
5	用转动小滑板法粗、精车锥度为 1∶20 的圆锥面至要求	90°外圆车刀
6	调头，用三爪自定心卡盘夹持已加工的 ϕ54mm 外圆表面（垫铜片），找正并夹紧，车削右端面，保证总长 105mm	45°弯头车刀或 90°外圆车刀
7	粗、精车 ϕ50mm 外圆至要求，长为 35mm	90°外圆车刀
8	用转动小滑板法粗、精车锥度为 1∶5 的圆锥面至要求	90°外圆车刀
9	检查	千分尺、游标卡尺、锥度套规、万能量角器等

[项目检查与评价]

写一写

填写项目学习报告。

注：项目学习报告详见附录 F，建议在每个项目完成后填写。

评一评

项目检查评价表见表 8－2。

表 8-2　项目检查评价表

序号	检测的项目		分值	自我测试		小组测试		教师测试	
				结果	得分	结果	得分	结果	得分
1	外圆 ϕ（54 ±0.04）mm		10						
2	（40 ±0.08）mm		5						
3	105mm		3						
4	外圆锥 1	1:20 圆锥	15						
5		$30^{\ 0}_{-0.15}$mm	5						
6		小端 ϕ44mm	5						
7		$Ra3.2\mu m$	5						
8	外圆锥 2	1:5 圆锥	15						
9		大端 ϕ（50 ±0.04）mm	7						
10		30mm	5						
11		$Ra3.2\mu m$	5						
12	其他表面粗糙度 $Ra3.2\mu m$		5						
13	安全文明生产情况		15						
14	合计		100						

评语（优、缺点及改进措施）

[知识加油站]

读一读

一、圆锥面

1. 圆锥面的形成

圆锥面是直角三角形的斜边或直角梯形的斜边绕其直角边旋转一周所形成的表面。这条斜边是圆锥面的母线，这条直角边是旋转的轴线，也是圆锥面的高。

2. 圆锥各部分的名称

圆锥各部分的名称如图 8-4 所示。

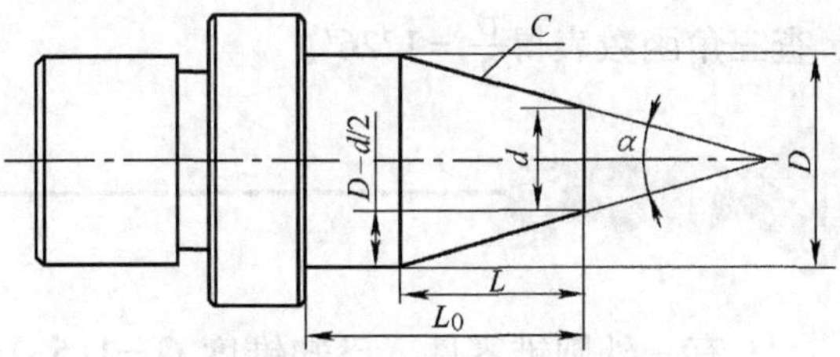

图 8-4　圆锥各部分的名称及代号

（1）最大圆锥直径 D　圆锥中最大的直径。

（2）最小圆锥直径 d　圆锥中最小的直径。

（3）圆锥角 α　在通过圆锥轴线的断面内，两条素线之间的夹角。

（4）圆锥半角 $\alpha/2$　圆锥角的一半，也就是圆锥素线和圆锥轴线之间的夹角。

（5）圆锥长度 L　圆锥大端和圆锥小端之间的轴向距离。

（6）锥度 C　最大圆锥直径和最小圆锥直径之差与圆锥长度的比值。

（7）斜度 M　最大、最小圆锥直径之差与圆锥长度比值的一半。

3. 圆锥有关尺寸的计算（表 8-3）

表 8-3　圆锥各部分的名称、符号及计算公式

名称	符号	单位	计算公式	公式号
最大圆锥直径	D	mm	$D=d+2L\tan(\alpha/2)$	(8-1)
最小圆锥直径	d	mm	$d=D-2L\tan(\alpha/2)$	(8-2)
圆锥半角	$\alpha/2$	度	$\tan(\alpha/2)=(D-d)/2L$ 或 $\tan(\alpha/2)=C/2=M$	(8-3)
圆锥角	α	度	当 $\alpha<6°$ 时，可采用近似公式 $\alpha/2\approx28.7°\times(D-d)/L$ 或 $\alpha/2\approx28.7°\times C$	(8-4)
圆锥长度	L	mm	$L=(D-d)/[2\tan(\alpha/2)]$	(8-5)
锥度	C		$C=2M$ 或 $C=(D-d)/L=2\tan(\alpha/2)$	(8-6)
斜度	M		$M=C/2=\tan(\alpha/2)$	(8-7)

例 8-1　有一个圆锥，已知 $D=100\text{mm}$，$d=90\text{mm}$，$L=100\text{mm}$，求该圆锥的圆锥半角和锥度。

解：根据式（8-6）得

$$C=\frac{D-d}{L}=\frac{100\text{mm}-90\text{mm}}{100\text{mm}}=0.1$$

得锥度为 1∶10。

查三角函数表得 $\alpha/2=\arctan(C/2)=\arctan0.05=2°52'$。

例 8-2　有一外圆锥工件，已知锥度 $C=1:20$，最小圆锥直径 $d=64\text{mm}$，圆锥长度 $L=80\text{mm}$，求最大圆锥直径 D 和圆锥半角 $\alpha/2$。

解：根据式（8-6）得

$$C=\frac{D-d}{L}=2\tan\left(\frac{\alpha}{2}\right)$$

得

$$D=d+C\times L=64\text{mm}+\frac{1}{20}\times80\text{mm}=68\text{mm}$$

根据式（8-3）得

$$\tan\frac{\alpha}{2}=\frac{C}{2}=\frac{1}{40}=0.025$$

查三角函数表得$\frac{\alpha}{2}=1°26'$。

算一算

有一外圆锥零件，已知锥度$C=1:5$，最大圆锥直径$D=48$ mm，圆锥长度$L=30$mm，求最小圆锥直径d和圆锥半角$\alpha/2$。

4. 标准圆锥

为了制造及使用方便，常用工具、刀具上圆锥的几何参数都已标准化，这种几何参数已标准化的圆锥，称为标准圆锥。常用的标准圆锥有莫氏圆锥和米制圆锥两种。

（1）莫氏圆锥　莫氏圆锥在机器制造业中应用广泛。主轴锥孔、尾座套筒锥孔、钻头、铰刀的柄部等都采用莫氏圆锥。莫氏圆锥按尺寸由小到大，有0、1、2、3、4、5、6七个号码。当号码不同时，圆锥角和尺寸都不同，见表8-4。

表8-4　莫氏圆锥的锥度与圆锥角

号数	锥度	圆锥角α	圆锥半角$\alpha/2$	$\tan\alpha$
0	1:19.212=0.05204	2°58′54″	1°29′27″	0.0260
1	1:20.047=0.04987	2°51′27″	1°25′43″	0.0249
2	1:20.020=0.04994	2°51′40″	1°25′50″	0.0250
3	1:19.922=0.050185	2°52′31″	1°26′15″	0.0251
4	1:19.254=0.051925	2°58′30″	1°29′15″	0.0260
5	1:19.002=0.052613	3°0′52″	1°30′26″	0.0263
6	1:19.180=0.052125	2°59′12″	1°29′36″	0.0261

（2）米制圆锥　米制圆锥有4、6、80、100、120、160、200七个号码。它的号码指最大圆锥直径，锥度固定不变，即$C=1:20$。例如，200号米制圆锥的最大圆锥直径是200mm，锥度$C=1:20$。

除了标准圆锥外，还经常会遇到各种专用的标准圆锥，其锥度大小及其应用场合见表8-5。

表8-5　常用标准圆锥的锥度及其应用场合

锥度C	圆锥角α	圆锥半角$\alpha/2$	应用举例
1:4	14°15′	7°7′30″	车床主轴法兰及轴头
1:5	11°25′16″	5°42′38″	易于拆卸的联接，砂轮主轴与砂轮法兰的结合，锥形摩擦离合器等
1:7	8°10′16″	4°5′8″	管件的开关塞，阀等
1:12	4°46′19″	2°23′9″	部分滚动轴承内环锥孔
1:15	3°49′6″	1°54′33″	主轴与齿轮的配合部分
1:16	3°34′47″	1°47′24″	55°密封管螺纹
1:20	2°51′51″	1°25′56″	米制工具圆锥，锥形主轴颈

（续）

锥度 C	圆锥角 α	圆锥半角 $\alpha/2$	应 用 举 例
1:30	1°54′35″	0°57′17″	装柄的铰刀、扩孔钻与柄的配合
1:50	1°8′45″	0°34′23″	圆锥定位销及锥铰刀
7:24	16°35′39″	8°17′50″	铣床主轴孔及刀杆的锥体
7:64	6°15′38″	3°7′49″	刨齿机工作台的心轴孔

二、外圆锥面

圆锥面分为外圆锥面和内圆锥面。外圆锥面是指在工件外表面上的圆锥面，它一般与圆锥孔配合。加工外圆锥面，相当于车削直径不断变化的外圆。因此，除了要保证最大、最小圆锥直径尺寸外，还要保证锥度或圆锥角。

三、车削外圆锥面

由于圆锥的素线与轴线相交成圆锥半角，因此在车削圆锥时，只有车刀的运动轨迹与圆锥的素线平行，才能车削出正确的圆锥面。

常见车削圆锥面的方法有转动小滑板法、偏移尾座法、仿形法、宽刃刀法等。下面主要介绍最常用的转动小滑板法。

1. 转动小滑板法的含义

转动小滑板法是指将小滑板沿顺时针或逆时针方向，按工件的圆锥半角 $\alpha/2$ 转动一个角度，使车刀的运动轨迹与所要加工圆锥在水平轴平面内的素线平行，用双手配合，均匀、不间断地转动小滑板手柄，手动进给车削圆锥面的方法，如图 8-5 所示。

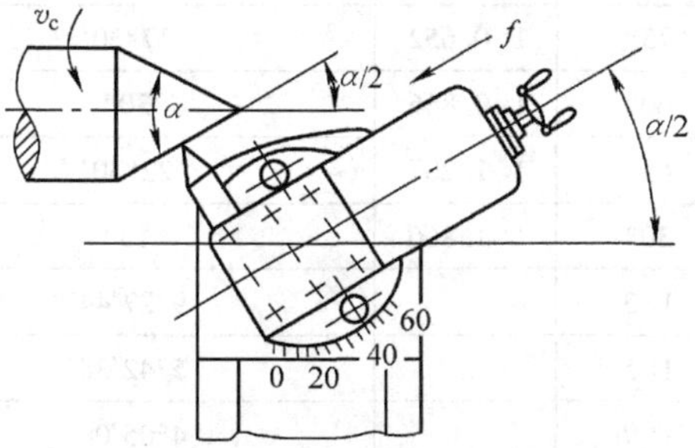

图 8-5　用转动小滑板法车削锥体

2. 小滑板转动角度的确定

小滑板转动的角度也就是小滑板导轨与车床主轴轴线相交的角度，它的大小等于所加工圆锥的圆锥半角 $\alpha/2$。

由于圆锥角度标注的方法不同，有时图样没有直接给出圆锥半角 $\alpha/2$，这时必须换算。一般根据被加工零件给定的已知条件，按公式 $\tan(\alpha/2) = (D-d)/2L$ 或 $\tan(\alpha/2) = C/2$ 计算出圆锥半角。但计算时必须查三角函数表，比较麻烦。如果圆锥半角在 1°～13°之间，可采用乘以一个常数的近似方法来计算出圆锥半角。圆锥半角 $\alpha/2$ = 常数 × $(D-d)/L$，或者圆锥半角 $\alpha/2$ = 常数 × C。

圆锥半角 $\alpha/2$ 在 6°以下时，常数为 28.7°；在 13°以内时，常数见表 8-6。

例 8-3　按例 8-1 所给条件，计算圆锥半角 $\alpha/2$。

解：根据近似公式得

$$\alpha/2 = 28.7° \times (D-d)/L$$
$$= 28.7° \times (100\text{mm} - 90\text{mm})/100\text{mm} = 2°52'$$。

例 8-4　有一个圆锥，已知 $C = 1:3$，用近似公式计算圆锥的圆锥半角。

解：查表 8-6 得，$C = 1:3 \approx 0.333$，因此常数为 28.4°。

表 8-6　小滑板转动角度近似公式中的常数

$(D-d)/2L$ 或 C	常数	备　注
0.10～0.20	28.6°	6°以下时，常数为 28.7°
0.20～0.29	28.5°	
0.29～0.36	28.4°	
0.36～0.40	28.3°	
0.40～0.45	28.2°	

根据近似公式得

$$\alpha/2 \approx 28.4° \times C$$

$$= 28.4° \times 1/3 = 9.467° = 9°28'$$

车削常用的标准锥度（一般用途和特殊用途）时，小滑板转动的角度见表 8-7 和表 8-8。

表 8-7　车削一般用途圆锥时小滑板转动的角度

基本值	锥度 C	小滑板转动的角度	基本值	锥度 C	小滑板转动的角度
120°	1: 0.289	60°	1: 8		3°34′35″
90°	1: 0.500	45°	1: 10		2°51′45″
75°	1: 0.652	37°30′	1: 12		2°23′09″
60°	1: 0.866	30°	1: 15		1°54′33″
45°	1: 1.207	22°30′	1: 20		1°25′56″
30°	1: 1.866	15°	1: 30		0°57′17″
1: 3		9°27′44″	1: 50		0°34′23″
1: 5		5°42′38″	1: 100		0°17′11″
1: 7		4°05′08″			

表 8-8　车削特殊用途圆锥时小滑板转动的角度

锥度 C	小滑板转动的角度	备注	锥度 C	小滑板转动的角度	备注
7:24	8°17′50″	机床主轴工具配合	1:19.254	1°29′15″	莫氏 No. 4
1:19.002	1°30′26″	5 号莫氏锥度	1:19.922	1°26′15″	莫氏 No. 3
1:19.180	1°29′36″	6 号莫氏锥度	1:20.020	1°25′50″	莫氏 No. 2
1:19.212	1°29′27″	0 号莫氏锥度	1:20.047	1°25′43″	莫氏 No. 1

3. 转动小滑板的方法

1）用扳手将小滑板下面转盘上的两个螺母松开。

2）按工件上外圆锥面的逆时针、顺时针确定小滑板的转动方向。

①车削正外圆锥面（又称顺锥），即圆锥大端靠近主轴、小端靠近尾座方向时，小滑板应按逆时针方向转动。

②车削反外圆锥面（又称倒锥），即圆锥小端靠近主轴，大端靠近尾座方向时，小滑板应按顺时针方向转动。

3）根据工件的圆锥半角，转动小滑板至所需位置，使小滑板基准零线与圆锥半角刻线对齐，然后锁紧转盘上的螺母。

4）如果工件圆锥半角不是整数，其小数部分可用目测的方法估计，大致对准后，再通过试车法逐步找正。

5）还需检查和调整小滑板导轨与镶条间的配合间隙。

4. 车刀的安装

1）车刀应严格对准工件的回转中心，否则车削出的圆锥素线不是直线，而是双曲线。

2）车刀的安装方法与车削外圆时车刀的安装方法一样。

3）检查刀尖是否对准工件中心的方法，与前面的检查方法一样。

5. 车削外圆锥面的步骤

1）按最大圆锥直径（增加1mm余量）和圆锥长度将圆锥部分先车削成圆柱体。

2）移动中、小滑板，使车刀刀尖与轴端外圆面刚好接触，如图8-6所示。然后将小滑板向后退出，将中滑板刻度调至零位，作为粗车外圆锥面的起始位置。

3）移动中滑板，调整背吃刀量，开动车床，双手交替转动小滑板手柄，进给切削，速度应保持均匀一致，如图8-7所示。当车削至终端时，将中滑板退出，小滑板快速后退复位。

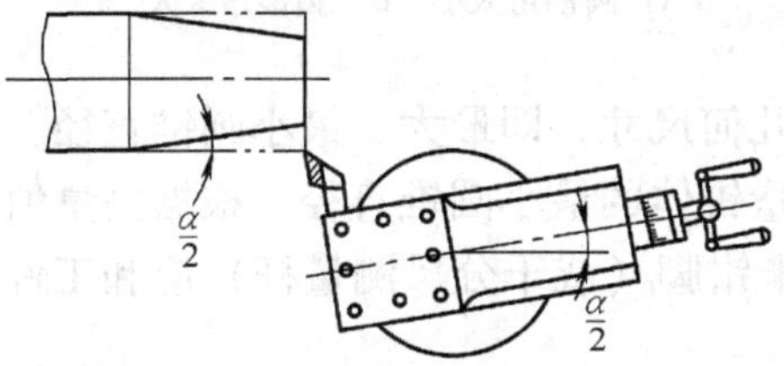

图8-6　确定起始位置

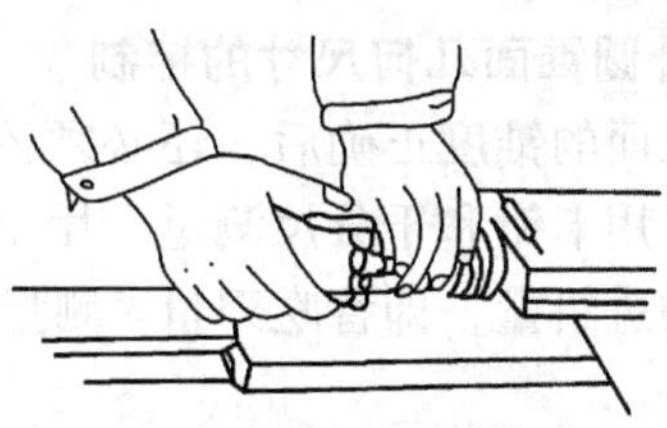

图8-7　手动进给车削圆锥面

4）重复步骤3)，调整背吃刀量，手动进给粗车外圆锥面，直至工件能塞入套规约1/2为止。

5）用套规、样板或游标万能角度尺检测圆锥角，找正小滑板转角。

6）找正后，继续粗车外圆锥面，留精车余量0.5～1mm。

7）把小滑板转角调整准确后，精车外圆锥面至要求。

6. 外圆锥面圆锥角的找正

精车外圆锥面时，必须找正外圆锥面的圆锥角。因此，要求在粗车了一半外圆锥面时开始找正，找正圆锥角或锥度的主要方法如下。

（1）用角度样板透光检测　如图8-8所示，用角度样板检查时，主要通过透光的多少来找正小滑板的角度，反复多次直到达到要求为止。

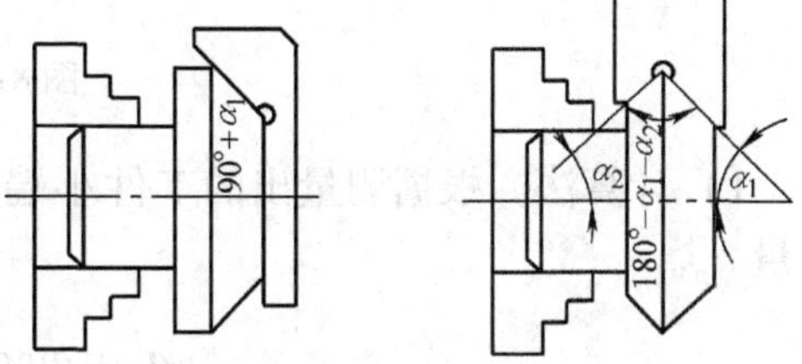

图8-8　用角度样板检测圆锥角

（2）用游标万能角度尺检测　将游标万能角度尺调整到要测量的角度，使基尺通过工件中心靠在端面上，刀口形直尺靠在外圆锥面的素线上，测量出圆锥半角，根据要求进行调整，如图8-9所示。

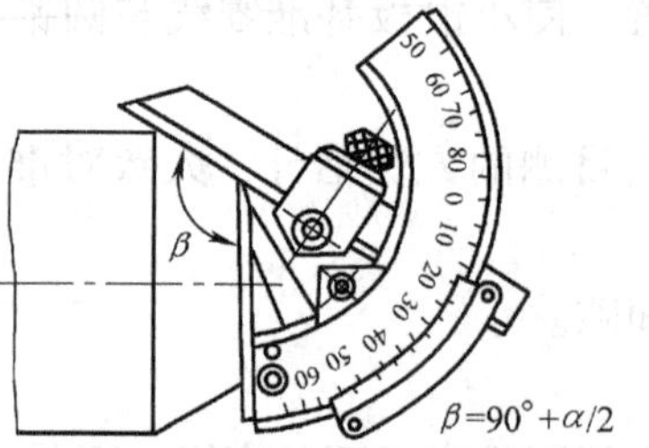

图 8-9 用游标万能角度尺检测圆锥半角

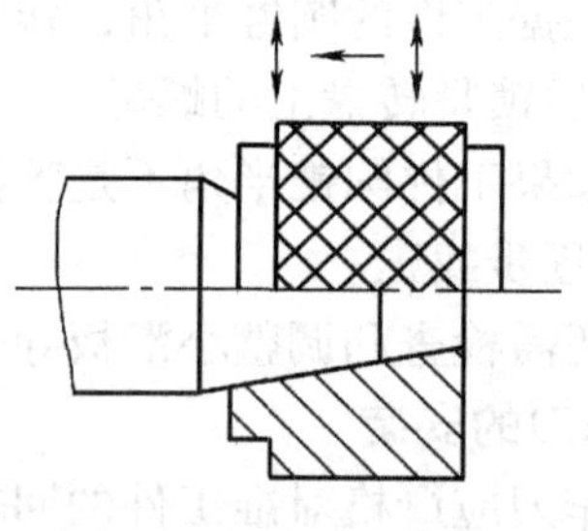

图 8-10 用套规检测圆锥角

(3) 用套规着色检测 将套规轻轻套在工件上，捏住套规左、右两端分别上下摆动，应均无间隙，如图 8-10 所示。若大端有间隙，说明圆锥角太小；若小端有间隙，说明圆锥角太大，如图 8-11 所示。这时可松开转盘螺母，按需要用铜锤轻轻敲动小滑板使其微量转动，然后拧紧螺母。试车后再检测，直至正确为止。

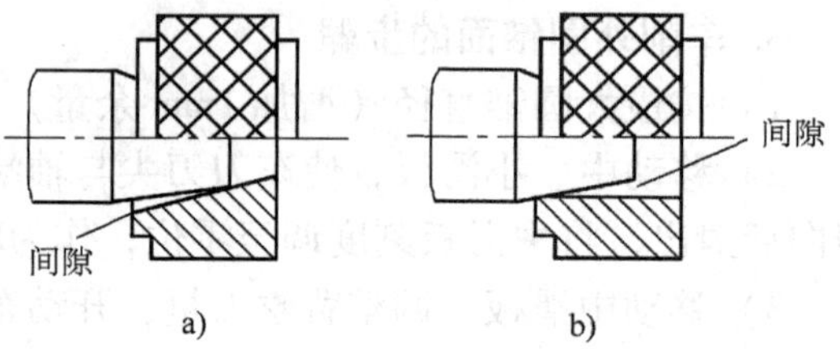

图 8-11 用间隙部位判定圆锥角的大小
a) 圆锥角太小 b) 圆锥角太大

7. 外圆锥面几何尺寸的控制

圆锥面的锥度正确后，还必须控制好圆锥面的几何尺寸，即最大、最小圆锥直径。

(1) 用卡钳和千分尺测量 用卡钳和千分尺测量锥体的最小圆锥直径，根据测量值调整中滑板的进给量，即背吃刀量。测量时，必须注意卡钳脚（或千分尺测量杆）应和工件的轴线垂直。

(2) 用套规检测 先测量出工件小端端面至套规过端界面的距离 a，如图 8-12 所示。可以用如下方法得出其背吃刀量。

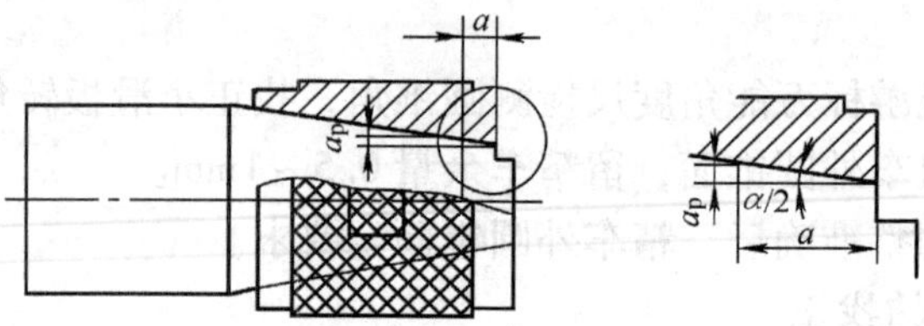

图 8-12 用套规测量

1) 计算法。根据测量出的工件小端端面至套规过端界面的距离 a，用下式计算出背吃刀量 a_p。

$$a_p = a\tan\left(\frac{\alpha}{2}\right) 或 a_p = a \times \frac{C}{2}$$

式中 a_p——背吃刀量；

$\alpha/2$——圆锥半角；

C——锥度。

然后移动中、小滑板，使刀尖轻轻接触工件圆锥小端外圆表面后，退出小滑板。中滑板按 a_p 值进刀，小滑板手动进给，精车外圆锥面至尺寸，如图 8-13 所示。

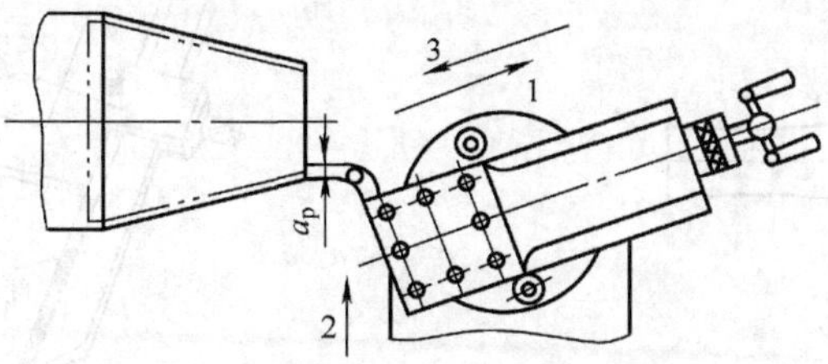

图 8-13 用中滑板调整精车背吃刀量 a_p

例 8-5 已知一个工件的圆锥半角为 2°30′，当用圆锥套规检验时，工件小端离开套规台阶的距离为 3mm，问横向进给多少才能使圆锥的最小圆锥直径尺寸合格？

解：根据公式得

$$a_p = a\tan\left(\frac{\alpha}{2}\right) = 3\text{mm} \times \tan 2°30' = 3\text{mm} \times 0.0436 = 0.13\text{mm}$$

2）移动床鞍法。根据量出的长度 a，使车刀刀尖轻轻接触工件圆锥小端的外圆锥表面，向后退出小滑板，使车刀沿轴向离开工件端面一个 a 的距离（调整前应先消除小滑板丝杠间隙），如图 8-14 所示。然后移动床鞍，使车刀与工件端面接触，如图 8-15 所示。此时，虽然没有移动中滑板，但车刀已经切入一个需要的背吃刀量 a_p。

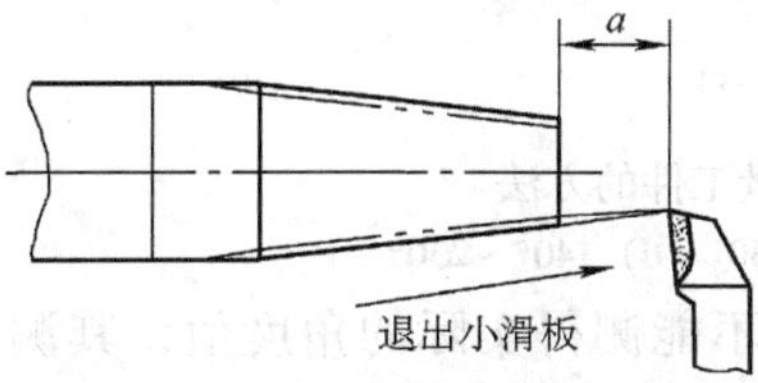

图 8-14 退出小滑板调整精车背吃刀量

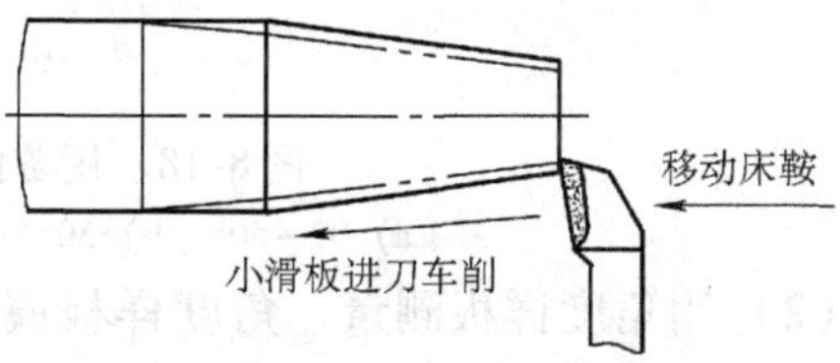

图 8-15 移动床鞍完成背吃刀量的调整

8. 用转动小滑板法车削外圆锥的特点

1）能车削圆锥角 α 较大的圆锥。

2）能车削整个圆锥表面和圆锥孔，应用范围广，操作简单。

3）在同一工件上车削不同圆锥角的圆锥面时，调整角度方便。

4）只能手动进给，劳动强度大，工件表面粗糙度值较难控制，只适用于单件、小批量生产。

5）受小滑板行程的限制，只能加工锥面长度不长的圆锥面。

6）由于小滑板转角刻度每一格是 0.5°，如遇到分或秒时，只能去估计。

7）车刀一定得对准工件的回转中心，否则素线会成为凹形的双曲线，如图 8-16 所示。

四、外圆锥面的检测

圆锥的检测主要指圆锥角度和尺寸精度的检测。

1. 角度或锥度的检测

（1）用游标万能角度尺测量　游标万能角度尺（图 8-17）的分度值有 2′和 5′两种，其测量范围为0°~320°。这种方法测量精度不高，只适用于单件、小批量生产。

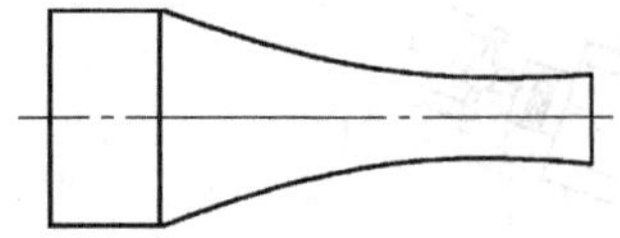

图8-16　车削外圆锥时产生凹形双曲线

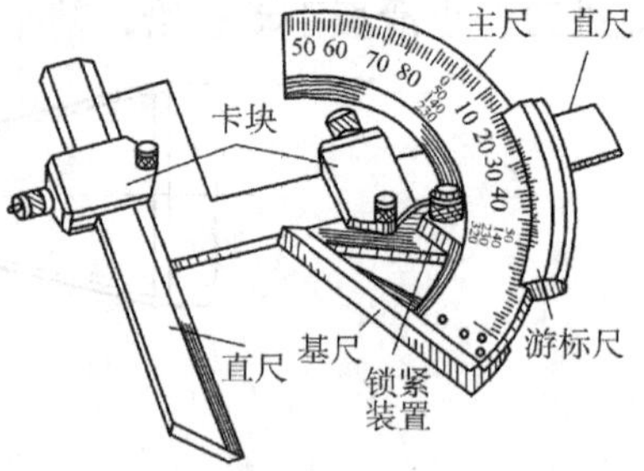

图8-17　游标万能角度尺

用游标万能角度尺检测外圆锥角度时，应根据被测角度的大小，选择不同的测量方法，如图8-18所示。

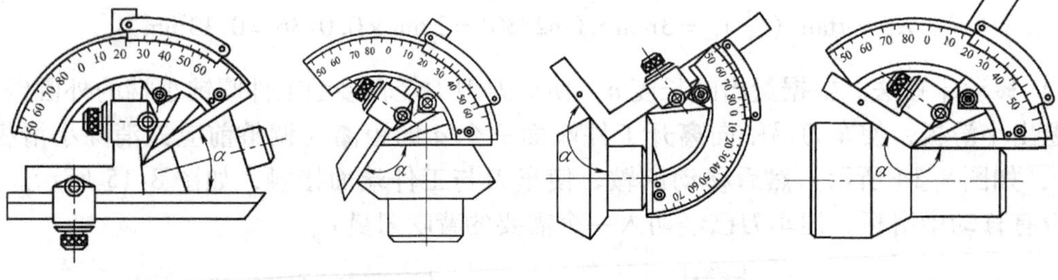

a)　b)　c)　d)

图8-18　用游标万能角度尺测量工件的方法

a) 0°~50°　b) 50°~140°　c) 140°~230°　d) 140°~230°

(2) 用角度样板测量　角度样板属于专用量具，不能测得实际的角度值，其测量方法如图8-8所示。这种方法快捷方便，主要用于成批生产和大量生产。

(3) 用圆锥套规测量　对于配合精度较高的外圆锥工件，可使用圆锥套规（图8-19）测量。

用套规检查圆锥的方法与步骤如下：

1）在工件表面上，顺着素线方向相隔120°薄而均匀地涂上三条显示剂，如图8-20所示。

2）把套规轻轻套在工件上转动不超过半圈，如图8-21所示。

3）取下套规，观察工件锥面上显示剂的擦去情况，如果涂在工件上显示剂的摩擦痕迹很均匀，则说明圆锥孔的锥度正确。如果锥体的小端处有摩擦痕迹，而大端处没有摩擦痕迹，则说明圆锥体的锥度小了；反之说明圆锥体的锥度大了。

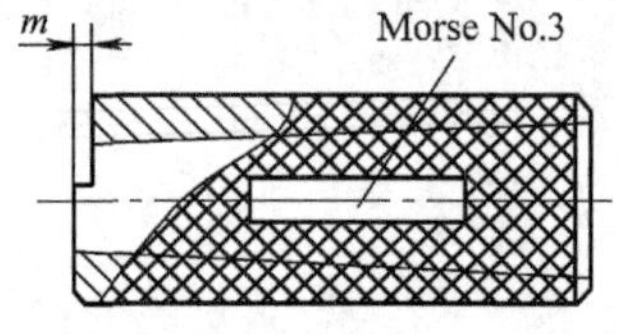

图8-19　圆锥套规

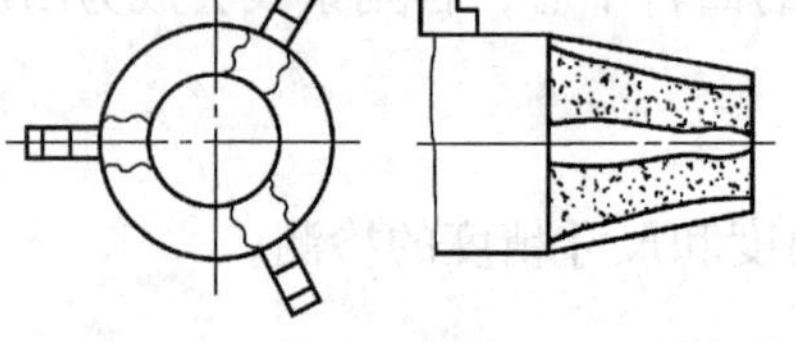

图8-20　涂色方法

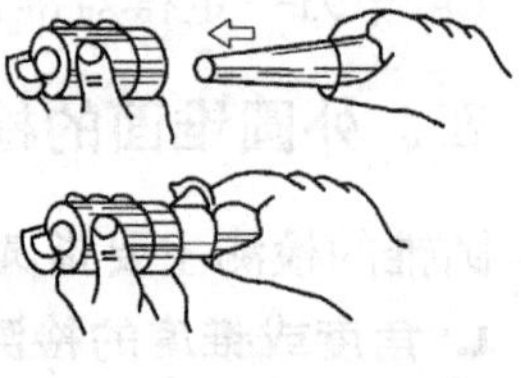

图8-21　用套规检查圆锥

2. 外圆锥面几何尺寸的测量

圆锥的尺寸检测主要指圆锥最大、最小圆锥直径的测量。

(1) 用千分尺测量 对于精度要求较低的圆锥和加工中粗测圆锥尺寸，一般使用千分尺测量。测量时，千分尺的测微螺杆应与工件的轴线垂直，测量位置必须在圆锥体的最大端处或最小端处。

(2) 用圆锥套规测量 圆锥套规除了有一个精确的圆锥表面外，还根据工件的直径尺寸和公差，在小端处开了一个轴向距离为 m 的台阶，如图 8-19 所示。台阶长度 m（刻线之间的距离）就是最小圆锥直径的公差范围，表示通端与止端。

检测时，如果锥体的小端平面在台阶之间，说明小端直径合格，如图 8-22a 所示；若锥体未能进入台阶，说明最小圆锥直径太大，如图 8-22b 所示；若锥体小端平面超过了台阶刻线（止端），说明其最小圆锥直径太小，如图 8-22c 所示。

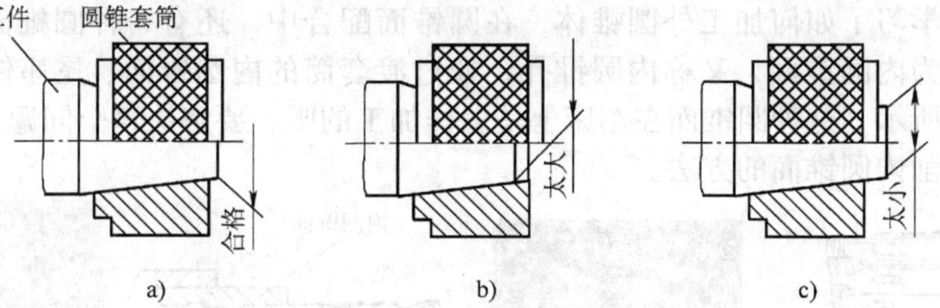

图 8-22 用圆锥套规检测外圆锥的尺寸
a）合格 b）小端直径大 c）小端直径小

五、车削外圆锥面时的常见问题及其产生原因（表 8-9）

表 8-9 车削外圆锥面时的常见问题及其产生原因

问 题	产 生 原 因
锥度（角度）不正确	1. 小滑板转动角度计算错误或小滑板角度调整不当 2. 车刀没有紧固 3. 小滑板移动时松紧不均
最大、最小圆锥直径不正确	1. 未经常测量最大、最小圆锥直径 2. 刀具进给错误
凹形双曲线误差	车刀刀尖未对准工件轴线
表面粗糙度达不到要求	1. 车刀角度不正确，刀尖不锋利 2. 切削用量选择不当 3. 手动进给忽快忽慢 4. 小滑板镶条间隙不当 5. 未留足精车余量

项目九 锥度套的加工

[项目引入]

前面我们学习了如何加工外圆锥体，在圆锥面配合中，还有一种圆锥面为工件的内表面，我们称之为内圆锥面，又称内圆锥孔，如过渡套筒的内圆锥面、尾座锥孔的内圆锥面等，如图 9-1 所示。这种圆锥面在车床上是怎样加工的呢？要解决这个问题，实际上就是要掌握车工中车削内圆锥面的方法。

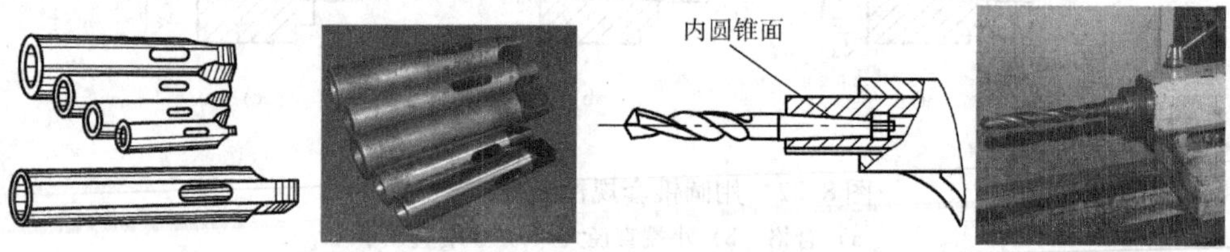

a)　　b)

图 9-1　常见的带有内圆锥面的零件

a）过渡套筒　b）尾座锥孔

[项目任务与要求]

按图 9-2 的要求加工锥度套。毛坯可采用项目六的零件。

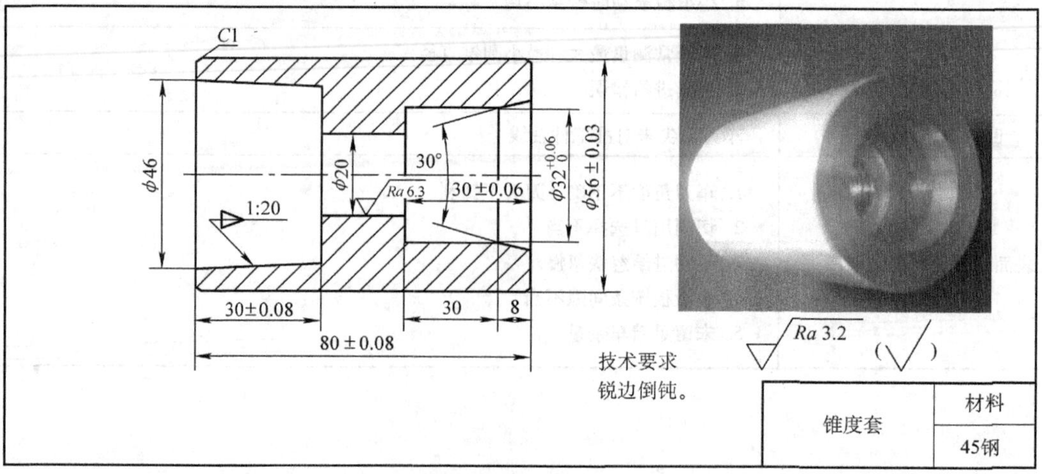

图 9-2　锥度套

[学习目标]

知识目标

◆ 理解圆锥配合的特点

◆ 学会计算内圆锥面尺寸的方法

◆ 了解圆锥孔铰刀和宽刃锥孔车刀

技能目标

◇ 掌握转动小滑板车削内圆锥面的方法

◇ 掌握用宽刃锥孔车刀车削内圆锥面的方法

◇ 掌握控制和检测内圆锥面几何尺寸的方法

情感、态度与价值观目标

☆ 注意培养环保意识

[项目计划与实施]

想一想

要完成这项任务需要哪些知识准备？需要哪些技能准备？需要哪些刀具、量具、夹具？怎么安装车刀？怎么安装工件？车削内圆锥面有哪些方法？怎样用转动小滑板法车削内圆锥面？怎样控制和检测内圆锥面的锥度或圆锥角？怎样控制和检测内圆锥面的几何尺寸？怎样安装宽刃锥孔车刀？怎样使用宽刃锥孔车刀车削内圆锥面？加工如图 9-2 所示零件的工艺流程是什么？请认真思考上述问题，查阅有关资料，完成项目计划表。

注：项目计划表详见附录 E，建议在每个项目开始前填写。

做一做

根据图 9-2 的要求加工锥度套。

1. 根据图样进行分析

1）图 9-2 所示的锥度套由一段锥度为 1∶20、长为 30mm 的圆锥孔，一段直径为 ϕ20mm 的圆柱孔，一段直径为 ϕ32mm 的圆柱孔和一段圆锥角为 30°、长为 8mm 的圆锥孔组成。

2）长为 30mm 的圆锥孔拟采用转动小滑板法进行加工；长为 8mm 的圆锥孔拟使用宽刃锥孔车刀进行加工。

3）通孔直径为 ϕ20mm，表面粗糙度值为 Ra6.3μm，尺寸为自由公差，拟直接钻出。其他表面粗糙度值为 Ra3.2μm，采用粗、精车的方法加工。

该工件的加工示意图如图 9-3 所示。

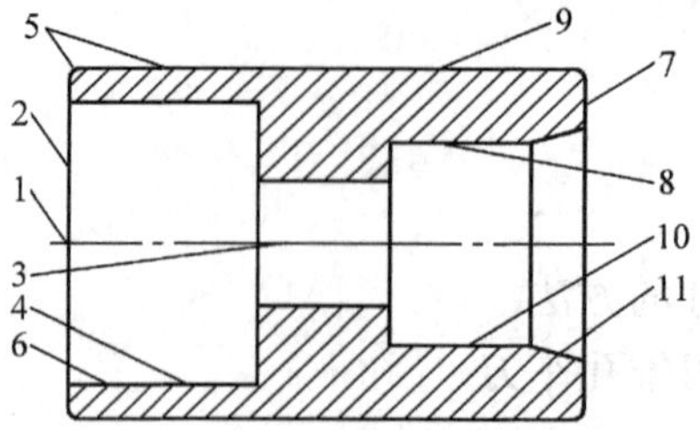

图 9-3　锥度套加工示意图

2. 加工步骤（表 9-1，供参考）

表 9-1　加工步骤

步骤	加工内容	刀具、量具
1	用三爪自定心卡盘夹持毛坯外圆，伸出 50mm 左右，找正并夹紧	45°弯头车刀或 90°外圆车刀
2	车削左端面	
3	钻 ϕ20mm 的孔，钻通	麻花钻
4	扩孔 ϕ42mm，长度 30mm	麻花钻
5	粗、精车 ϕ56mm 外圆至要求，长度尽量靠近卡盘，倒角 $C1$	90°外圆车刀
6	粗、精车锥度为 1:20 的内圆锥面至要求	不通孔镗孔刀
7	调头，用三爪自定心卡盘夹持已加工好的外圆表面（垫铜片），找正并夹紧，车削右端面，保证总长 80mm 的要求	45°弯头车刀或 90°外圆车刀
8	扩孔 ϕ30mm，长度 30mm	麻花钻
9	粗、精车 ϕ56mm 外圆至要求，长度到外圆接线处，倒角 $C1$	90°外圆车刀
10	粗、精镗 ϕ32mm 的孔至要求，长度为 30mm	不通孔镗孔刀
11	粗、精车圆锥角为 30°的内圆锥孔至要求	宽刃锥孔车刀
12	检查	内径千分尺、外径千分尺，游标卡尺、锥度塞规等

[项目检查与评价]

写一写

填写项目学习报告。

注：项目学习报告详见附录 F，建议在每个项目完成后填写。

评一评

项目检查评价表见表9-2。

表 9-2　项目检查评价表

序号	检测的项目		分值	自我测试		小组测试		教师测试	
				结果	得分	结果	得分	结果	得分
1	外圆 ϕ（56 ±0.03）mm（两端）		10						
2	孔径 ϕ20mm		2						
3	30mm		5						
4	（80 ±0.08）mm		5						
5	内圆锥面 1	最大圆锥直径 ϕ46mm	5						
6		锥度 1:20	10						
7		Ra3.2μm	5						
8		（30 ±0.08）mm	3						
9	内圆锥面 2	最小圆锥直径 $\phi32\text{mm}^{+0.06}_{0}\text{mm}$	10						
10		圆锥角 30°	10						
11		Ra3.2μm	5						
12		8mm	2						
13	C1（2 处）		3						
14	其他表面粗糙度 Ra3.2μm		10						
15	安全文明生产情况		15						
16	合计		100						

评语（优、缺点及改进措施）

[知识加油站]

读一读

一、内圆锥面

内圆锥面是工件内表面上的圆锥面，实际上是带有圆锥的孔，所以又称圆锥孔。它一般与圆锥体配合。这种内圆锥面的加工，既相当于孔的加工，又相当于锥面的加工，因此，既要保证大、小端的孔径，又要保证圆锥角或锥度。

二、车削内圆锥面

车削圆锥面通常又称为镗圆锥孔。车削内圆锥面（锥孔）比车削外圆锥面困难，因为车削时车刀在孔内切削，不易观察和测量，不易冷却，车刀刚性也较弱。为了便于加工和测量，在安装工件时，应使锥孔最大直径的位置在外端（靠近尾座方向），锥孔最小直径的位置则应靠近车床主轴。

在车床上加工内圆锥面的方法有转动小滑板法、宽刃锥孔车刀法、铰内圆锥孔法。

（一）转动小滑板法

1. 车削圆锥孔的步骤

（1）钻孔　车削内圆锥面前，先车平工件端面，然后选择比锥孔最小直径小 1～2mm 的麻花钻钻孔。

（2）锥孔车刀的选择和安装

1）选择。锥孔车刀刀柄的尺寸受锥孔最小直径的限制，为了增大刀柄的刚度，宜选用圆锥形刀柄，且刀尖应与刀柄中心对称平面等高。

2）安装。安装锥孔车刀时，应使刀尖严格对准工件的回转中心，刀柄伸出的长度应保证其切削行程，刀柄与工件锥孔间应留有一定空隙。车刀安装后，应在停车状态下全程检查是否会产生碰撞。

如果工件端面已有预制孔（钻的孔、铸造或锻造的孔），锥孔车刀刀尖对准工件回转中心的方法为：先采用前刀面对准中心的方法初步调整车刀的高低位置并夹紧，然后移动床鞍和中滑板，使车刀与工件端面刚好接触，摇动中滑板，使车刀刀尖在工件端面上轻轻划出一条刻线 *AB*，如图 9-4a 所示；将卡盘扳转 180°，使刀尖通过 *A* 点再划一条刻线 *AC*。若刻线 *AC* 与 *AB* 重合，说明刀尖对准工件回转中心；若 *AC* 在 *AB* 下方，说明车刀装低了，如图 9-4b所示；若 *AC* 在 *AB* 上方，说明车刀装高了，如图 9-4c 所示。此时可根据 *BC* 间距离的 1/4 左右增、减车刀垫片的厚度，使刀尖对准工件的回转中心。

如果车刀刀尖没有严格对准工件的回转中心，内圆锥面会加工成凸形双曲线，如图 9-5 所示。因此，当中途刃磨车刀后再装刀时，必须重新调整垫片的厚度，使车刀刀尖严格对准工件的回转中心。

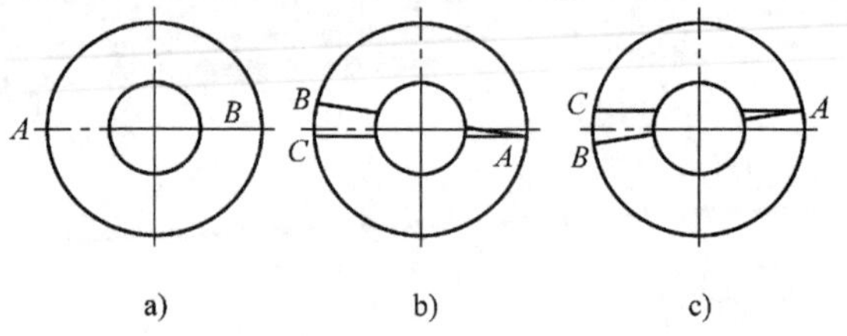

图 9-4　车刀刀尖对准工件回转中心的方法

a）车刀安装合格　b）车刀装低了　c）车刀装高了

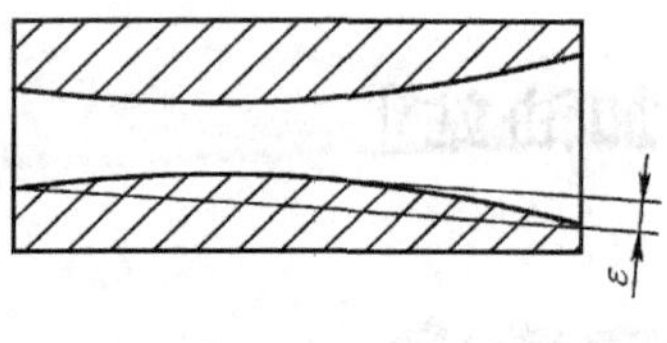

图 9-5　车削内圆锥时产生凸形双曲线

（3）转动小滑板车削内圆锥面

1）确定小滑板转动角度的方法与车削外圆锥面的方法相同。

2）转动小滑板的方法与车削外圆锥面基本相同，只是方向相反，是顺时针转一个圆锥半角，如图 9-6 所示。

3）粗车内圆锥面到内圆锥面的1/2长度时，应开始检查和找正圆锥角。

4）找正后，继续粗车内圆锥面，要留有0.5～1mm的精车余量。

5）小滑板转角调整准确后，精车内圆锥面至要求。

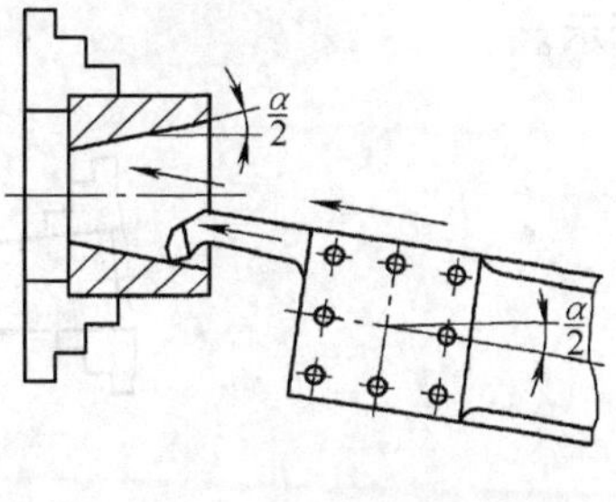

图9-6　转动小滑板法车内圆锥面

2. 内圆锥面圆锥角的找正

检查和找正内圆锥面圆锥角的方法与检查和找正外圆锥面圆锥角的方法基本相同，除了可以用样板、万能量角器检查外，还可以用塞规进行检查，如图9-7所示。

用塞规检测与找正内圆锥面圆锥角的方法：将圆锥塞规轻轻套在工件上，用手捏住塞规，上、下摆动，若无间隙，则说明内圆锥面的圆锥角正确，如图9-8所示；若大端有间隙，说明内圆锥的圆锥角太大；若小端有间隙，说明内圆锥的圆锥角太小。

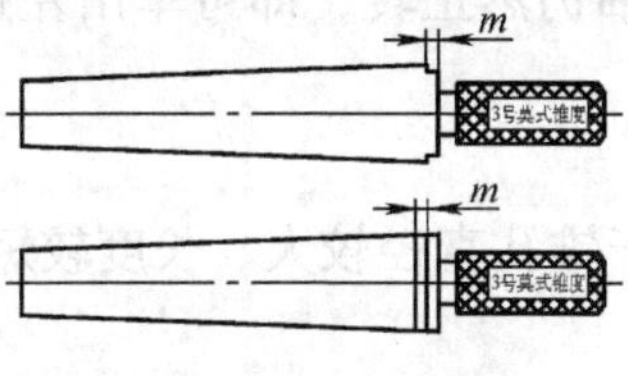

图9-7　圆锥塞规

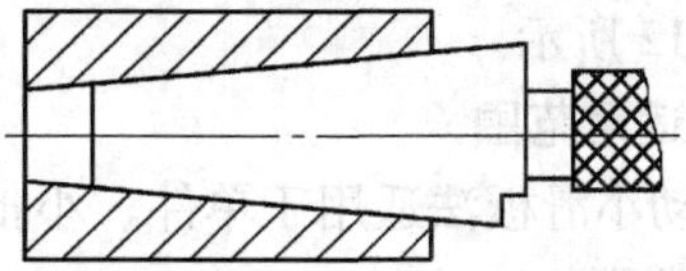

图9-8　用塞规检测内圆锥的圆锥角

3. 内圆锥面几何尺寸的控制

精车内圆锥面时控制尺寸的方法与精车外圆锥面时控制尺寸的方法相近，也可以采用计算法或移动床鞍法确定背吃刀量，如图9-9和图9-10所示。

4. 切削用量的选择

1）粗车时，切削速度应比车削外圆锥面时低10%～20%；精车时，应采用低速精车。

2）手动进给应始终保持均匀，不能有停顿或快慢不均的现象，最后一刀精车的背吃刀量一般为0.1～0.2mm。

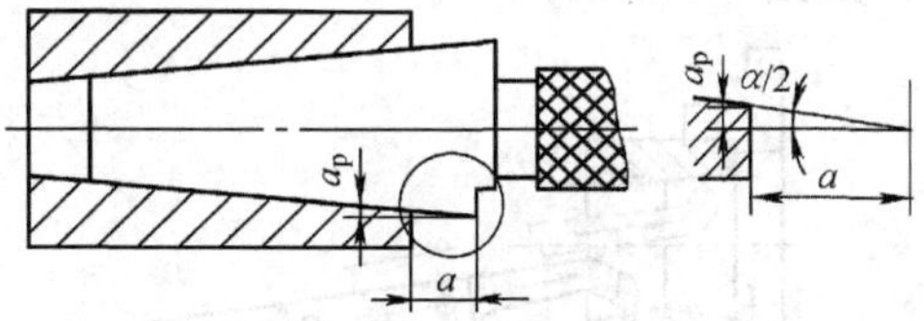

图9-9　用计算法控制圆锥孔的尺寸

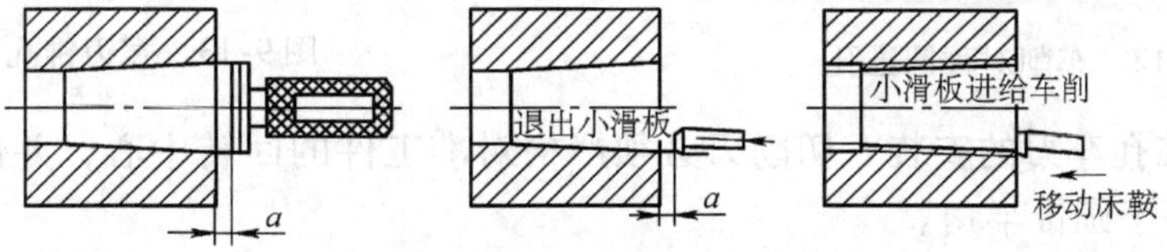

图9-10　用移动床鞍法控制圆锥孔的尺寸

3）精车钢件时，可以加注切削液，以减小表面粗糙度值，提高表面质量。

5. 转动小滑板车削内、外圆锥配合件

配套圆锥是指一个外圆锥和一个内圆锥能相互配合。为保证内、外圆锥面配合良好，在车削内、外圆锥配合件时，应使小滑板在同一调整位置状态下完成内、外圆锥面的车削。

具体方法为：先把外圆锥面车削正确，不要变动小滑板角度，只需把锥孔车刀反装，使车刀前刀面向下，刀尖对准工件回转中心，车床主轴仍正转，然后车削内圆锥面，如图9-11所示。

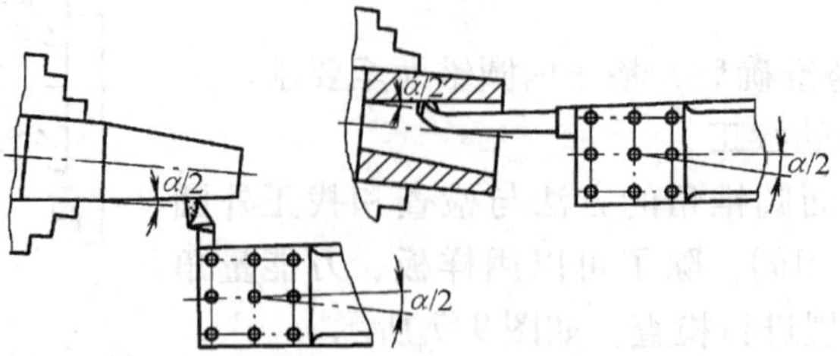

图 9-11　车削配套圆锥面

6. 转动小滑板车削对称圆锥孔

车削对称圆锥孔的具体方法为：先把右边锥孔车削合格，刀具退出后，不改变小滑板角度，把锥孔车刀反装，然后把镗刀横向移动到对面，主轴仍然正转，即可车出左边的锥孔，如图 9-12 所示。

7. 适用范围

转动小滑板法适用于单件、小批量生产，特别适用于锥孔直径较大、长度较短、锥度较大的圆锥孔。

（二）宽刃锥孔车刀法

1. 宽刃锥孔车刀的选择与安装

（1）宽刃锥孔车刀的选择　宽刃锥孔车刀一般选用高速钢车刀，前角取 20° ~30°，后角取 8° ~10°。车刀的切削刃必须刃磨平直，与刀柄底面平行，且与刀柄轴线夹角为圆锥半角，如图 9-13 所示。

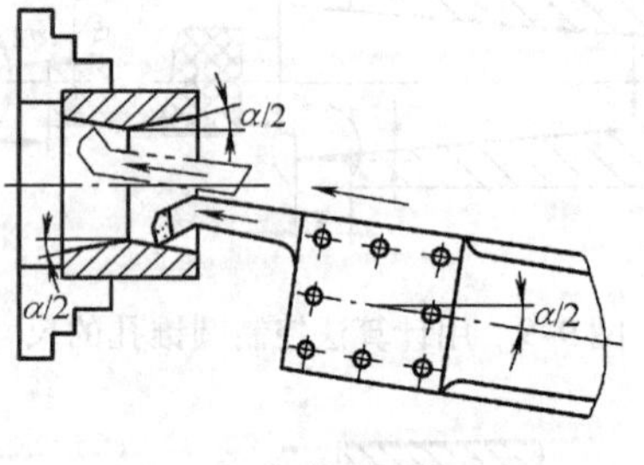

图 9-12　车削对称圆锥孔

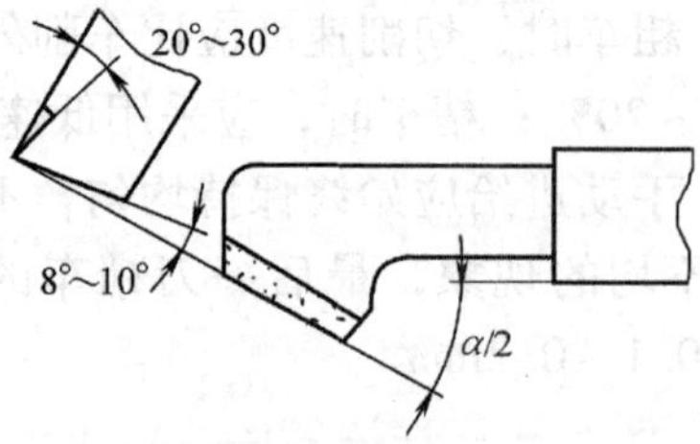

图 9-13　宽刃锥孔车刀

（2）宽刃锥孔车刀的安装　切削刃必须严格对准工件的回转中心，并保证切削刃和工件轴线的夹角等于圆锥半角。

2. 车削方法

1）先用车孔刀粗车内圆锥面，留精车余量。

2）换宽刃锥孔车刀精车，将切削刃伸入孔内（长度应大于圆锥长度），横向（或纵向）进给，低速车削，如图9-14所示。

3）车削时，使用切削液润滑可使车削出的内锥面的表面粗糙度值达到 $Ra1.6\mu m$。

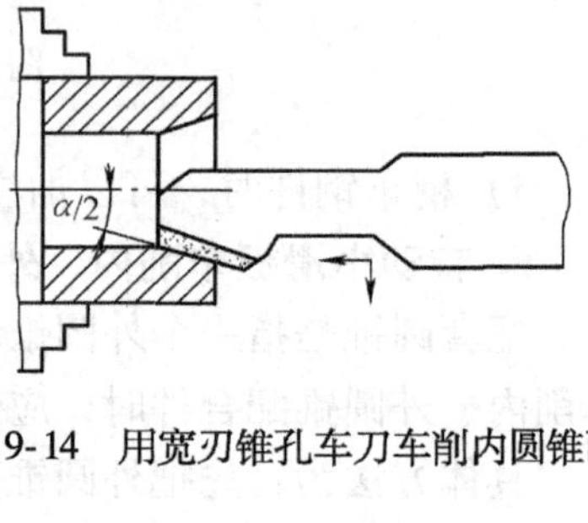

图 9-14　用宽刃锥孔车刀车削内圆锥面

3. 特点

宽刃锥孔车刀法实质上属于成形法，切削刃的宽度要大于被加工锥面的长度，切削刃必须平直。使用宽刃锥孔车刀车削内圆锥面时，要求车床应具有很高的刚度，以免车削时发生振动。

它主要适用于锥面短、锥孔直径较大、圆锥半角精度要求不高，而锥面的表面粗糙度值要求较小的内圆锥面的车削；也适用于车削外圆锥面，如图 9-15 所示。

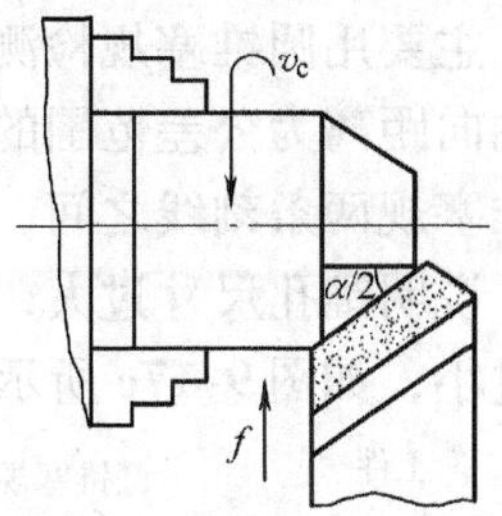

图 9-15 用宽刃锥孔车刀法车削外圆锥面

（三）铰内圆锥孔法

1. 特点

用锥形铰刀铰削直径较小和精度较高的内圆锥面，可以克服因车刀刚度低，难以达到较高精度和获得较小表面粗糙度值的缺点。用铰削方法加工出的内圆锥面，其精度比车削加工高，表面粗糙度值可达到 $Ra0.8 \sim 1.6\mu m$。

2. 锥形铰刀的选择与安装

（1）锥形铰刀的选择 锥形铰刀分粗铰刀和精铰刀两种，如图 9-16 所示。粗铰刀的槽数比精铰刀少，容屑空间大，对排屑有利。粗铰刀的切削刃上开有一条右螺旋分屑槽，将原来很长的切削刃分割成若干段短切削刃，因而在铰削时可把切屑分成几段，使切屑容易排出。精铰刀做成锥度很准确的直线刀齿，并留有很小的棱边，以保证内圆锥面的质量。

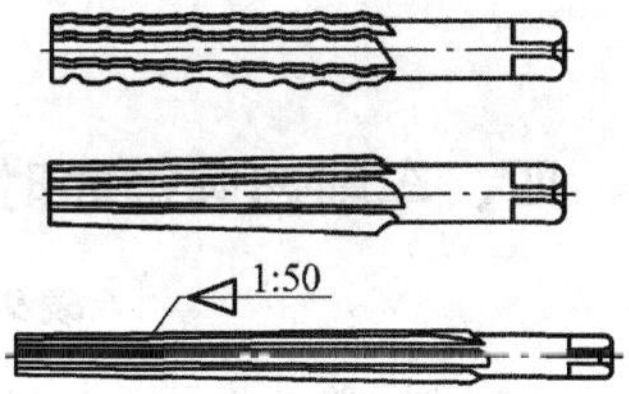

图 9-16 锥形铰刀

（2）锥形铰刀的安装 锥形铰刀的安装方法与圆柱形铰刀的安装方法相同。

3. 铰削方法

1）当内圆锥面的孔径和锥度较大时，先用直径小于圆锥孔（最小直径 1 ~ 1.5mm）的麻花钻钻底孔。然后用车削内圆锥面的方法粗车内圆锥面，并留 0.1 ~ 0.2mm 的余量。最后用精铰刀铰削成形至要求。

2）当内圆锥的孔径和锥度较小时，钻孔后可直接用锥形铰刀粗铰锥孔，然后用精铰刀铰削成形。

4. 切削用量的选择

铰削内圆锥面时，参加切削的切削刃长，切削面积大，排屑较困难，所以切削量应选择得小些。

切削速度一般选 5m/min 以下，进给应均匀。

进给量的大小根据锥度的大小选取，锥度大时进给量应小些，锥度小时进给量应大些。铰削圆锥角≤3°的锥孔，对于钢件，进给量一般选 0.15 ~ 0.30mm/r；对于铸铁件，进给量一般选 0.3 ~ 0.5mm/r。铰削内圆锥面时必须充分浇注切削液。

三、内圆锥面的检测

1. 内圆锥面圆锥角或锥度的检测

用圆锥塞规检测内圆锥面圆锥角或锥度的方法与检测外圆锥面圆锥角或锥度的方法相

同。不同之处在于，将显示剂涂在塞规表面，判断圆锥角大小的方法刚好相反。若塞规的小端痕迹被擦去，大端痕迹没被擦去，说明圆锥角过大；反之，若大端痕迹被擦去，小端痕迹没被擦去，则说明圆锥角过小。

2. 内圆锥面尺寸的检测

主要用圆锥塞规检测内圆锥面的尺寸。根据工件直径的尺寸及公差，在圆锥塞规大端刻有轴向距离为公差范围的两条刻线，分别表示通端线与止端线。检测时，若锥孔大端平面在圆锥塞规两条刻线之间，说明锥孔尺寸合格，如图9-17a所示；若锥孔大端平面超过了止端线，说明锥孔尺寸过大，如图9-17b所示；若锥孔大端平面还没有达到过端线，说明锥孔尺寸过小，如图9-17c所示。

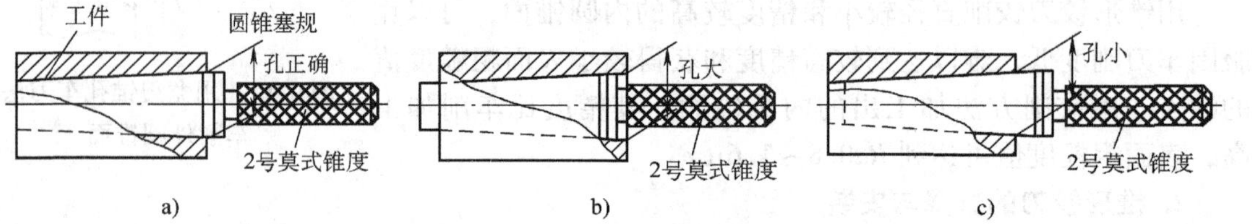

图9-17　用圆锥塞规检测内圆锥尺寸
a）合格　b）锥孔尺寸过大　c）锥孔尺寸过小

四、车削内圆锥面时的常见问题及其产生原因（表9-3）

表9-3　车削内圆锥面时的常见问题及其产生原因

问　题	产 生 原 因
锥度（角度）不正确	用转动小滑板法车削内锥面与车削外圆锥面的原因基本一致 用圆锥铰刀铰削内圆锥面时，产生问题的原因为： 1. 铰刀的锥度不正确 2. 铰刀轴线与主轴轴线不重合 用宽刃锥孔车刀法车削外圆锥面时，产生问题的原因为： 1. 宽刃锥孔车刀安装不正确 2. 切削刃不直 3. 刃倾角不等于0°
大小端尺寸不正确	1. 未经常测量大、小端的孔径 2. 未控制好车刀的背吃刀量
凸形双曲线误差	车刀刀尖未对准工件轴线
表面粗糙度达不到要求	1. 锥孔车刀不够锋利，几何角度不合理 2. 手动进给忽快忽慢 3. 小滑板镶条间隙不当 4. 未留足精车余量或铰削余量

项目十 滚花零件的加工

[项目引入]

对于一些工具和机器零件的把手部位，为了增加其表面摩擦力或使表面美观，常在零件表面滚压出各种不同的花纹，如千分尺微分筒上的直纹、螺纹量规上的网纹、其他零件上的花纹等，如图 10-1 所示。这些花纹在车床上是怎么加工的呢？要解决这个问题，实际上就是要掌握车工中滚花的方法。

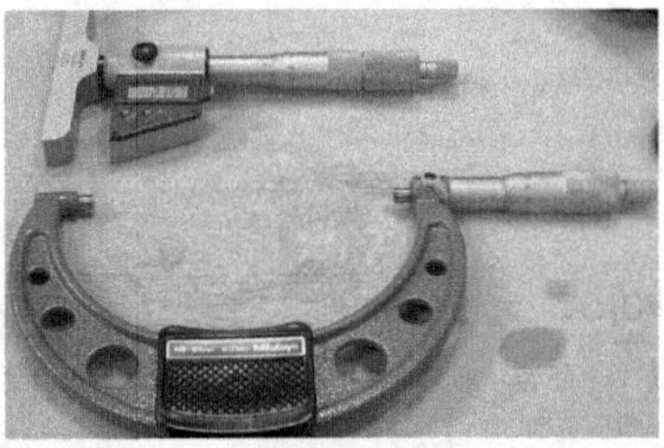

a)

b)

c)

图 10-1 带有花纹的工具或零件
a）千分尺 b）螺纹量规 c）其他零件

[项目任务与要求]

按图 10-2 的要求加工滚花零件。毛坯可采用项目八的零件。

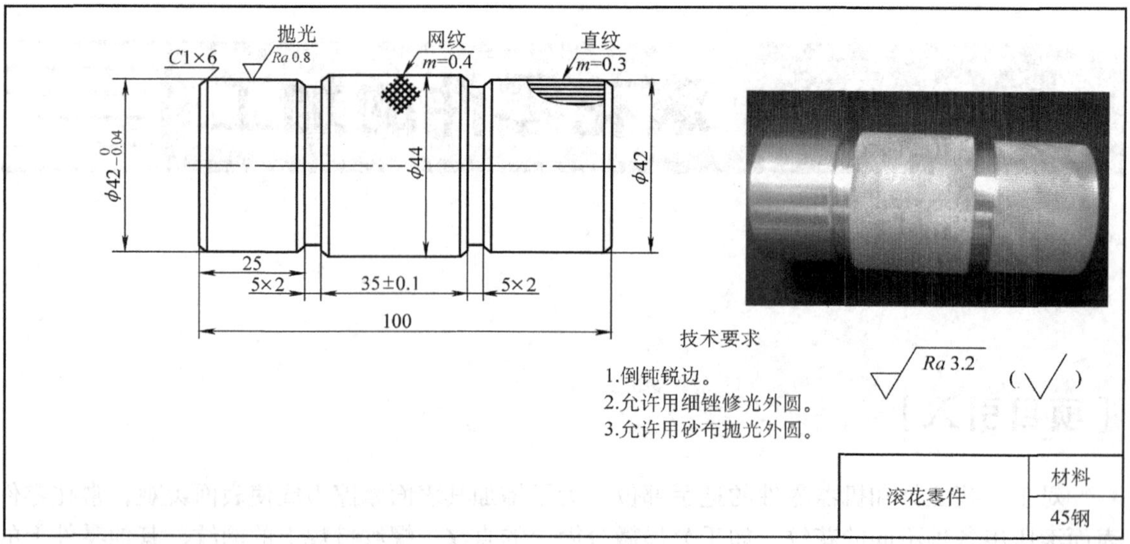

图 10-2　滚花零件

[学习目标]

知识目标

◆ 了解花纹的种类与特点

◆ 了解滚花刀的特点

◆ 了解修光用的锉刀和砂布

技能目标

◇ 掌握滚直纹的方法

◇ 掌握滚网纹的方法

◇ 掌握抛光（用锉刀修光和用砂布修光）的方法

情感、态度与价值观目标

☆ 注意培养审美情操

[项目计划与实施]

想一想

要完成这项任务需要哪些知识准备？需要哪些技能准备？需要哪些刀具、量具、夹具？怎样选择和安装滚花刀？怎样安装工件？怎样加工滚花？在车床上怎样使用锉刀或砂布修光表面？怎样控制花纹的深浅？加工如图 10-2 所示零件的工艺流程是什么？请认真思考上述问题，查阅有关资料，完成项目计划表。

注：项目计划表详见附录 E，建议在每个项目开始前填写。

做一做

根据图 10-2 的要求加工滚花零件。

1. 根据图样进行分析

1）图 10-2 所示为滚花抛光零件，由一段直纹面、一段网纹面和一段抛光面组成。

2）抛光外圆的表面粗糙度值为 *Ra*0.8μm，其他表面粗糙度值为 *Ra*3.2μm。

该工件的加工示意图如图 10-3 所示。

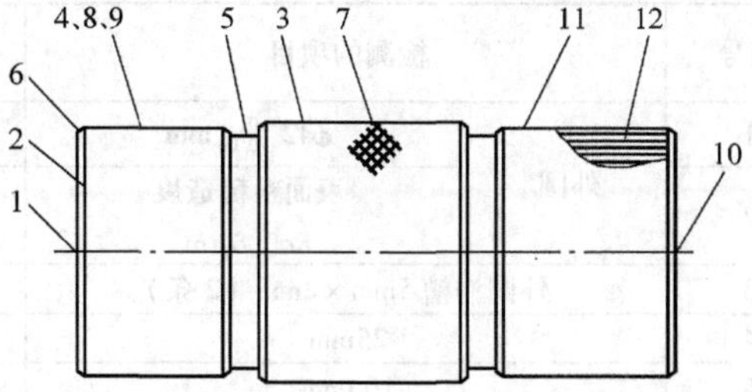

图 10-3　滚花零件加工示意图

2. 加工步骤（表 10-1，供参考）

表 10-1　加工步骤

步骤	加 工 内 容	刀具、量具
1	用三爪自定心卡盘夹持毛坯外圆，伸出 70mm 以上，找正并夹紧	45°弯头车刀或 90°外圆车刀
2	车削左端面	
3	粗、精车 ϕ44mm 的外圆至 43.6mm，长度稍大于 70mm	90°外圆车刀
4	粗车 ϕ42mm 的外圆至 ϕ42.5mm，长度至 30mm	90°外圆车刀
5	车削外圆沟槽 5mm × 2mm（2 条）	车槽刀
6	倒角 *C*1（4 处）	45°弯头车刀
7	滚网纹 $m=0.4$mm 至要求	网纹滚花刀
8	精车 ϕ42mm 外圆至要求，长度至 30mm，倒角 *C*1（2 处）	90°外圆车刀
9	抛光 ϕ42mm 外圆至要求	锉刀和砂布
10	调头，用三爪自定心卡盘夹持已加工的 ϕ44 网纹表面（垫铜片），找正并夹紧，车削右端面，保证总长 100mm 的要求	45°弯头车刀或 90°外圆车刀
11	粗、精车 ϕ42mm 外圆至 ϕ41.7mm，长度至 35mm，倒角 *C*1（2 处）	90°外圆车刀
12	滚直纹 $m=0.3$mm 至要求	直纹滚花刀
13	检查	游标卡尺、千分尺等

[项目检查与评价]

写一写

填写项目学习报告。

注：项目学习报告详见附录 F，建议在每个项目完成后填写。

评一评

项目检查评价表见表10-2。

表10-2 项目检查评价表

序号	检测的项目		分值	自我测试		小组测试		教师测试	
				结果	得分	结果	得分	结果	得分
1	外圆	$\phi42_{-0.04}^{0}$mm	10						
2		表面粗糙造度 $Ra0.8\mu m$	10						
3	外圆沟槽5mm×2mm（2条）		10						
4	25mm		2						
5	100mm		3						
6	(35±0.1) mm		5						
7	花纹	直纹 $m=0.3$	15						
8		网纹 $m=0.4$	15						
9	C1（6处）		5						
10	其他表面粗糙度 $Ra3.2\mu m$		10						
11	安全文明生产情况		15						
12	合计		100						

评语（优、缺点及改进措施）

[知识加油站]

读一读

一、花纹

花纹是在零件表面上滚压出来的，方便使用或增加美观的纹路。

（1）根据纹路分类　可分为直纹、斜纹和网纹三种，如图10-4所示。

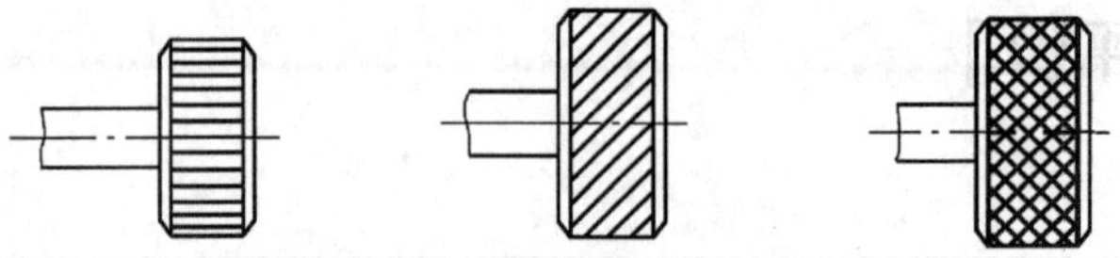

a)　　b)　　c)

图10-4　花纹的种类

a）直纹　b）斜纹　c）网纹

（2）根据粗细分类　可分为粗纹、中纹和细纹。一般粗细用模数 m 来区分，模数越大，花纹越粗。

花纹的形状如图10-5所示，其各部分尺寸见表10-3。

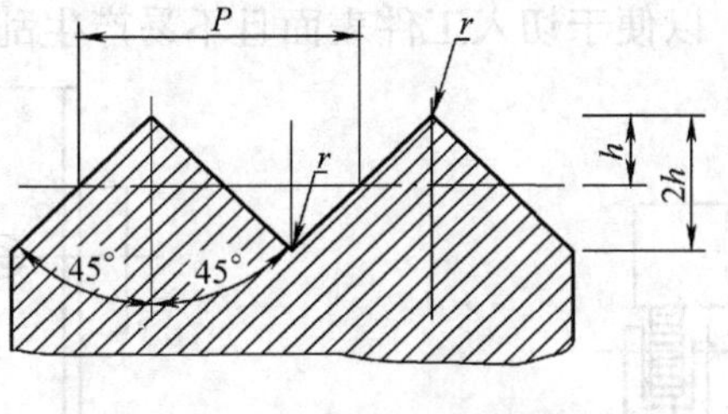

图 10-5　花纹的形状

表 10-3　滚花花纹各部分的尺寸

模数 m	h	r	齿距 P
0.2	0.132	0.06	0.628
0.3	0.198	0.09	0.942
0.4	0.264	0.12	1.257
0.5	0.326	0.16	1.571

注：1. 表中 $h=0.785m-0.414r$。

2. 滚花前，工件的表面粗糙度值为 $Ra12.5\mu m$。

3. 滚花后，工件的直径大于滚花前的直径，其差值 $\Delta\approx(0.8\sim1.6)\ m$。

二、滚花

在车床上，用滚花刀在某些零件表面滚压出各种不同花纹的加工过程称为滚花。

1. 滚花刀的选择与安装

（1）滚花刀的结构特点及选择　在车床上滚花时使用的刀具称为滚花刀。滚花刀一般有单轮，双轮和六轮三种。

1）单轮滚花刀，如图 10-6a 所示，由一个滚轮和刀柄组成，用来滚直纹与斜纹。

2）双轮滚花刀，如图 10-6b 所示，由两只旋向不同的滚轮、浮动连接头和刀柄组成，用来滚网纹。

3）六轮滚花刀，如图 10-6c 所示，由三对不同模数的滚轮，通过浮动连接头与刀柄组成，可以根据需要滚出三种不同模数的网纹。

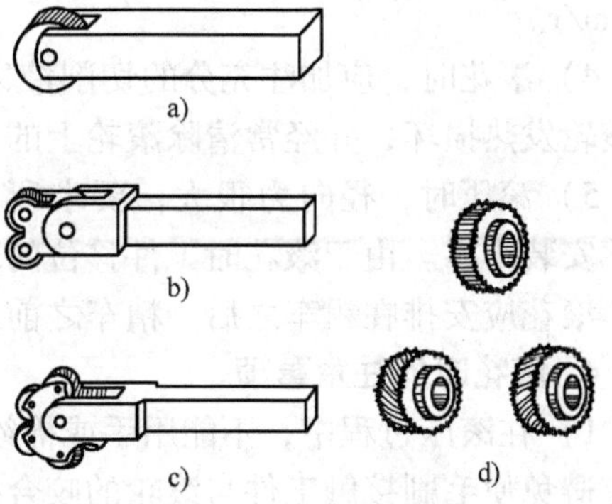

图 10-6　滚花刀
a) 单轮滚花刀（直纹、斜纹）　b) 双轮滚花刀（网纹）
c) 六轮滚花刀（三种网纹）　d) 滚轮

滚花刀的种类主要根据花纹的种类和花纹的模数 m 来选择。滚花花纹的粗细应根据工件滚花表面的直径大小选择，直径大的选用大模数的花纹；直径小则选用小模数的花纹。

（2）滚花刀的安装

1）滚花刀安装在车床的刀架上，滚花刀刀杆的中心必须与工件的回转中心等高。

2）滚压非铁金属或对滚花表面要求较高的工件时，滚花刀滚轮的轴线应与工件的轴线平行，如图 10-7 所示。

3）滚压碳素钢或对滚花表面要求一般的工件时，可使滚花刀尾部与工件表面有一个很小的夹角，如图 10-8 所示，以便于切入工件表面且不易产生乱纹。

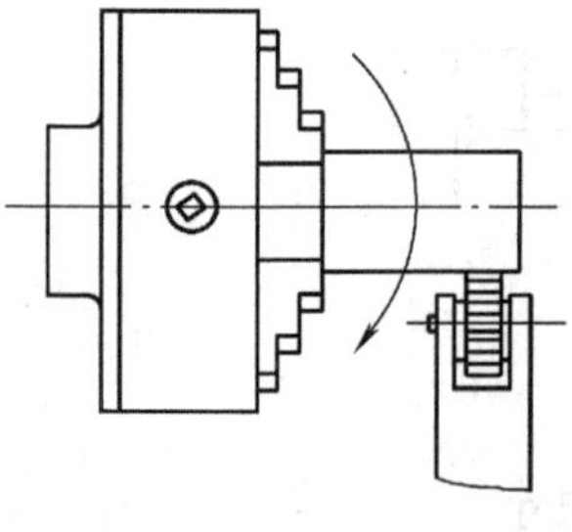

图 10-7　滚花刀滚轮的轴线与工件的轴线平行

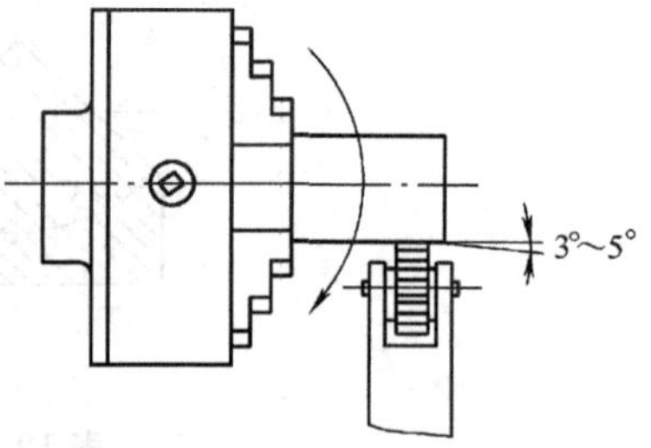

图 10-8　滚花刀的倾斜安装

2. 滚花前工件直径的确定

由于滚花过程是利用滚花刀的滚轮来滚压工件表面的金属层，使其产生一定的塑性变形而形成花纹，随着花纹的形成，滚花后工件的直径会增大。因此，在滚花前应将滚花表面的直径相应地车小些。一般根据工件材料的性质和花纹模数的大小，将工件滚花部位的外圆直径车小约（0.8～1.6）m，m 为模数。

3. 滚花的操作要点

1）滚花刀一接触到工件表面，就开始滚压。滚压开始时，挤压力要大且猛一些，使工件的圆周上一开始就形成较深的花纹，这样就不易产生乱纹。

2）为了减小滚花开始时的径向压力，可以使滚轮表面以其宽度的 1/3～1/2 与工件接触，使滚花刀容易切入工件表面，如图 10-9 所示。停车检查，确定花纹符合要求后，即可纵向自动进给。反复滚压 1～3 次，直至花纹凸出达到要求为止。

3）滚花时，应选用低的切削速度，一般为 5～10m/min；选用较大的纵向进给量，一般为 5～10mm/r。

4）滚花时，应加注充分的切削液以润滑滚轮和防止滚轮发热损坏，并经常清除滚轮上的切屑。

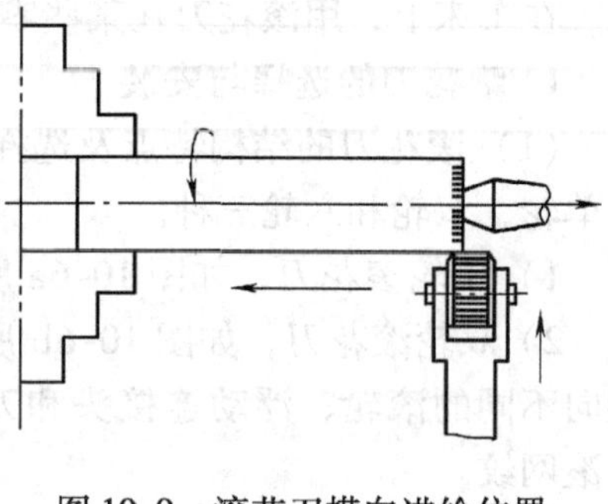

图 10-9　滚花刀横向进给位置

5）滚压时，径向力很大，要求所用设备刚性高，工件安装牢靠。由于滚花时工件移位的现象难以完全避免，所以在车削带有滚花表面的工件时，滚花应安排在粗车之后、精车之前进行。

4. 滚花时的注意事项

1）在滚压过程中，不能用手或棉纱接触滚压表面，以防发生绞手伤人事故；清除切屑时应避免使毛刷接触工件与滚轮的咬合处，以防毛刷被卷入。

2）滚压细长工件时，应防止工件弯曲；滚压薄壁工件时，应防止工件变形。

3）滚压时，如果压力过大，进给量太小，往往会滚出台阶形凹坑。

4）滚压直纹时，滚花刀的齿纹必须与工件轴线平行，否则滚压后的花纹会不直。

三、表面抛光

利用机械、化学或电化学的作用，使工件获得光亮、平整表面的加工方法称为抛光。在车削加工时，由于手动进给不均匀，尤其是双手同时进给车削成形面时，往往会在工件表面留下不均匀的刀痕。抛光的目的就是去除这些刀痕和减小表面粗糙度值。

在车床上抛光通常采用锉刀修光和砂布砂光两种方法。

1. 锉刀修光

（1）锉刀　修光常用的锉刀为细齿纹的平锉（又称扁锉）和整形锉或特细齿纹的油光锉。修光的锉削余量一般为0.01～0.03mm。

（2）握锉刀的方法　在车床上用锉刀修光时，为保证安全，最好用左手握柄，右手扶住锉刀前端进行锉削，如图10-10所示。

（3）锉刀修光的操作要点

1）推锉刀的力量和压力要均匀，不可用力过大或过猛，以免把工件表面锉出沟纹或锉成节状、锉扁。

2）推锉刀的速度要缓慢（一般为40次/min左右），并尽量利用锉刀的有效长度。

3）锉削修光时，应合理选择锉削速度。锉削速度不宜过高，否则容易造成锉齿磨钝；锉削速度也不宜过低，否则容易把工件锉扁。

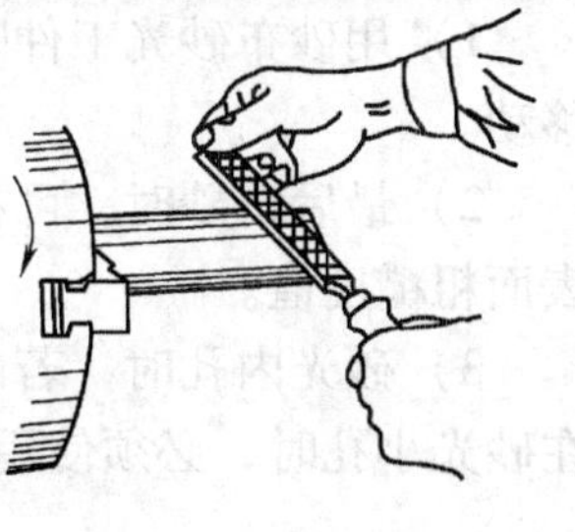

图10-10　锉刀的握法

4）精细修光时，除选用油光锉外，还可在锉刀的锉齿面上涂一层粉笔末，并经常用钢丝刷清理齿缝，以防铁屑嵌入齿缝划伤工件表面。

2. 砂布砂光

用砂布或砂纸磨光工件表面的过程称为砂光。工件表面经过精车或锉刀修光后，如果表面粗糙度值还不够小，可用砂布砂光的抛光方法。

（1）砂布的种类及选择　在车床上抛光用的砂布，常用细粒度的0号或1号砂布。砂布越细，抛光后的表面粗糙度值越小。

（2）砂光外表面的方法

1）把砂布垫在锉刀下面进行砂光。

2）用双手直接捏住砂布两端，右手在前，左手在后进行砂光，如图10-11所示。砂光时，双手用力不可过大，防止砂布因摩擦过度而被拉断。

3）把砂布夹在抛光夹的圆弧槽内，套在工件上进行砂光，如图10-12所示。

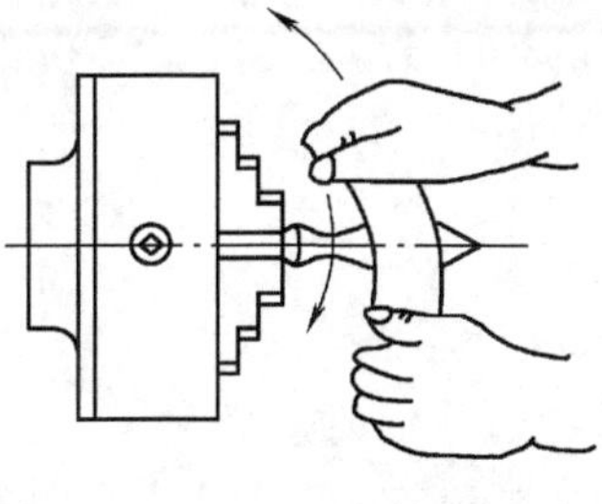

图10-11　手捏住砂布砂光

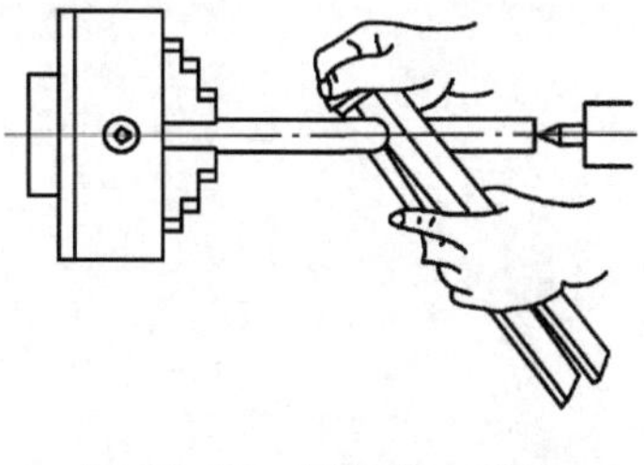

图10-12　用抛光夹砂光

（3）砂光内表面的方法　用砂布砂光内表面时，可借助一根比内孔孔径小的抛光棒。在抛光棒一端开槽，如图10-13所示，将砂布撕成条状，一端插在抛光棒槽内，按顺时针方向将砂布缠紧在抛光棒上，然后伸入内孔里砂光，如图10-14所示。

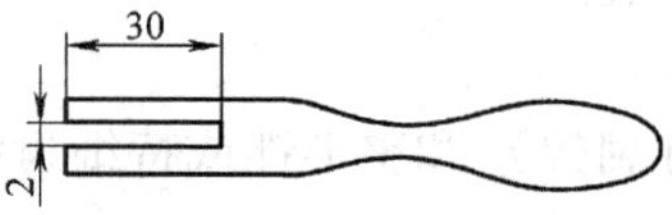

图 10-13　抛光棒

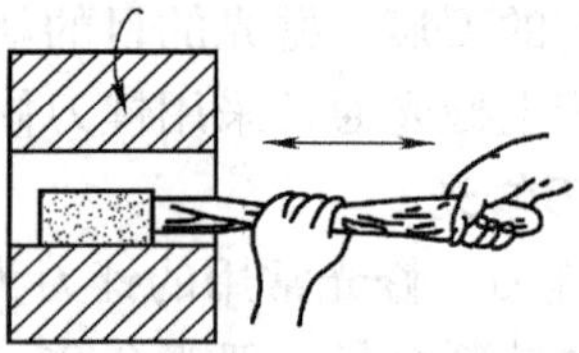

图 10-14　用抛光棒砂光内孔

（4）砂光的操作要点

1）用砂布砂光工件时，工件转速应取得高些，并使砂布在工件表面来回缓慢而均匀地移动。

2）最后精砂时，可在细砂布上加少量全损耗系统用油或金刚砂粉，这样会获得更小的表面粗糙度值。

3）砂光内孔时，若内孔孔径较大，除用抛光棒外，还可以用手捏住砂布进行砂光；但在砂光小孔时，必须使用抛光棒，严禁将砂布缠绕在手指上伸入孔内砂光，以免发生事故。

四、滚花时的常见问题及其产生原因（表 10-4）

表 10-4　滚花时的常见问题及其产生原因

问　题	产 生 原 因
乱纹	1. 工件外径周长不能被滚花刀齿距除尽 2. 滚花开始时，滚压压力太小，或滚花刀跟工件表面接触过大 3. 工件转速太高，滚花刀跟工件表面产生滑动 4. 滚花刀转动不灵，或滚花刀跟刀杆小轴配合间隙太大 5. 滚花前没有清除滚花刀中的细屑，或滚花刀齿部磨损
纹路深浅不一	1. 在细长轴上滚花时，工件发生弯曲变形 2. 在薄壁套筒上滚花时，工件发生变形
纹路不直，不美观	滚花刀齿路与工件轴线不平行
滚花后直径偏大	滚花前，外圆直径偏大

项目十一 球头零件的加工

[项目引入]

在机械设备中，我们常会遇到一些表面素线呈曲线的零件，如橄榄形手柄、三球手柄、球形体等，如图 11-1 所示。这类零件在车床上是怎么加工的呢？要解决这个问题，实际上就是要掌握车工中，车削成形面的方法。

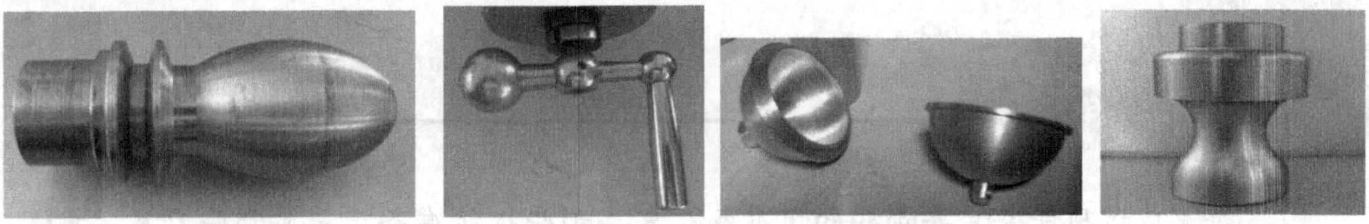

a) b) c) d)

图 11-1 带有成形面的零件

[项目任务与要求]

按图 11-2 的要求加工球头零件。毛坯可采用项目十的零件。

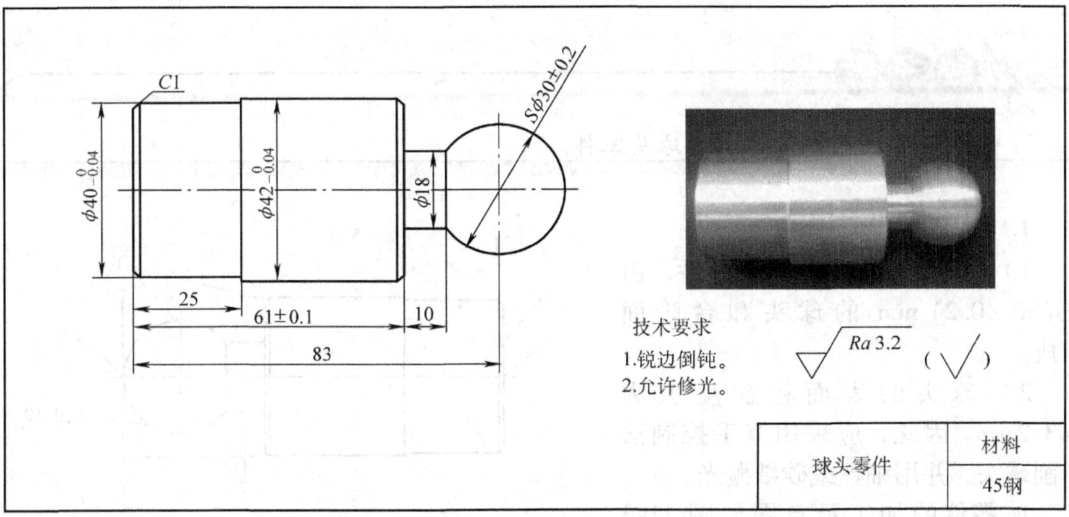

图 11-2 球头零件

[学习目标]

知识目标

◆ 了解成形面的特点

◆ 了解成形车刀的几何形状和角度

◆ 了解成形面圆球部分长度的计算方法

技能目标

◇ 掌握双手控制法

◇ 掌握成形车刀法

◇ 掌握成形面的一般检测方法

情感、态度与价值观目标

☆ 注意培养改革创新意识

[项目计划与实施]

想一想

要完成这项任务需要哪些知识准备？需要哪些技能准备？需要哪些刀具、量具、夹具？怎样安装成形车刀？怎样安装工件？怎样采用双手控制法车削成形面？怎样采用成形车刀法车削成形面？怎样控制和检测成形面的几何尺寸？加工如图11-2所示零件的工艺流程是什么？请认真思考上述问题，查阅有关资料，完成项目计划表。

注：项目计划表详见附录E，建议在每个项目开始前填写。

做一做

根据图11-2的要求加工球头零件。

1. 根据图样进行分析

1）图11-2所示为球头零件，由$S\phi(30\pm0.2)$ mm的球头和台阶面组成。

2）球头的表面粗糙度值为$Ra3.2\mu m$。因此，应采用双手控制法车削球头，并用细锉或砂纸抛光。

该零件的加工示意图如图11-3所示。

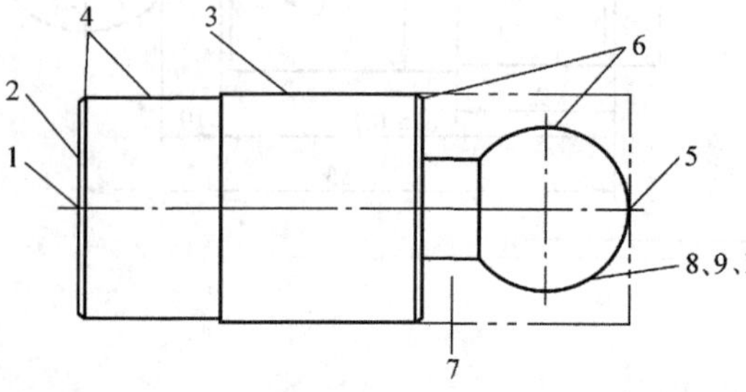

图11-3 球头零件的加工示意图

2. 加工步骤（表 11-1，供参考）

表 11-1　加工步骤

步骤	加 工 内 容	刀具、量具
1	用三爪自定心卡盘夹持毛坯外圆，伸出 65mm 以上，找正并夹紧	45°弯头车刀或 90°外圆车刀
2	车削左端面	
3	粗、精车 ϕ42mm 的外圆至要求，长度大于 62mm	90°外圆车刀
4	粗、精车 ϕ40mm 的外圆至要求，长度至 25mm，倒角 C1	90°外圆车刀
5	调头，用三爪自定心卡盘夹持已加工好的外圆表面（垫铜片），找正并夹紧，车削右端面，保证总长 98mm 的要求	45°弯头车刀或 90°外圆车刀
6	粗车外圆至 ϕ31mm，长度为 37mm，倒角 C1	90°外圆车刀
7	车槽 ϕ18mm × 10mm	车槽刀
8	粗车球体	圆弧形车刀
9	精车球体至要求	圆弧形车刀
10	抛光	细齿锉、砂布
11	检查	球形样板、千分尺、游标卡尺等

[项目检查与评价]

写一写

填写项目学习报告。

注：项目学习报告详见附录 F，建议在每个项目完成后填写。

评一评

项目检查评价表见表 11-2。

表 11-2　项目检查评价表

序号	检测的项目		分值	自我测试		小组测试		教师测试	
				结果	得分	结果	得分	结果	得分
1		外圆 $\phi42_{-0.04}^{0}$ mm	10						
2		外圆 $\phi40_{-0.04}^{0}$ mm	10						
3		槽底径 ϕ18mm	5						
4		83mm	5						
5		25mm	3						
6		(61 ±0.1) mm	5						
7		10mm	2						
8	球体	$S\phi$ (30 ±0.2) mm	20						
9	球体	$Ra3.2\mu m$	10						
10		C1	5						
11		其他表面粗糙度 $Ra3.2\mu m$	10						
12		安全文明生产情况	15						
13		合计	100						

评语（优、缺点及改进措施）

[知识加油站]

读一读

一、成形面

我们前面所讲的圆柱表面和圆锥表面的素线是直线，但有些零件表面的素线是曲线。我们把这些素线是曲线的表面称为成形面。

二、车削成形面

在车床上，用成形车刀直接把成形面加工出来，或者用成形车刀沿工件素线作进给运动把成形面加工出来的方法，称为车削成形面。

在车床上加工成形面的方法很多，一般根据零件的表面特征、精度要求和生产批量的大小选用不同的加工方法。主要方法有双手控制法、成形车刀法、仿形法（靠模法）和专用工具法等。

（一）双手控制法

用双手控制中、小滑板，或者控制中滑板与床鞍的合成运动，使刀尖的运动轨迹与工件所要求的成形面曲线重合，以实现车削成形面目的的加工方法，称为双手控制法，如图11-4所示。

图 11-4　用双手控制法车削成形面

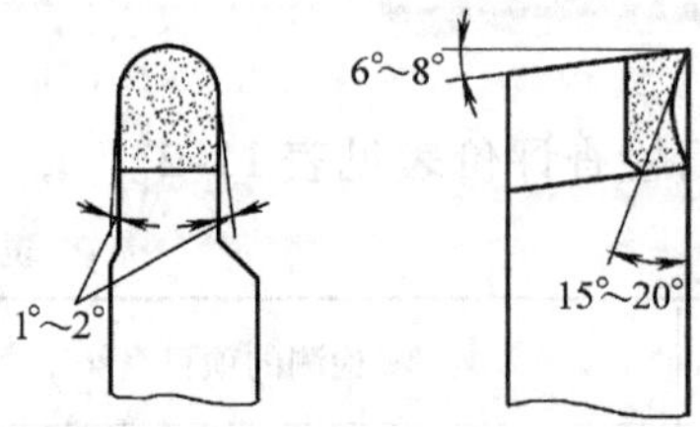

图 11-5　圆弧形成形车刀

1. 成形面车刀及其安装

车削成形面的车刀，其主切削刃磨成圆弧形，前刀面磨成圆弧形断屑槽，形成 15°~20°的前角。它的几何形状和角度如图 11-5 所示，安装方法与外圆车刀的安装方法基本相同。

2. 车削单球手柄

车削如图 11-6 所示单球手柄的方法如下。

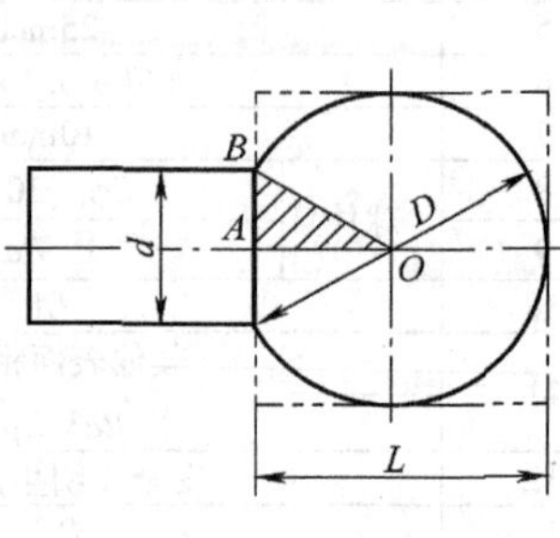

图 11-6　单球手柄

（1）计算圆球部分的长度　单球手柄圆球部分长度 L 的计算公式为

$$L=\frac{1}{2}\left(D+\sqrt{D^2-d^2}\right)$$

式中　L——圆球部分的长度（mm）；

D——圆球的直径（mm）；

d——手柄球的直径（mm）。

（2）分析车刀的移动速度　用双手控制法车削圆球时，车刀刀尖在圆球不同位置的纵、横向进给速度不相同，车刀从最大直径处（圆球中心）向最小直径处（圆球两端）进给，纵向进给速度的变化规律为快——中——慢；横向进给速度的变化规律为慢——中——快。车削到圆球中心时，中滑板的横向进给速度要比床鞍（或小滑板）的纵向速度慢；车到圆球两端时，进给速度刚好相反。

（3）单球手柄的车削步骤（图 11-7）

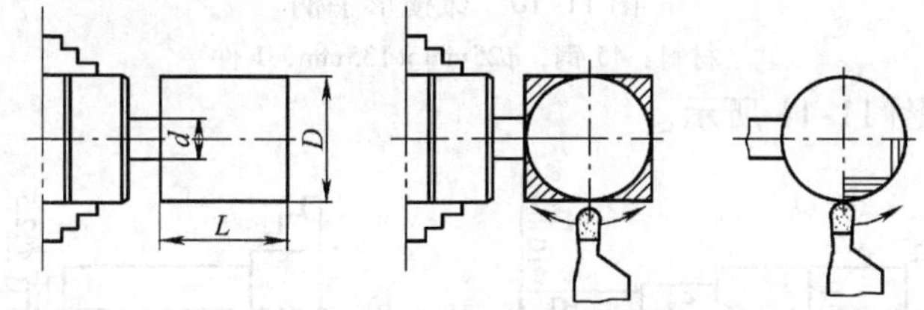

图 11-7　单球手柄的车削步骤

1）先车出单球手柄球头部分 D 和 d 的外圆，并留精车余量 0.3～0.5mm。

2）车出单球手柄球头部分的长度 L。

3）用双手控制法车削圆球部分，从中间点向左边和右边逐步把余量车去。

4）精车与修光圆球。

5）为了保证球面外形正确，采用样板、套环、千分尺等边车边检查。

（4）球体的检测方法

1）用样板检查。用样板检查时，样板应对准工件中心，观察样板与工件之间间隙的大小，并根据间隙进行修整，如图 11-8 所示。

2）用千分尺检测。用千分尺检测时，千分尺测微螺杆的轴线应通过工件球面中心，并应多次变换测量方向，根据测量结果进行修整。对于合格的球面，在各测量方向上测得的量值应在图样规定的范围内，如图 11-9 所示。

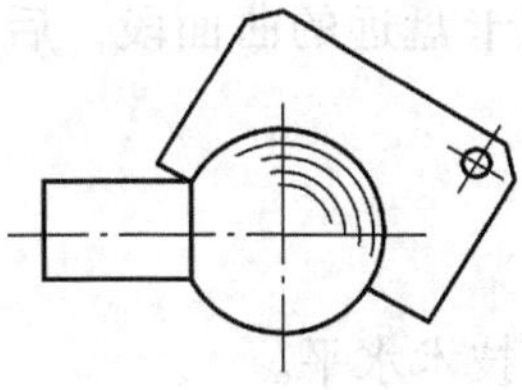

图 11-8　用样板检查球面

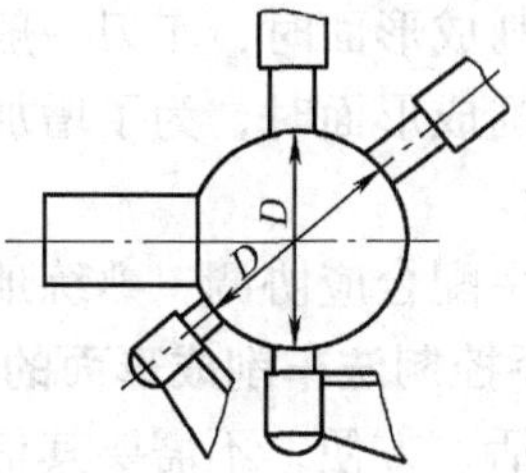

图 11-9　用千分尺检测球面

3. 双手控制法车削橄榄形手柄

车削如图 11-10 所示的橄榄形手柄时，应先把毛坯夹持在三爪自定心卡盘上，为增加车削时工件的刚性，伸出的长度应尽量短些。如果工件本身较长，可采用一夹一顶的安装方法，等工件车成后再把中心孔部分车去。

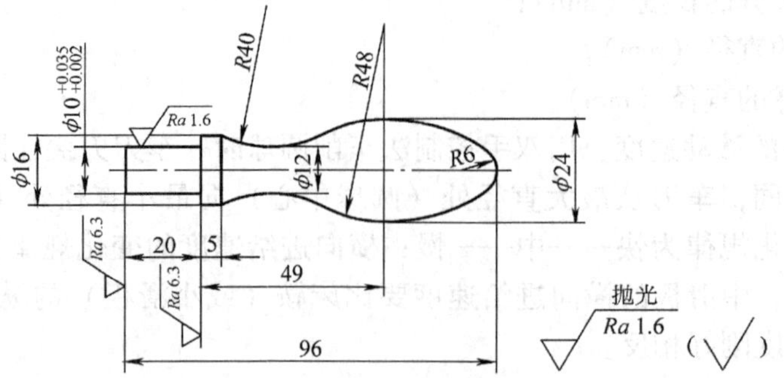

图 11-10　橄榄形手柄

材料：45 钢，ϕ25mm×135mm，1 件

具体车削步骤如图 11-11 所示。

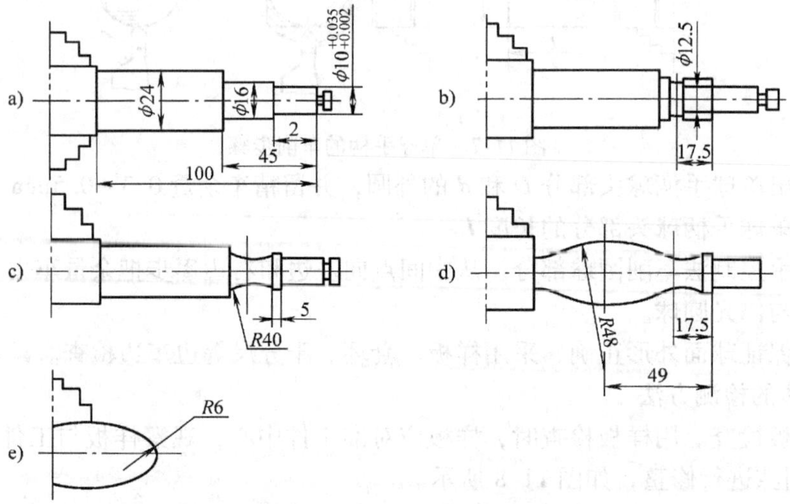

图 11-11　车削橄榄形手柄的方法

4. 双手控制法车削成形面的注意事项

1）车刀切入深度要控制准确，防止将工件局部车小。

2）车削成形面时，车刀一般应从曲面高处向低处进给。

3）车削成形面时，为了增加工件的刚度，应先车削离卡盘远的曲面段，后车削离卡盘近的曲面段。

4）双手配合应协调，熟练地控制进给速度的快慢。

5. 双手控制法车削成形面的特点

1）灵活、方便，不需要其他辅助工具，但需要较高的技术水平。

2）难度大、生产效率低。

3）表面质量差、精度低。

因此，双手控制法主要用于加工单件或数量较少，精度不高的成形面。

（二）成形车刀法

使用切削刃形状与成形面素线相吻合的成形车刀，通过横向进给，直接车出成形面的切削方法，称为成形车刀法，如图 11-12 所示。

1. 成形车刀

切削刃与工件形状相同的车刀称为成形车刀（样板车刀），成形车刀的种类有普通成形车刀、棱形成形车刀、圆形成形车刀等，如图 11-13 所示。

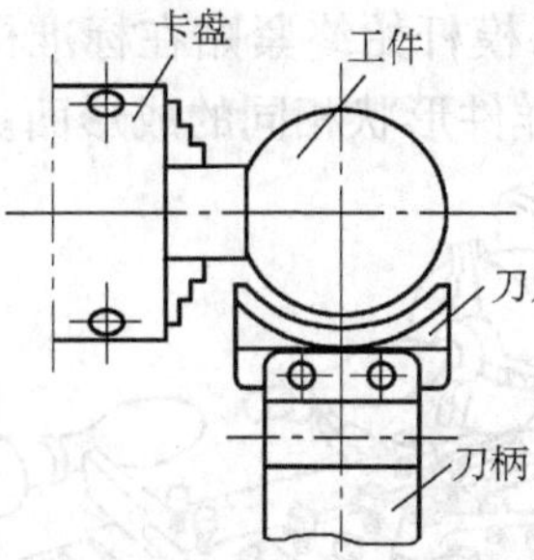

图 11-12　成形车刀法车削成形面

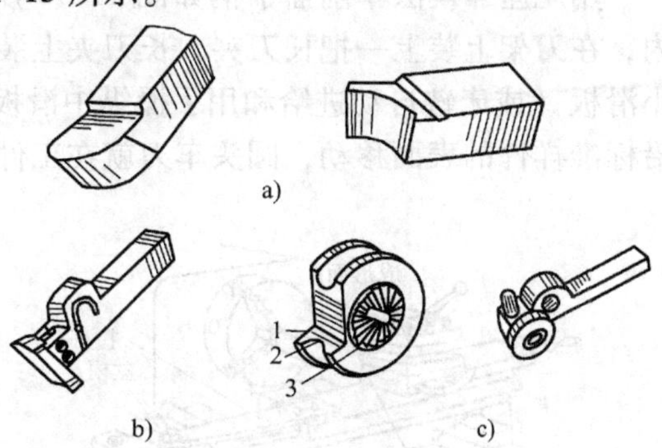

图 11-13　成形车刀

a）普通成形车刀　b）棱形成形车刀　c）圆形成形车刀

1—前刀面　2—切削刃　3—端齿面

2. 成形车刀法车削成形面的要点

1）车床要有足够的刚度，车床各部分的间隙要调整得较小。

2）成形车刀角度的选择要恰当。成形车刀的后角一般取得较小（2°~5°），刃倾角宜取 0°。

3）成形车刀的刃口必须对准工件的轴线，装得过高容易扎刀，装得过低会引起振动。还可以将成形车刀反装，采用反切法进行车削。

4）为降低成形车刀切削刃的磨损程度，减小切削力，最好先用双手控制法把成形面粗车成形，然后再用成形车刀进行精车。

5）应选用较小的切削速度和进给量，合理选用切削液。

3. 成形车刀法车削成形面的特点

1）成形面的精度主要靠刀具保证。对于精度要求低的成形面，可选用手工刃磨而成的普通成形车刀；对于精度要求较高的成形面，可选用机械刃磨而成的棱形成形车刀。

2）由于刀头接触工件的面积较大，易产生振动。

3）操作简单，生产率高。

由于具备以上特点，成形车刀法主要适于加工成批生产的，内、外圆弧槽较大的，或者数量较多的成形面工件。

（三）仿形法（靠模法）

刀具按照仿形装置进给，对工件进行加工的方法称为仿形法。仿形法车削成形面是一种加工质量好，生产率高的先进车削方法，特别适合质量要求较高、批量较大的生产。仿形法车削成形面方法很多，主要有靠模板法、尾座靠模法。

1. 靠模板法

用靠模板法车削摇手柄如图 11-14 所示。把刀架的中滑板从丝杠脱开，即抽去中滑板丝杠，在其前端的拉杆装上滚柱。当床鞍纵向进给时，滚柱在靠模的曲线槽内移动，从而使车刀刀尖也随着滚柱作曲线移动，同时用小滑板控制切深（将小滑板旋转 90°），即可车出成形面。

这种方法操作简单，生产率高，工件互换性好，适用于成批生产。

2. 尾座靠模法

用尾座靠模法车削摇手柄如图 11-15 所示。把一个标准样件（即靠模）装在尾座套筒内，在刀架上装上一把长刀夹，长刀夹上装有圆头车刀和靠模杆。车削时，用双手操纵中、小滑板（或床鞍自动进给和用手操纵中滑板相配合），使靠模杆始终紧贴在标准样件上，并沿标准样件的表面移动，圆头车刀就在工件上车出与标准样件形状相同的成形面。

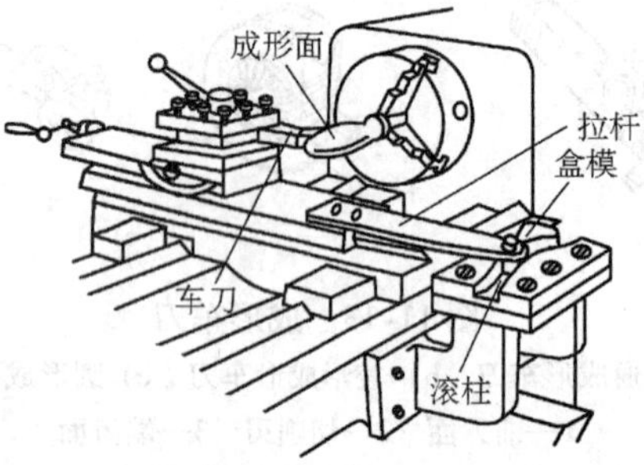

图 11-14　靠模板法车削成形面

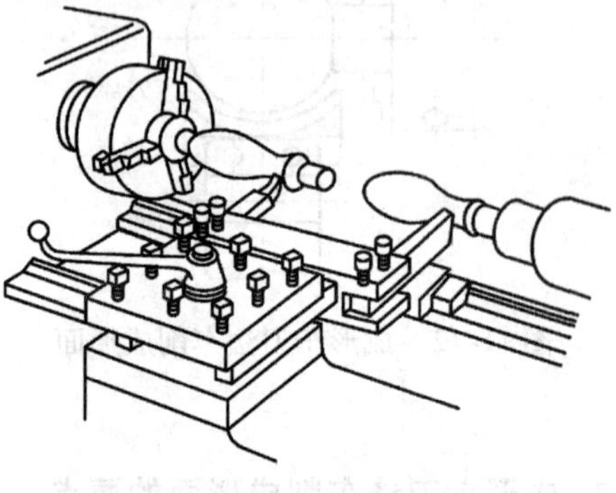

图 11-15　尾座靠模法车削成形面

三、车削成形面时的常见问题及其产生原因（表 11-3）

表 11-3　车削成形面时的常见问题及其产生原因

问　　题	产 生 原 因
工件轮廓不正确	1. 用成形车刀法车削时，车刀形状刃磨得不正确；没有按主轴中心的高度安装车刀，工件受切削力产生变形，从而造成误差 2. 用双手控制法进给车削时，纵、横进给不协调 3. 用靠模法车削时，靠模的形状不准确、安装得不正确或靠模传动机构中存在间隙
表面粗糙度达不到要求	1. 车削复杂零件时进给量过大 2. 工件刚性差或刀头伸出过长，切削时产生振动 3. 刀具几何角度不合理 4. 材料加工性能差，未经过预备热处理，难以加工 5. 切削液选择不当 6. 产生积屑瘤，使表面更粗糙

项目十二 精度一般的三角形螺纹轴的加工

[项目引入]

在机械零件的实际生产中，经常会遇到一些带有三角形螺纹的零件。有些三角形螺纹有退刀槽，有些三角形螺纹没有退刀槽；有些三角形螺纹的精度不高，有些三角形螺纹的精度高；有些三角形螺纹在外面，有些三角形螺纹在孔内。带有退刀槽、精度要求不高的三角形螺纹如图12-1所示，这种三角形螺纹在车床上是怎样加工的呢？要解决这个问题，实际上就是要掌握车工中，车削有退刀槽的、精度一般的三角形螺纹的方法。

图12-1　带有退刀槽的三角形螺纹

[项目任务与要求]

按图12-2的要求加工有退刀槽的、精度一般的细牙三角形螺纹轴。毛坯可采用项目十一的零件。

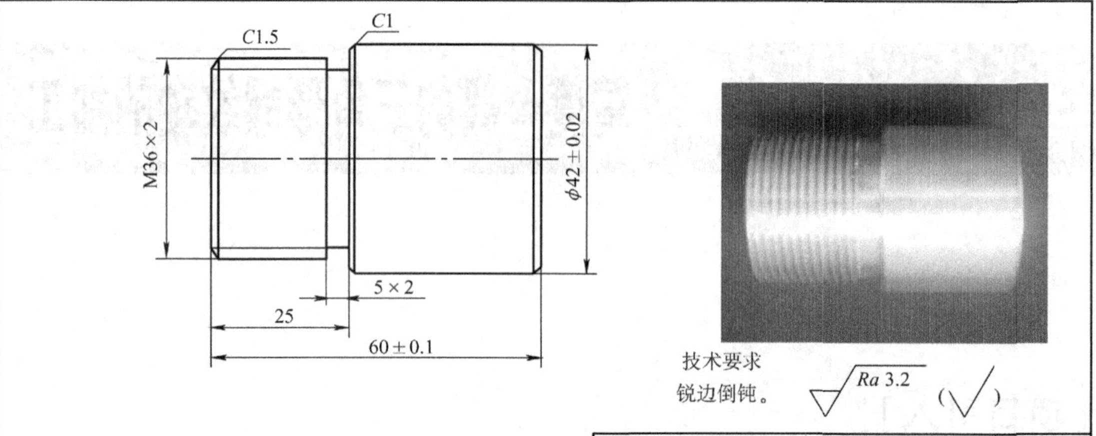

有退刀槽、精度一般的三角形螺纹轴	材料
	45钢

图 12-2　三角形螺纹轴

[学习目标]

知识目标

◆ 了解精度一般的三角形螺纹的标记方法

◆ 熟悉三角外螺纹的尺寸计算

◆ 了解普通外螺纹车刀的几何形状和角度

技能目标

◇ 掌握用低速车削三角形螺纹的方法

◇ 掌握用倒顺法车削三角形螺纹的要点

◇ 掌握普通外螺纹的综合检测方法

情感、态度与价值观目标

☆ 注意培养灵活反应能力

[项目计划与实施]

想一想

要完成这项任务需要哪些知识准备？需要哪些技能准备？需要哪些刀具、量具、夹具？怎样选择和安装外螺纹车刀？怎样安装工件？怎样低速车削三角形外螺纹？车削螺纹时，进给方式有哪些？车削三角形外螺纹时，怎样控制螺纹的背吃刀量？怎样检测精度要求一般的三角形螺纹？加工如图 12-2 所示零件的工艺流程是什么？请认真思考上述问题，查阅有关资料，完成项目计划表。

注：项目计划表详见附录 E，建议在每个项目开始前填写。

做一做

根据图样要求加工三角形螺纹轴。

1. 根据图样进行分析

1）图 12-2 所示螺纹代号为 M36×2，表示公称直径为 36mm、螺距为 2mm、精度要求一般的细牙三角形外螺纹，拟采用直进法进行加工。

2）该螺纹有退刀槽，外圆退刀槽尺寸为 5mm×2mm，拟采用窄槽车削法进行加工。

3）所有表面的表面粗糙度值为 *Ra*3.2μm，要求分粗、精车。

该工件的加工示意图如图 12-3 所示。

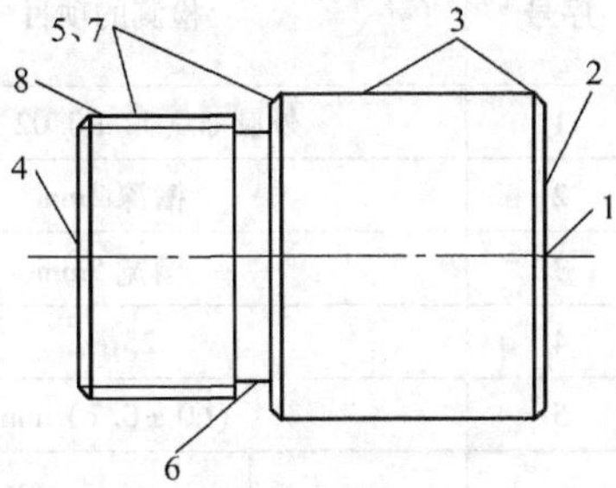

图 12-3　三角形螺纹轴的加工示意图

2. 加工步骤（表 12-1，供参考）

表 12-1　加工步骤

步骤	加工内容	刀具、量具
1	用三爪自定心卡盘夹持毛坯外圆，伸出 40mm 左右，找正并夹紧	45°弯头车刀或 90°外圆车刀
2	车削右端面	
3	粗、精车外圆 ϕ42mm 至要求，长度 37mm，倒角 *C*1	90°外圆车刀
4	调头，用三爪自定心卡盘夹持已加工好的外圆表面（垫铜片），找正并夹紧，车削左端面，保证总长 60mm 的要求	45°弯头车刀或 90°外圆车刀
5	粗车螺纹处的外圆至 ϕ36.5mm，倒角 *C*1（ϕ42mm 的锐边）	90°外圆车刀
6	车削螺纹退刀槽 5mm×2mm	外圆车槽刀
7	精车螺纹大径 ϕ36mm 至要求，长度 26mm，两边倒角	90°外圆车刀
8	粗、精车 M36×2 的螺纹，直到能与合格的螺母配合	外螺纹车刀、合格的螺母或螺纹环规
9	检查	合格的螺母或螺纹环规、千分尺、游标卡尺

[项目检查与评价]

写一写

填写项目学习报告。

注：项目学习报告详见附录 F，建议在每个项目完成后填写。

评一评

项目检查评价表见表12-2。

表12-2　项目检查评价表

序号	检测的项目		分值	自我测试		小组测试		教师测试	
				结果	得分	结果	得分	结果	得分
1	外圆 ϕ (42 ±0.02) mm		15						
2	槽深2mm		3						
3	槽宽5mm		2						
4	25mm		5						
5	(60 ±0.1) mm		10						
6	三角形外螺纹	M36×2（合格的螺母或螺纹环规）	22						
7		螺距	3						
8		牙型角60°	3						
9		*Ra*3.2μm	12						
10	*C*1		2						
11	外圆表面粗糙度 *Ra*3.2μm		8						
12	安全文明生产情况		15						
13	合计		100						

评语（优、缺点及改进措施）

[知识加油站]

读一读

一、螺纹及其种类

1. 螺旋线

将一直角三角形的一条直角边与一圆柱体底面的周边重合，并环绕于圆柱体上，则三角形的斜边在圆柱面上形成的曲线就是螺旋线。

2. 螺纹的种类

在螺旋线上切削出不同的牙型，称为螺纹。螺纹的种类很多，按用途可分为联接螺纹和传动螺纹；按牙型特征可分为三角形螺纹、梯形螺纹、锯齿形螺纹和矩形螺纹等；按螺旋线的方向可分为左旋螺纹和右旋螺纹；按螺旋线的多少可分为单线螺纹和多线螺纹；按螺纹所处在零件表面的位置，可分为外螺纹和内螺纹；按螺纹的工艺结构是否带有退刀槽，可分为带有退刀槽的螺纹和不带退刀槽的螺纹；按螺纹的精度高低可分为精度一般的螺纹和精度较高的螺纹；按公称直径的单位可分为英制螺纹和米制螺纹。

二、普通螺纹

有一类螺纹的轴向剖面的形状是三角形，是常用于联接作用的螺纹，称为三角形螺纹。对于牙型角为60°的米制三角形螺纹，又称为普通螺纹。普通螺纹根据螺纹精度的高低，可分为精度一般的普通螺纹和精度较高的普通螺纹。普通螺纹根据牙型粗细，可分为粗牙普通螺纹和细牙普通螺纹。

1. 精度一般的普通螺纹的标记

(1) 粗牙普通螺纹的标记　粗牙普通螺纹的标记由螺纹的特征代号，即“M”和公称直径组成，如M8、M10、M16等。

(2) 细牙普通螺纹的标记　细牙普通螺纹的标记由螺纹的特征代号，即“M”和公称直径×螺距组成，如M16×1、M10×1.25、M20×1.5等。

(3) 螺纹旋向的标记　左旋螺纹的旋向代号用“LH”表示，右旋螺纹不标记旋向代号，如M16LH、M42×2LH等。

标记举例：

1) “M42×2”表示公称直径为42mm、螺距为2mm、右旋的细牙普通螺纹。

2) “M16LH”表示公称直径为16mm、螺距为2mm、左旋的粗牙普通螺纹。

做一做

写出下列普通螺纹标记的含义：M10LH，M42×2。

2. 粗牙普通螺纹的螺距（表12-3）

表12-3　粗牙普通螺纹的螺距　（单位：mm）

公称直径（第一系列）	8	10	12	16	20	24	30	36	42	48	56	64
螺距	1.25	1.5	1.75	2	2.5	3	3.5	4	4.5	5	5.5	6
公称直径（第二系列）	4.5	14	17	18	22	27	33	39	45	52	60	68
螺距	0.75	2	2.5	2.5	2.5	3	3.5	4	4.5	5	5.5	6

3. 普通外螺纹各部分的名称及其尺寸的计算

在加工螺纹前，必须计算出螺纹各部分的尺寸，做到“心中有数”。

普通外螺纹的牙型和代号如图12-4所示，其各部分的名称及其尺寸的计算见表12-4。

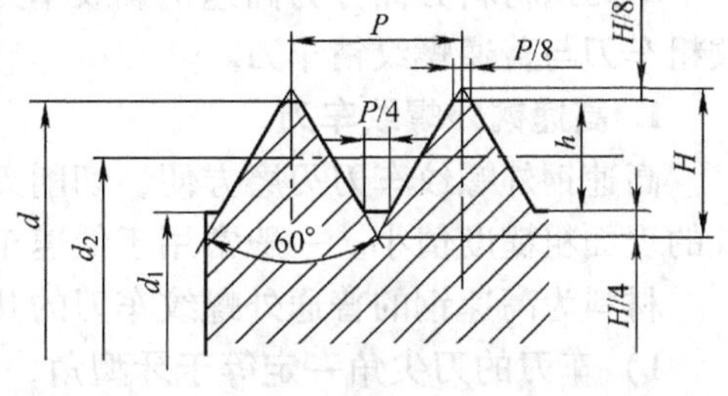

图12-4　普通外螺纹的牙型和代号

例　求M30普通外螺纹各部分的尺寸。

解：M30表示螺纹大径为30mm的粗牙普通螺纹。

表 12-4　普通外螺纹各部分的名称及其尺寸的计算

名　　称	代　　号	计算公式
牙型角	α	60°
原始三角形高度	H	$H=0.866P$
牙型高度	h	$h=5/8H=0.54P$
螺距	P	从螺纹的标记中得出或查表
导程	Ph	单线螺纹，螺距=导程；多线螺纹，$Ph=nP$，n 为线数
螺纹升角	ψ	$\tan\psi=L/\pi d_2$
大径	d	螺纹的公称直径
中径	d_2	$d-0.65P$
小径	d_1	$d-1.08P$
牙顶宽		$P/8$
牙槽宽		$P/4$

由螺纹标记可得，螺纹大径 $d=30\text{mm}$，牙型角为 60°。查表 12-1 得，螺距 $P=3.5\text{mm}$。求得

牙型高度　$h=0.54P=0.54\text{mm}\times3.5\text{mm}=1.89\text{mm}$；

小径　$d_1=d-1.08P=30\text{mm}-1.08\times3.5\text{mm}=26.22\text{mm}$；

中径　$d_2=d-0.65P=30\text{mm}-0.65\times3.5\text{mm}=27.72\text{mm}$；

牙顶宽 $=P/8\approx0.44\text{mm}$；

牙槽宽 $=P/4\approx0.87\text{mm}$。

算一算

求普通外螺纹 M10 各部分的尺寸。

三、普通外螺纹车刀

车刀从材料方面分为高速钢螺纹车刀和硬质合金螺纹车刀，从加工精度方面分为普通螺纹粗车刀与普通螺纹精车刀。

1. 高速钢外螺纹车刀

高速钢外螺纹车刀刃磨方便，切削刃锋利，韧性好，能承受较大的切削冲击力，车出螺纹的表面粗糙度值小。一般常用于低速车削或精车螺纹。

材料为高速钢的普通外螺纹车刀的几何角度如图 12-5 所示。

1）车刀的刀尖角一定等于牙型角，普通螺纹为 60°，英制螺纹为 55°。

2）粗、精车刀的两侧后角为 6°～10°。当螺距较大时，进给方向一面的后角应磨得大一些。

3）粗车刀的前角为5°~10°，精车刀的前角一般为0°。

4）刀尖过渡圆弧半径，粗车刀为0.5mm，精车刀为0.2mm。

2. 硬质合金外螺纹车刀

硬质合金外螺纹车刀的硬度高、耐磨性好、耐高温，但抗冲击能力差。

材料为硬质合金的普通外螺纹车刀的几何角度如图12-6所示。

1）普通螺纹车刀的刀尖角为59°30′。

2）精车刀的两侧后角为4°~6°。当螺距较大时，进给方向一面的后角应磨得大一些。

3）主切削刃上应磨出0.2~0.4mm的负倒棱，前角为-5°。

4）车刀的前角为0°，刀尖圆弧半径为0.12P，P为螺距。

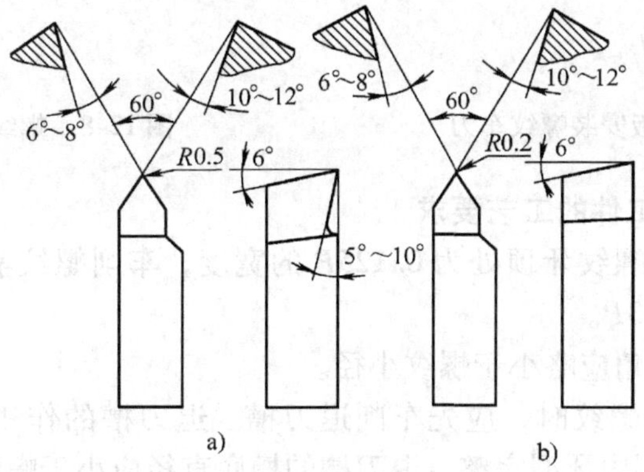

图12-5　高速钢三角形外螺纹车刀

a）粗车刀　b）精车刀

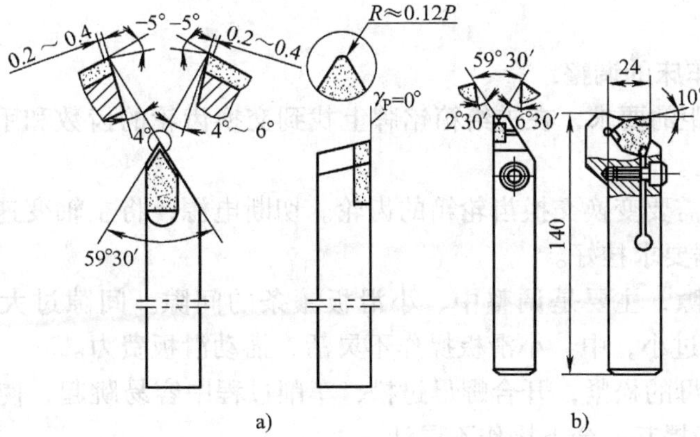

图12-6　硬质合金三角外螺纹车刀

a）焊接式　b）机械夹固式

四、低速车削普通外螺纹

1. 工件的安装

工件可用三爪自定心卡盘、四爪单动卡盘、一夹一顶、两顶尖等方法安装。

2. 外螺纹车刀的选择及安装

低速车削普通螺纹时，一般选用高速钢螺纹车刀，其安装步骤为：

1）安装外螺纹车刀时，螺纹车刀的刀尖应与车床主轴的轴线等高。

2）车刀刀尖角的对称中心必须与工件的轴线垂直。安装螺纹车刀时，可用样板来对刀，如图 12-7 所示。如果螺纹车刀安装歪斜，会使车削出螺纹的两牙型半角不相等，造成如图 12-8 所示的牙型歪斜（俗称倒牙）。

3）刀头伸出不要过长，一般为刀杆厚度的 1.5 倍，约 25 ~ 30mm。

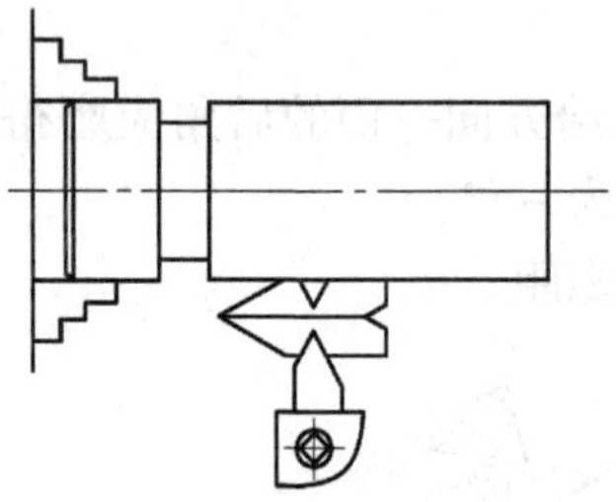

图 12-7　用对刀样板安装螺纹车刀

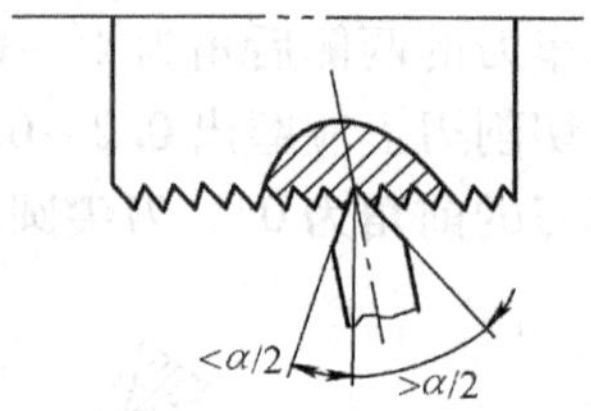

图 12-8　螺纹车刀歪斜造成倒牙

3. 车削外螺纹前对工件的工艺要求

1）为保证车削后的螺纹牙顶处为 0.125P 的宽度，车削螺纹前，工件外圆的直径应比螺纹的公称直径约小 0.13P。

2）外圆端面处的倒角应略小于螺纹小径。

3）车削有退刀槽的螺纹时，应先车削退刀槽。退刀槽的作用是方便螺纹车刀顺利退出；保证螺纹在全长范围内牙型完整。退刀槽的槽底直径应小于螺纹小径，退刀槽的沟槽宽度约等于（2 ~ 3）P。

4）车削脆性材料，如铸铁时，螺纹在车削前其外圆的表面粗糙度值要小，以免在车削螺纹时牙顶崩裂。

4. 车削螺纹前车床的调整

1）根据工件螺距的要求，在进给箱铭牌上找到交换齿轮的齿数和手柄的位置，并把手柄拨到所需的位置上。

2）有些螺纹还需要变换交换齿轮箱的齿轮。切断电源，将主轴变速手柄置于空挡，打开交换齿轮箱，根据要求挂好。

3）调整滑板间隙，主要是调整中、小滑板镶条的间隙。间隙过大，车削中容易产生“扎刀”现象；间隙过小，中、小滑板操作不灵活，摇动滑板费力。

4）调整开合螺母的松紧，开合螺母过松，车削过程中容易跳起，使螺纹发生“乱牙”；过紧，开合螺母手柄提起、合下操作不灵活。

5. 车削螺纹的进给方法

（1）直进法　车削螺纹时，每次车削只用中滑板进给，螺纹车刀的左右切削刃同时参与切削的方法，称为直进法，如图 12-9a 所示。直进法操作简单，牙型准确，但因双边切削，切削力大，易扎刀，常用于小螺距和脆性材料螺纹的加工。

（2）左右切削法　车削螺纹时，除了用中滑板控制径向进给外，还使用小滑板把螺纹车刀向左、向右微量轴向移动（俗称借刀或赶刀），这种方法称为左右切削法，如图 12-9b 所示。左右切削法常用于螺纹的精车。为了使螺纹两侧面的表面粗糙度值减小，先向一侧赶刀，待这一侧表面达到要求后，再向另一侧赶刀，并控制螺纹中径尺寸及表面粗糙度，最后移到牙槽中间，用直进法车削牙底，以保证牙型清晰。左右切削法是单边切削，不易扎刀，表面质量高，但要注意避免牙底过宽或牙底不平。

（3）斜进法　车削螺距较大的螺纹时，由于螺纹牙槽较深，为了粗车切削顺利，除了采用中滑板横向进给外，还利用小滑板向一侧赶刀，这种车削方法称为斜进法，如图 12-9c 所示。斜进法操作方便，排屑顺利，单边切削，不易扎刀，一般用于粗车。

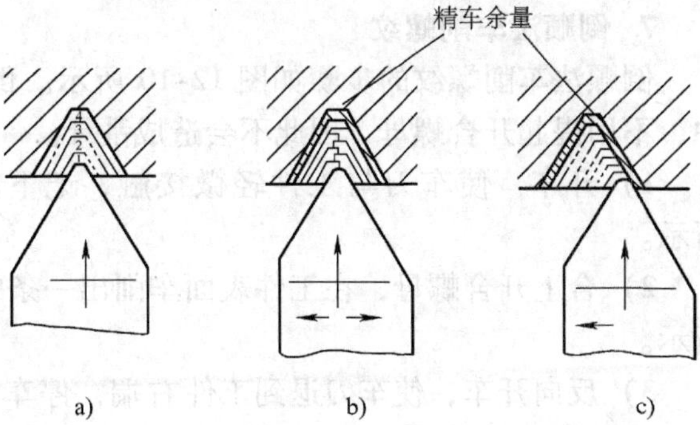

图 12-9　切入方式

a）直进法　b）左右切削法　c）斜进法

6. 低速车削螺纹的切削用量

低速车削三角形外螺纹时，应根据工件的材质、螺纹的牙型角和螺距的大小，以及所处加工阶段（粗车还是精车）等因素，合理选择切削用量。

1）由于螺纹车刀两切削刃夹角较小，散热条件差，所以切削速度应比车削外圆时低。一般粗车时，切削速度为 10～15m/min；精车时，切削速度为 6m/min。

2）粗车前几刀时，螺纹车刀刚切入工件，总的切削面积不大，可以选择较大的背吃刀量，以后逐步减小。精车的背吃刀量应更小，切屑也很薄，以获得较小的表面粗糙度值。

3）车削螺纹必须在一定的进给次数内完成。低速切削 M24、M20、M16 的最少进给次数见表 12-5。

表 12-5　低速车削三角形螺纹的进给次数

进给次数	M24 $P=3$mm			M20 $P=2.5$mm			M16 $P=2$mm		
	中滑板进刀格数	小滑板赶刀（借刀）格数		中滑板进刀格数	小滑板赶刀（借刀）格数		中滑板进刀格数	小滑板赶刀（借刀）格数	
		左	右		左	右		左	右
1	11	0	—	11	0	—	10	0	—
2	7	3	—	7	3	—	6	3	—
3	5	3	—	5	3	—	4	2	—
4	4	2	—	3	2	—	2	2	—
5	3	2	—	2	1	—	1	1/2	—
6	3	1	—	1	1	—	1	1/2	—
7	2	1	—	1	0	—	1/4	1/2	—
8	1	1/2	—	1/2	1/2	—	1/4	—	2
9	1/2	1	—	1/4	1/2	—	1/2	—	1
10	1/2	0	—	1/4	—	3	1/2	—	1/2
11	1/4	1/2	—	1/2	—	0	1/4	—	1/2
12	1/4	1/2	—	1/2	—	1/2	1/4	—	0
13	1/2	—	3	1/4	—	1/2	螺纹深度 1.3mm，$n=26$ 格		
14	1/2	—	0	1/4	—	0			
15	1/4	—	1/2	螺纹深度 1.625mm，$n=32.5$ 格			—		
16	1/4	—	0	—					
	螺纹深度 1.95mm，$n=39$ 格								

注：1. 小滑板每格 0.04mm。

2. 中滑板每格 0.05mm。

3. 粗车选 110～180r/min，精车选 44～72r/min。

7. 倒顺法车削螺纹

倒顺法车削螺纹的步骤如图 12-10 所示。倒顺法车削螺纹的特点是在螺纹的车削过程中，不用提起开合螺母，因此不会造成乱牙。

1）开车，使车刀与工件轻微接触，记下刻度盘读数，向右退出车刀，如图 12-10a 所示。

2）合上开合螺母，在工件表面车削出一条螺旋线，横向退出车刀，停车，如图 12-10b 所示。

3）反向开车，使车刀退到工件右端，停车，用金属直尺检查螺距是否正确，如图 12-10c 所示。

4）利用刻度盘调整深度，开车切削，车削钢料时应加全损耗系统用油进行润滑，如图 12-10d 所示。

5）车刀将至行程结束时，应做好退刀停车的准备。先快速退出车刀，然后停车，反向开车退回刀架，如图 12-10e 所示。

6）再次横向切入，继续切削，如图 12-10f 所示。

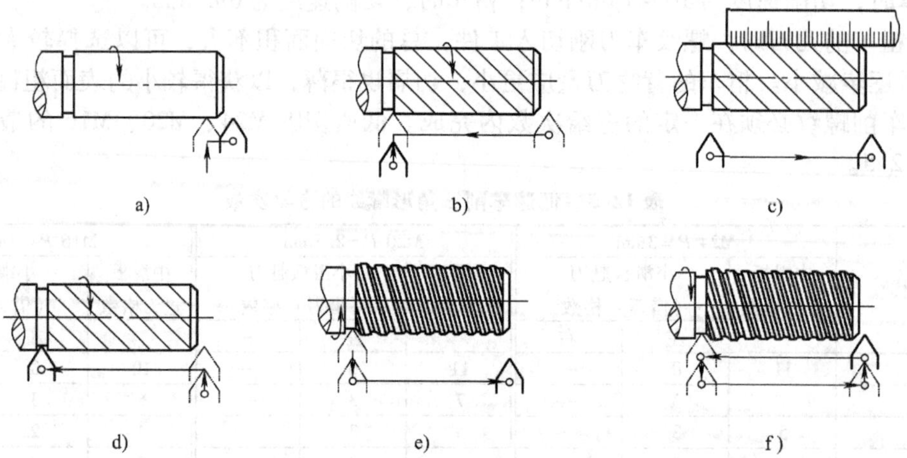

图 12-10　倒顺法车削螺纹的步骤

五、普通外螺纹的综合检测

螺纹的综合测量是指使用螺纹量规，对螺纹各部分的主要尺寸（螺纹大径、中径、螺距等）同时进行检测的检验方法。螺纹量规通常分为螺纹塞规和螺纹环规，螺纹塞规检测内螺纹，螺纹环规检测外螺纹。综合检测的效率高，使用方便，能较好地保证互换性，广泛用于对标准螺纹或大批生产螺纹的现场测量。

对于精度要求不高的外螺纹，可以用标准螺母来检测，以拧入时是否顺利和松紧的程度来确定外螺纹是否合格。

对于精度要求较高的外螺纹，可以用螺纹环规（图 12-11）来检测。螺纹环规由一个通规（较厚的）

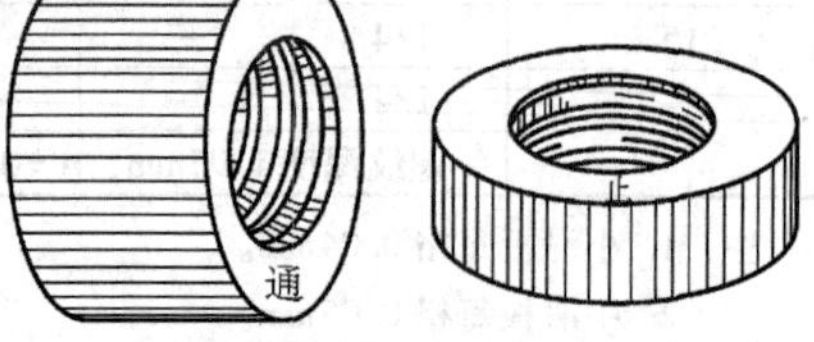

图 12-11　螺纹环规

和一个止规（较薄的）组成。

用螺纹环规检查三角形外螺纹时，在检测前应先检查螺纹的大径、牙型、螺距和表面粗糙度，然后再用螺纹环规检测。如果螺纹的通规能顺利拧入工件的螺纹（有效长度范围），而止规不能拧入，说明螺纹精度符合要求。

螺纹环规是精密量具，不允许强拧，以免引起严重磨损，降低环规的检测精度。

项目十三 精度较高的三角形螺纹轴的加工

[项目引入]

前面我们学习了如何加工有退刀槽、精度一般的三角形螺纹，在实际生产中，还存在一些没有退刀槽的三角形螺纹，或者精度要求较高的三角形螺纹，如图 13-1 所示。这些螺纹在车床上是怎样加工的呢?

要解决这个问题，实际上就是要掌握车工中，车削无退刀槽或精度较高的三角形螺纹的方法。

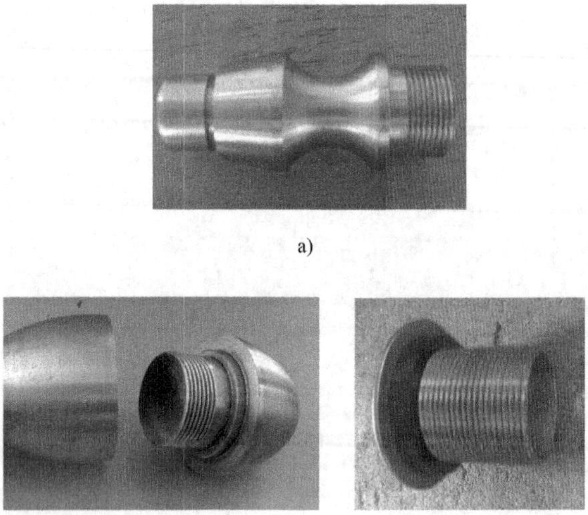

a)　b)　c)

图 13-1　无退刀槽的三角形螺纹

[项目任务与要求]

按图 13-2 的要求加工无退刀槽并且精度较高的三角形螺纹轴。毛坯使用 ϕ45mm × 65mm 的棒料。

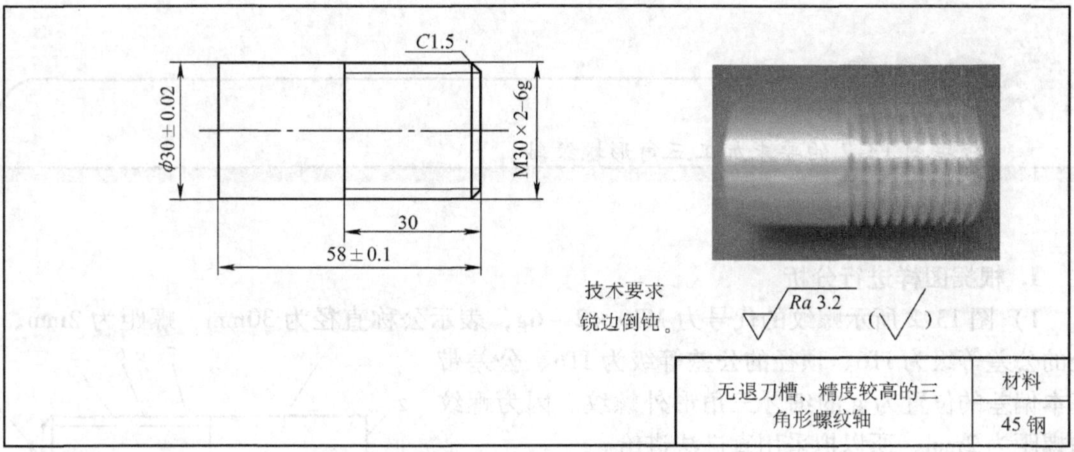

图 13-2　三角形螺纹轴

[学习目标]

知识目标

◆ 了解精度较高的三角形螺纹的标记方法

◆ 理解精度较高三角形螺纹的极限偏差

◆ 了解车削螺纹时发生乱牙的原因

技能目标

◇ 掌握高速车削三角形螺纹的方法

◇ 掌握三角形螺纹中径的控制和检测方法

◇ 掌握普通螺纹单项检测的方法

情感、态度与价值观目标

☆ 注意培养精益求精的精神

[项目计划与实施]

想一想

要完成这项任务需要哪些知识准备？需要哪些技能准备？需要哪些刀具、量具、夹具？怎样安装车刀？怎样安装工件？怎样高速车削三角形螺纹？怎样车削无退刀槽的三角形螺纹？怎样车削精度较高的三角形螺纹？假如车削螺纹中途需要更换螺纹车刀，应该怎么办？怎样检测精度要求较高的三角形螺纹？高速车削螺纹与低速车削螺纹有何区别？车削无退刀槽的螺纹和车削有退刀槽的螺纹有何区别？车削精度要求一般的螺纹和车削精度要求较高的螺纹有何区别？加工如图 13-2 所示零件的工艺流程是什么？请认真思考上述问题，查阅有关资料，完成项目计划表。

注：项目计划表详见附录 E，建议在每个项目开始前填写。

做一做

根据图13-2的要求加工三角形螺纹轴。

1. 根据图样进行分析

1）图13-2所示螺纹的代号为M30×2－6g，表示公称直径为30mm、螺距为2mm、中径的公差等级为IT6、顶径的公差等级为IT6、公差带基本偏差的位置为g的细牙三角形外螺纹。因为螺纹的螺距为2mm，所以拟采用直进法进给。

2）该螺纹无退刀槽，精度要求较高，拟采用高速钢螺纹精车刀低速精车螺纹。

3）所有表面的表面粗糙度值为$Ra3.2\mu m$，要求分粗、精车。

该工件的加工示意图如图13-3所示。

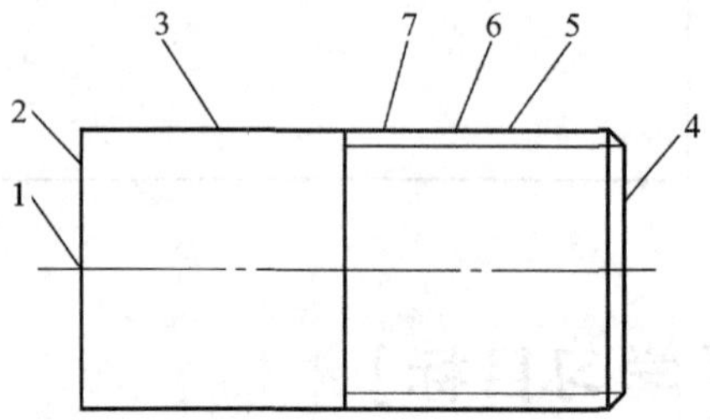

图13-3　三角形螺纹轴加工示意图

2. 加工步骤（表13-1，供参考）

表13-1　加工步骤

步骤	加工内容	刀具、量具
1	用三爪自定心卡盘夹持毛坯外圆，伸出35mm左右，找正并夹紧	45°弯头车刀或90°外圆车刀
2	车削左端面	
3	粗、精车外圆$\phi30$ mm至要求，长度28mm，锐边倒钝	90°外圆车刀、千分尺、游标卡尺
4	调头，用三爪自定心卡盘夹持已加工好的外圆表面（垫铜片），找正并夹紧，注意接线，车削右端面，保证总长58mm的要求	45°弯头车刀或90°外圆车刀
5	精车螺纹大径$\phi30$mm至要求，长至接线处，倒角（并划出螺纹的终止刻线）	90°外圆车刀
6	粗车M30×2－6g螺纹	硬质合金螺纹车刀或高速钢螺纹粗车刀
7	低速精车M30×2－6g螺纹，使其中径至要求（中途换螺纹精车刀时，注意方法，不要乱牙）	高速钢螺纹精车刀、螺纹千分尺
8	检查	螺纹千分尺、外径千分尺、游标卡尺、螺纹样板等

[项目检查与评价]

写一写

填写项目学习报告

注：项目学习报告详见附录F，建议在每个项目完成后填写。

评一评

项目检查评价表见表 13-2。

表 13-2　项目检查评价表

序号	检测的项目		分值	自我测试		小组测试		教师测试	
				结果	得分	结果	得分	结果	得分
1	外圆 ϕ（30 ±0.02）mm		15						
2	表面粗糙度 $Ra3.2\mu m$		10						
3	30mm		5						
4	（58 ±0.1）mm		10						
5	三角形外螺纹	大径 $\phi30^{-0.038}_{-0.318}$	5						
6		中径 $\phi28.7^{-0.038}_{-0.208}$	20						
7		牙型角 60°	5						
8		螺距 2mm	2						
9		$Ra3.2\mu m$	10						
10	锐边倒钝		3						
11	安全文明生产情况		15						
12	合计		100						

评语（优、缺点及改进措施）

[知识加油站]

读一读

一、精度较高的三角形螺纹

1. 精度较高的三角形螺纹的标记

对于精度要求较高的三角形螺纹，除了要标记精度要求一般的三角形螺纹的项目之外，还必须标记大径和中径的公差带代号，以及旋合长度的类型。

1）普通外螺纹的大径与中径的公差带代号用小写字母表示，如 M42LH－5g6g、M16×1.5－5h6h 等。

2）普通内螺纹的大径与中径的公差带代号用大写字母表示，如 M42－5G6G、M16×1.5－5H6H 等。

3）如果螺纹大径与中径的公差等级相同，只需标记中径的公差带代号，如 M42－6g、M16×1－6H 等。

4）旋合长度的标记。L表示长旋合长度，N表示中等旋合长度，S表示短旋合长度，其中，中等旋合长度N不标注，如M16－6g－L、M36×2－6H（N不标注）等。

5）内、外螺纹配合的标注。需要把内、外螺纹的公差带代号全部写出，前边表示内螺纹的公差带代号，后边表示外螺纹的公差带代号，中间用斜线分开，如M36×2－6H/5g6g等。

标记举例：

①“M42×2－5g6g”表示公称直径为42mm、螺距为2mm、中径的公差等级为IT5、顶径的公差等级为IT6、公差带的基本偏差位置为g、右旋、中等旋合长度的细牙普通外螺纹。

②“M16LH－6g－L”表示公称直径为16mm、中径和顶径的公差等级为IT6、公差带的基本偏差位置为g、左旋、长旋合长度的粗牙普通外螺纹。

③“M30×2LH－5H6H”表示公称直径为30mm、螺距为2mm、中径公差等级为IT5、顶径公差等级为IT6、公差带的基本偏差位置为H、左旋、中等旋合长度的细牙普通内螺纹。

2. 精度较高的三角形螺纹的极限偏差值的确定

（1）常用的几种螺距的基本偏差表（表13-3）

表13-3　常用的几种内、外螺纹的基本偏差表（GB/T 197—2003）　（单位：μm）

螺距	内螺纹（中径、大径）		外螺纹（中径、大径）			
P/mm	下极限偏差G	下极限偏差H	上极限偏差e	上极限偏差f	上极限偏差g	上极限偏差h
1	+26	0	-60	-40	-26	0
1.5	+32	0	-67	-45	-32	0
1.75	+34	0	-71	-48	-34	0
2	+38	0	-71	-52	-38	0
2.5	+42	0	-80	-58	-42	0
3	+48	0	-85	-63	-48	0
3.5	+53	0	-90	-70	-53	0
4	+60	0	-95	-75	-60	0

（2）公称直径为22.4～45mm、螺距为2mm的普通螺纹公差带的极限偏差（表13-4）

表13-4　部分螺纹的极限偏差表（GB/T 2516—2003）　（单位：μm）

直径分段		螺距	内螺纹					外螺纹				
mm		*P*/mm	公差带	中径		小径		公差带	中径		大径	
>	≤			ES	EI	ES	EI		es	ei	es	ei
22.4	45	2	5G	+218	+38	+338	38	5g6g	-38	-170	-38	-318
			5H6H	+180	0	+375	0	5h6h	0	-132	0	-280
			6G	+262	+38	+413	+38	6e	-71	-241	-71	-351
			6H	+224	0	+375	0	6f	-52	-222	-52	-332
			7G	+318	+38	+513	+38	6g	-38	-208	-38	-318
			7H	+280	0	+475	0	6h	0	-170	0	-280

例 13-1　确定螺纹 M30×2-5g6g 的大径和中径的极限偏差。

解：根据螺纹标记的含义，“5g” 表示中径公差带（公差等级为 IT5，基本偏差为 g）；“6g” 表示外螺纹大径公差带（公差等级为 IT6，基本偏差为 g）。查表 13-3 得：

螺纹大径的上极限偏差为 -0.038mm，下极限偏差为 -0.318mm。

螺纹中径的上极限偏差为 -0.038mm，下极限偏差为 -0.170mm。

算一算

求螺纹 M36×2-6f 各部分的尺寸，确定其大径和中径的极限偏差。

二、高速车削三角形螺纹

1. 螺纹车刀的选择与安装

高速车削三角形螺纹时，一般选用硬质合金螺纹车刀。但由于车削力大，易产生振动与扎刀，所以在高速车削普通外螺纹时，常用如图 13-4 所示的带有弹性刀杆的外螺纹车刀。

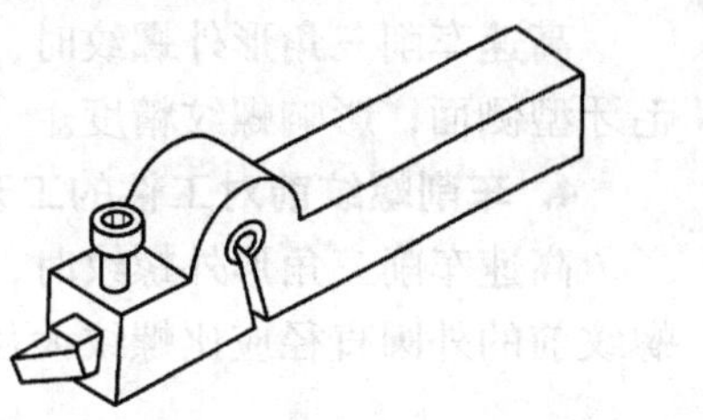

图 13-4　带有弹性刀杆的外螺纹车刀

螺纹车刀的安装方法与低速车削螺纹时的安装方法基本相同。为了防止高速车削时产生振动和扎刀，螺纹车刀的刀尖应高于工件中心 0.1~0.2mm。

2. 高速车削螺纹的切削用量

高速车削三角形外螺纹时，应根据刀具的材料、螺距的大小、工件的材质等因素，合理选择切削用量。

1）与用高速钢螺纹车刀低速车削螺纹相比，用硬质合金螺纹车刀高速车削三角形外螺纹时，切削速度可提高 15~20 倍，为 50~100m/min。

2）高速车削三角形外螺纹，进刀次数可减少 2/3 以上。用硬质合金螺纹车刀高速车削碳素结构钢和合金结构钢的三角形外螺纹时，其进给次数可参考表 13-5。车削螺距为 1.5~3mm 的中碳钢螺纹时，一般只需 3~5 次进给就可以完成加工。

表 13-5　高速车削三角形外螺纹时的进给次数

螺距 P/mm		1.5~2	3	4	5	6
进给次数	粗车	2~3	3~4	4~5	5~6	6~7
	精车	1	2	2	2	2

3）切削开始时，背吃刀量应大些，以后逐次减小，但最后一次切削的背吃刀量应不小于 0.1mm。以高速切削螺距 $P=1.5$mm（3 次切削完成）和 $P=2$mm（4 次切削完成）的三角形外螺纹为例，其背吃刀量的分配情况如图 13-5 所示，具体数值见表 13-6。

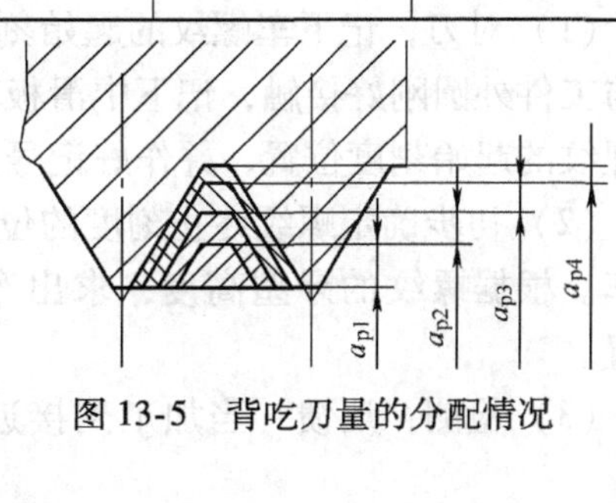

图 13-5　背吃刀量的分配情况

表 13-6　高速车削螺距 $P=1.5$mm 和 $P=2$mm 的三角形外螺纹时背吃刀量的分配

（单位：mm）

$P=1.5$		$P=2$	
总背吃刀量	$0.65P=0.975$	总背吃刀量	$0.65P=1.3$
第 1 次切削背吃刀量	$a_{p1}=0.5$	第 1 次切削背吃刀量	$a_{p1}=0.6$
第 2 次切削背吃刀量	$a_{p2}=0.375$	第 2 次切削背吃刀量	$a_{p2}=0.45$
第 3 次切削背吃刀量	$a_{p3}=0.1$	第 3 次切削背吃刀量	$a_{p3}=0.2$
		第 4 次切削背吃刀量	$a_{p4}=0.1$

3. 高速车削螺纹的进给方法

高速车削三角形外螺纹时，只能采用直进法，不能采用左右切削法和斜进法，否则会拉毛牙型侧面，影响螺纹精度。

4. 车削螺纹前对工件的工艺要求

高速车削三角形外螺纹时，受螺纹车刀挤压后，外螺纹的大径尺寸会变大。因此，车削螺纹前的外圆直径应比螺纹大径小，一般可以减小 0.2～0.4mm。

三、车削无退刀槽的螺纹

车削工艺结构上无退刀槽的螺纹与有退刀槽的三角形外螺纹的方法基本相同，只是在车削螺纹前，应先在螺纹的有效长度处用螺纹车刀划一道刻线，如图 13-6 所示。当螺纹车刀车削到螺纹终止刻线处时，横向迅速退刀并提起开合螺母或压下操纵杆开倒车，使螺纹收尾在 2/3 圈之内。一般情况下，没有退刀槽的螺纹末端会有不完整的螺纹尾部分。

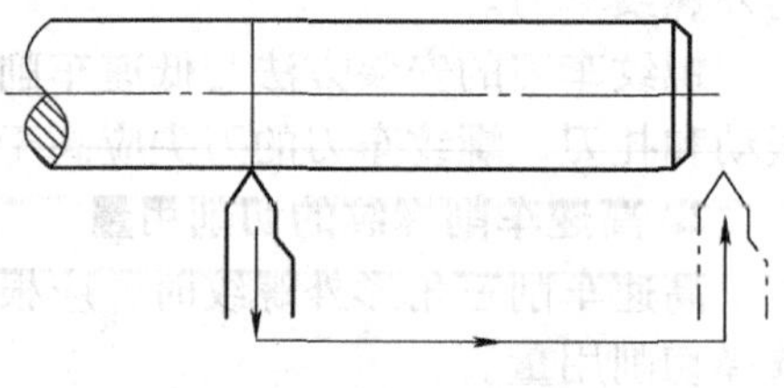

图 13-6　螺纹终止退刀标记

四、车削精度要求较高的螺纹

1. 精度要求较高的螺纹应满足的要求

1）中径尺寸应符合相应的精度要求。

2）牙型角必须准确，两牙型半角应相等。

3）牙型两侧面的表面粗糙度值要小。

4）螺纹轴线与工件轴线应保持同轴。

2. 螺纹中径尺寸的控制

（1）对刀，记下车螺纹的起始刻度位置　开动车床，移动螺纹车刀，使螺纹车刀的刀尖与工件外圆刚好接触，记下中滑板刻度读数或将中滑板刻度盘调零，将这时的读数作为车削螺纹的起始刻度位置，并作好记号。

（2）初步确定螺纹终止刻度的位置　纵向移动螺纹车刀（横向不动），退至工件右端，停车。根据螺纹的牙型高度，求出车削螺纹需要进给的格数，初步确定螺纹终止刻度的位置。

（3）检测，反馈　当加工到接近终止刻度的位置时，使用螺纹中径千分尺进行测量。

如果测得的螺纹中径值在要求的公差范围内，则中径合格；反之，应根据测得的螺纹中径值，再进行加工，直到符合要求为止。

3. 牙型角的检验

安装螺纹车刀时，必须严格用样板对刀，保证螺纹车刀刀尖角的对称中心线与工件轴线垂直。另外，在刃磨螺纹车刀时，也要用样板检验刀尖角。

4. 螺纹螺距的控制

车削螺纹时，螺距的正确与否应从第一刀就开始进行检查。

具体方法：选择较低的主轴转速，开动车床并移动螺纹车刀，使刀尖与工件外圆轻微接触；将螺纹车刀纵向移出工件端面，记下中滑板刻度读数；再使中滑板径向前进 0.05mm，合上开合螺母，使车刀刀尖在工件表面划出一条螺旋线痕；当车刀刀尖切削到退刀槽内时，右手快速退出中滑板，同时左手压下操纵杆，使车床主轴反转，自动退回床鞍、溜板箱到起始位置。停车，采用螺纹样板（图 13-7）、金属直尺或游标卡尺检查螺距，如图 13-8 所示。用金属直尺或游标卡尺进行检测时，一般检测几个螺距的总长度，然后取其平均数；用螺纹样板进行检测时，将螺纹样板沿工件轴平面方向对齐螺旋线，如与螺旋线完全吻合，说明被检测螺距是正确的。确认螺距无误后，即可继续车削螺纹。

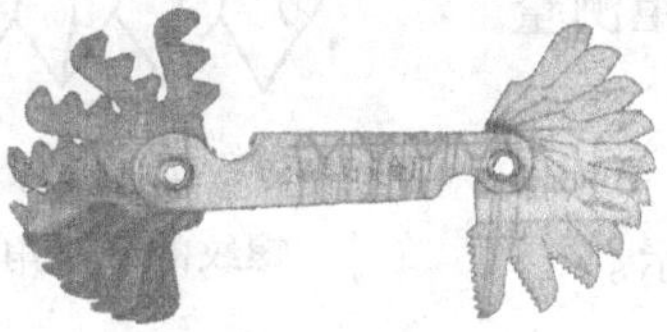

图 13-7　螺纹样板

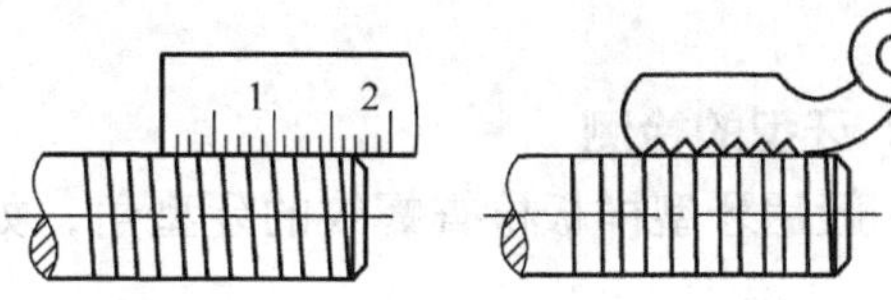

图 13-8　车削螺纹时螺距的检测

五、三角形外螺纹的单项检测

1. 大径的测量

三角形外螺纹大径的公差较大，一般采用游标卡尺或外径千分尺进行测量。

2. 螺距的测量

对已经车削成形的螺纹，一般用金属直尺、螺纹样板和螺纹环规测量螺距。用螺纹样板检测时，使螺纹样板沿工件轴平面方向嵌入牙槽中，如果与螺纹牙槽完全吻合，说明被检测螺距是正确的；用金属直尺测量螺距时，最好测 5 ~6 个牙，再求平均数，如图 13-9 所示。

3. 中径的测量

三角形外螺纹的中径一般用螺纹中径千分尺进行测量，如图 13-10 所示。螺纹千分尺的结构和使用方法与一般的外径千分尺相似，读数原理相同，如图 13-11 所示。只是它有可以

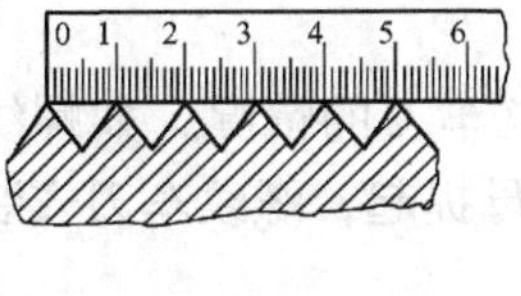

图 13-9　螺距的测量

图 13-10　用螺纹千分尺测量普通外螺纹的中径

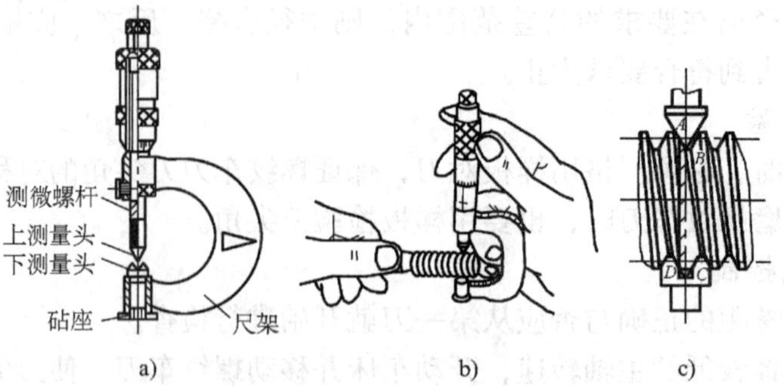

图 13-11 螺纹千分尺的结构及测量原理
a）螺纹千分尺 b）测量方法 c）测量原理

调整的上、下测量头。检测时，两个与螺纹牙型角相同的测量头正好卡在螺纹的牙型面上，测得的千分尺读数值即为螺纹中径的实际尺寸。

螺纹千分尺附有两套不同螺距的测量头，以适应各种不同的三角形外螺纹中径的检测。每对测量头有一定的螺距测量范围。

4. 牙型的检测

一般用牙型样板检查螺纹的牙型角，如图 13-12 所示。

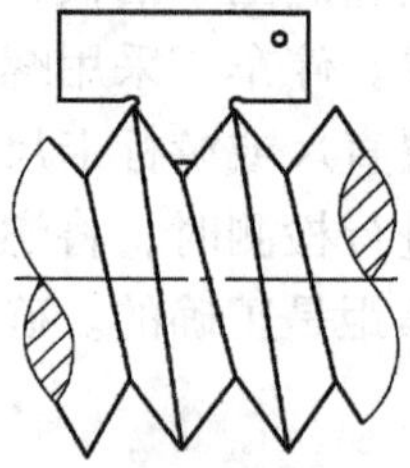

图 13-12 用牙型样板检测螺纹的牙型角

六、乱牙

车削螺纹时，如果第二次进给时，车刀刀尖偏离前一次进给的螺旋槽，会把螺旋槽车乱，这种现象称为乱牙。

1. 产生乱牙的原因

（1）丝杠螺距不是工件螺距的整数倍 车削螺纹时，如果丝杠的螺距是工件螺距的整数倍，即当丝杠转过一圈时，工件转了整数圈，车刀就能进入前一次进给车削出的螺旋槽内，则不会产生乱牙。如果丝杠的螺距不是工件螺距的整数倍，即丝杠转过一圈后，工件没有转过整数圈，就要产生乱牙。

例 13-2 在丝杠螺距为 6mm 的车床上，车削螺纹为 3mm 和 12mm 的两种单线螺纹，试分别判断是否会产生乱牙？

解：车削 $P_{工}=3\text{mm}$ 的螺纹时，$P_{工}/P_{丝}=1/2$，即丝杠转一转时，工件转了两转，不会产生乱牙。

车削 $P_{工}=12\text{mm}$ 的螺纹时，$P_{工}/P_{丝}=12/6$，即丝杠转一转时，工件转了 1/2 转，刀尖有可能切入两槽之间，因此可能会产生乱牙。

（2）中途更换螺纹车刀 车削螺纹过程中，常会遇到更换螺纹车刀的情况，如螺纹车刀磨钝、粗车完后，需更换精车刀。更换螺纹车刀后，由于开合螺母提起，螺纹车刀安装得前后位置不一致，会产生乱牙。

2. 预防乱牙的方法

预防乱牙的方法是开倒顺车，即在一次行程结束时，不提起开合螺母，而是把车刀沿径向退出后，将主轴反转，使螺纹车刀沿纵向退回，再进行第二次车削。在往复车削过程中，因主轴、丝杠和刀架之间的传动没有分离，车刀刀尖始终在原来的螺旋槽中，所以不会产生乱牙。

如果中途更换螺纹车刀，除了应重新调整车刀中心高和刀尖半角外，还需要重新把螺纹车刀的刀尖调回螺旋槽中间。

具体办法：车刀装夹正确后，不切入工件；开车，合上开合螺母，当车刀纵向移动到工件端面处时，迅速将操纵手柄放到中间位置；待车刀自然停稳后，移动小滑板和中滑板，使车刀刀尖对准已车出的螺旋槽；然后晃车（即将操纵杆轻提但不提到位，再迅速放回中间位置，使车床“点动”），观察车刀是否在螺旋槽内，反复调整，直到刀尖对准螺旋槽为止，才能继续车削螺纹。

七、车削普通外螺纹时的常见问题及其产生原因（表13-7）

表13-7　车削普通外螺纹时的常见问题及其产生原因

问　题	产生原因
中径不正确	1. 车刀切入深度不正确 2. 刻度盘使用不当 3. 用螺纹中径千分尺测量中径的方法不正确 4. 螺纹中径千分尺本身有误差，测量头搞错了 5. 以大径为基准控制背吃刀量，忽略了大径误差的影响
螺距不正确	1. 交换齿轮计算或组装错误，调整机床时手柄位置放错 2. 局部螺距不正确 1）车床丝杠和主轴的窜动过大 2）溜板箱手柄转动不平衡 3）反转退刀时，开合螺母被打开过 3. 车削过程中开合螺母抬起
牙型不正确	1. 普通外螺纹车切削刃刃磨得不正确 2. 车刀安装得不正确 3. 普通外螺纹车刀刀尖已崩坏或已磨损
扎刀	1. 前角太大 2. 横向进给丝杠的间隙太大
表面粗糙度达不到要求	1. 切削用量选择不当 2. 高速切削时，精加工余量太少或排屑方向不正确，把已加工的表面拉毛 3. 刀杆刚性不足，切削时产生振动 4. 车刀纵向前角太大，中滑板丝杠螺母间隙过大，产生扎刀 5. 刀尖产生积屑瘤

项目十四　三角形螺纹套的加工

[项目引入]

前面我们已经学习了如何加工外螺纹，那么与三角形外螺纹相配合的三角形内螺纹，如图 14-1 所示，应该怎样加工呢？要解决这个问题，实际上就是要掌握车工中，车削三角形内螺纹的方法。

a)

b)

c)

图 14-1　带有三角形内螺纹的零件

[项目任务与要求]

按图 14-2 的要求加工三角形螺纹套。毛坯使用 ϕ58mm × 55mm 的棒料。

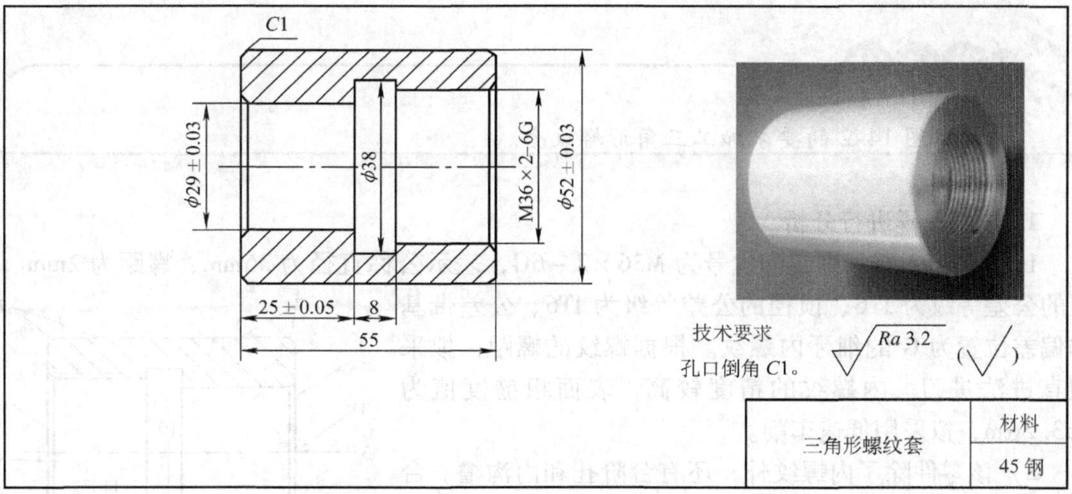

图 14-2　三角形螺纹套

[学习目标]

知识目标

◆ 了解普通内螺纹尺寸的计算方法

◆ 了解普通内螺纹车刀的几何形状和几何参数

技能目标

◇ 掌握低速车削普通内螺纹的方法

◇ 掌握普通内螺纹的检测方法

◇ 掌握三角形螺纹车刀的刃磨方法

情感、态度与价值观目标

☆ 注意培养合作意识

[项目计划与实施]

想一想

要完成这项任务需要哪些知识准备？需要哪些技能准备？需要哪些刀具、量具、夹具？怎样安装三角内螺纹车刀？怎样安装工件？怎样车削三角形内螺纹？怎样检测三角形内螺纹？车削三角形内螺纹和车削三角形外螺纹有何区别？加工如图 14-2 所示零件的工艺流程是什么？请认真思考上述问题，查阅有关资料，完成项目计划表。

注：项目计划表详见附录 E，建议在每个项目开始前填写。

做一做

根据图 14-2 的要求加工三角形螺纹套。

1. 根据图样进行分析

1）图 14-2 所示螺纹的代号为 M36×2－6G，表示公称直径为 36mm、螺距为 2mm、中径的公差等级为 IT6、顶径的公差等级为 IT6、公差带基本偏差位置为 G 的细牙内螺纹。根据螺纹的螺距，拟采用直进法进刀。内螺纹的精度较高，表面粗糙度值为 $Ra3.2\mu m$，拟采用低速车削。

2）该零件除了内螺纹外，还有台阶孔和内沟槽。台阶孔精度较高，因此，镗孔分为粗车和精车。内沟槽尺寸为 $\phi38mm\times8mm$，拟采用宽槽车削法。

该工件的加工示意图如图 14-3 所示。

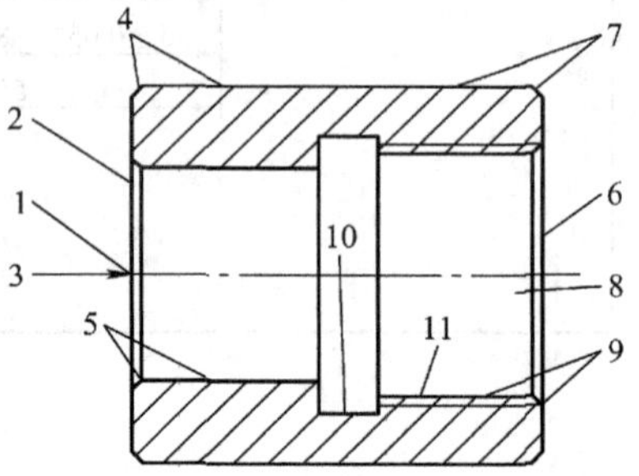

图 14-3　三角形螺纹套加工示意图

2. 加工步骤（表 14-1，供参考）

表 14-1　加工步骤

步骤	加工内容	刀具、量具
1	用三爪自定心卡盘夹持毛坯外圆，伸出 35mm 左右，找正并夹紧	45°弯头车刀或 90°外圆车刀
2	车削左端面	
3	钻通孔 ϕ27mm	钻头
4	粗、精车 ϕ52mm 的外圆至要求，长度 35mm，倒角 C1	90°外圆车刀、千分尺
5	镗 ϕ29mm 的孔至要求，长度 30mm，孔口倒角 C1	镗刀、内径千分尺
6	调头，用三爪自定心卡盘夹持已加工好的外圆表面（垫铜片），找正并夹紧，车削右端面，保证总长 55mm	45°弯头车刀或 90°外圆车刀、游标卡尺
7	粗、精车 ϕ52mm 的外圆至要求，长度至接线处，倒角 C1	90°外圆车刀
8	扩孔至 ϕ32mm	钻头
9	镗螺纹底孔至 ϕ34mm，孔口倒角 C1	90°外圆车刀
10	镗 ϕ38mm×8mm 的内沟槽至要求	内沟槽车刀、游标卡尺、弹簧卡钳
11	粗、精车 M36×2－6G 的螺纹，中径车削至要求	内螺纹车刀，螺纹塞规
12	检查	螺纹塞规、外径千分尺、内径千分尺、游标卡尺、弹簧卡钳等

[项目检查与评价]

写一写

填写项目学习报告。

注：项目学习报告详见附录 F，建议在每个项目完成后填写。

评一评

项目检查评价表见表 14-2。

表 14-2　项目检查评价表

序号	检测的项目		分值	自我测试		小组测试		教师测试	
				结果	得分	结果	得分	结果	得分
1	外圆 $\phi(52 \pm 0.03)$ mm（左端）		5						
2	外圆 $\phi(52 \pm 0.03)$ mm（右端）		5						
3	孔径 $\phi(29 \pm 0.03)$ mm		10						
4	内沟槽 ϕ38mm × 8mm		5						
5	55mm		2						
6	(25 ± 0.05) mm		8						
7	三角形内螺纹	M36 × 2 − 6G	25						
8		螺距	2						
9		牙型角 60°	3						
10		牙型两侧表面粗糙度 $Ra3.2\mu m$	10						
11	$C1$		2						
12	其他外圆表面粗糙度 $Ra3.2\mu m$		8						
13	安全文明生产情况		15						
14	合计		100						

评语（优、缺点及改进措施）

[知识加油站]

读一读

一、三角形内螺纹尺寸的计算

三角形内螺纹的牙型和代号如图 14-4 所示，其各部分的名称和尺寸计算见表 14-3。

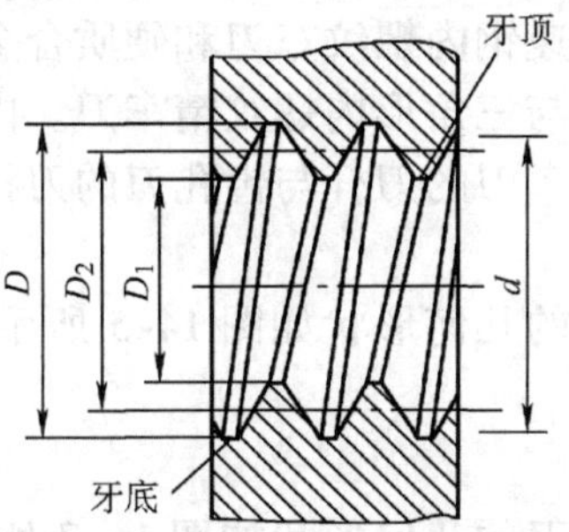

图 14-4　三角形内螺纹的牙型和代号

表 14-3　三角形内螺纹各部分的名称及尺寸计算

名　称		代号	计算公式
牙型角		α	60°
原始三角形高度		H	$H=0.866P$
牙型高度		h	$h=5H/8=0.54P$
螺距		P	从螺纹的标记中得出或查表
导程		Ph	单线螺纹，$P=Ph$；多线螺纹 $Ph=nP$，n 为线数
螺纹升角		ψ	$\tan\psi=L/\pi D_2$
内螺纹	大径	D	D＝外螺纹的公称直径 d
	中径	D_2	$D_2=D-0.65P$＝外螺纹的中径 d_2
	小径	D_1	$D_1=D-1.08P$＝外螺纹的小径 d_1

例 14-1　求内螺纹 M42×2－7H 各部分的尺寸。

解：M42×2－7H 表示螺纹大径为 42mm、螺距为 2mm 的细牙普通内螺纹，即大径 $D=42\text{mm}$，螺距 $P=2\text{mm}$，牙型角为 60°。

由表 14-3 得

内螺纹牙型高 $h=0.54P=1.08\text{mm}$；

小径 $D_1=D-1.08P=42\text{mm}-1.08\times2\text{mm}=39.84\text{mm}$；

中径 $D_2=D-0.65P=42\text{mm}-0.65\times2\text{mm}=40.7\text{mm}$。

例 14-2　确定螺纹 M42×2－7II 的大径和中径的极限偏差。

解：由螺纹标记可知，“7H”表示大径和中径的公差等级为 IT7，公差带基木偏差位置为“H”。查表 13-3 和表 13-4 得：

螺纹大径的上极限偏差为 +0.475mm，下极限偏差为 0mm。

螺纹中径的上极限偏差为 +0.280mm，下极限偏差为 0mm。

算一算

求普通螺纹 M36×2－7G 各部分的尺寸，确定其大径和中径的极限偏差。

二、三角形内螺纹车刀

内螺纹车刀从材料上分为高速钢内螺纹车刀和硬质合金内螺纹车刀两种；从加工精度来分，可分为三角形内螺纹粗车刀与三角形内螺纹精车刀。内螺纹车刀刀头的几何形状与外螺纹车刀的几何形状相同，内螺纹车刀的刀杆与镗孔刀的刀杆相同。

1. 高速钢内螺纹车刀

高速钢三角形内螺纹粗车刀的几何形状如图 14-5 所示，高速钢三角形内螺纹精车刀的几何形状如图 14-6 所示。

2. 硬质合金内螺纹车刀

硬质合金三角形内螺纹粗车刀的几何形状如图 14-7 所示，硬质合金三角形内螺纹精车刀的几何形状如图 14-8 所示。

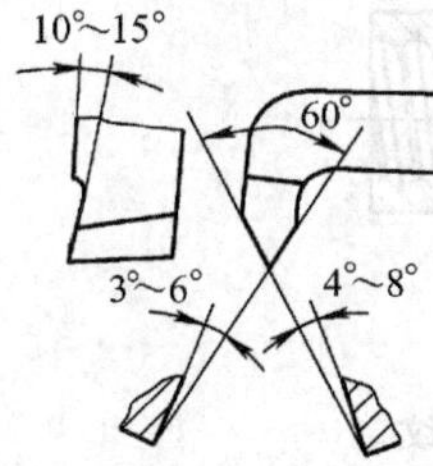

图 14-5　高速钢三角形内螺纹粗车刀

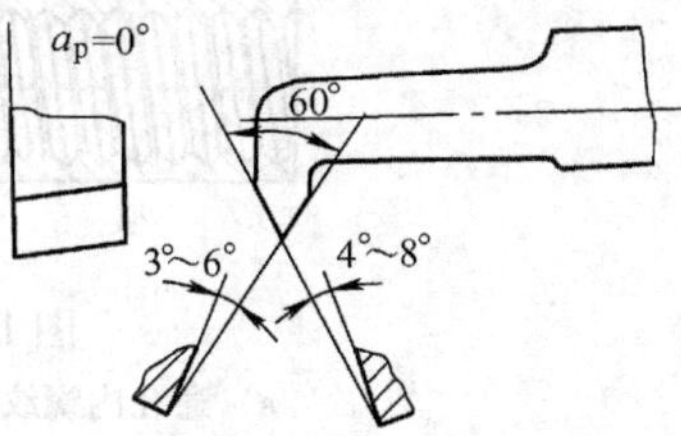

图 14-6　高速钢三角形内螺纹精车刀

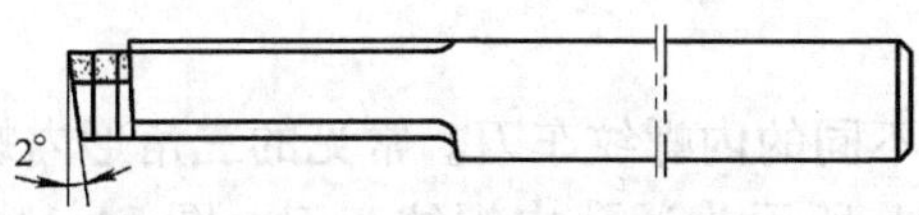

图 14-7　硬质合金三角形内螺纹粗车刀

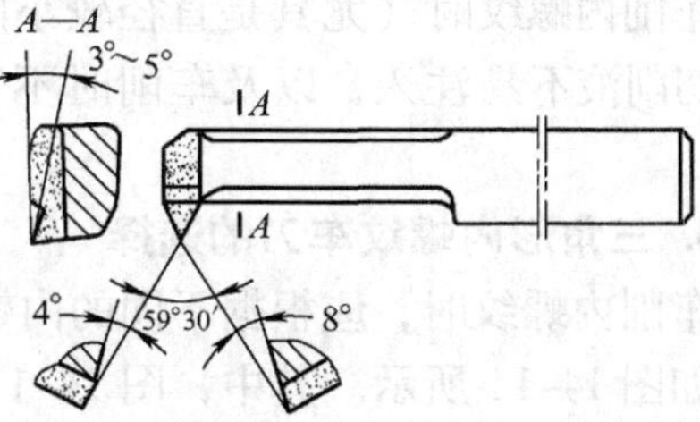

图 14-8　硬质合金三角形内螺纹精车刀

3. 螺纹车刀刀头的刃磨

（1）刀头的刃磨要求

1）螺纹车刀的刀尖角要符合三角形螺纹的牙型角。当螺纹车刀的径向前角为0°时，它的刀尖角应等于三角形螺纹的牙型角60°；当径向前角大于0°时，它的刀尖角应略小于60°。例如，当径向前角为10°，它的刀尖角为59°15′。

2）螺纹车刀的两个主切削刃必须刃磨平直，无崩刃。

3）螺纹车刀的切削部分不能歪斜，两牙型半角应相等。

4）螺纹车刀的前刀面和两个主后刀面的表面粗糙度值要小。

5）螺纹车刀的两个后角要符合车削要求。

（2）刀头的刃磨步骤

1）粗磨两侧后刀面，初步形成两切削刃间的夹角。先磨进给方向的侧刃及后角，再磨背向进给方向的侧刃及后角。

2）粗磨前刀面，初步形成前角。

3）精磨前刀面，形成前角。

4）精磨两侧后刀面，用螺纹角度样板检查刀尖角，如图14-9所示。

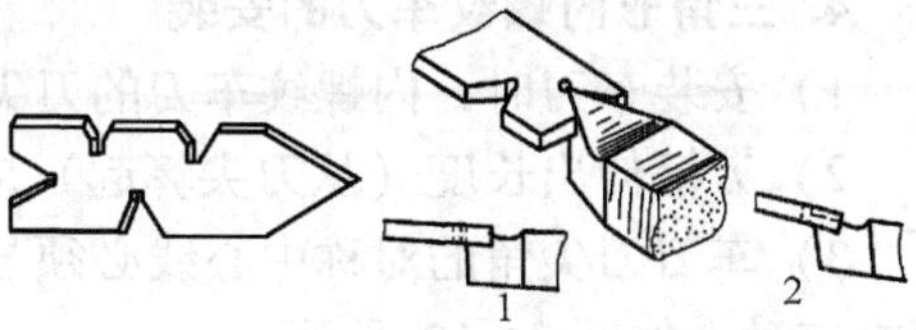

图 14-9　三角形螺纹角度样板及其测量
1—正确测量　2—错误测量

5）修磨刀尖，刀尖倒棱宽度约为0.1P（P为螺距）。

6）用油石研磨切削刃处的前、后刀面和刀尖圆弧，注意保持切削刃锋利。

三、车削三角形内螺纹

1. 三角形内螺纹的形式

三角形内螺纹有通孔内螺纹、不通孔内螺纹和台阶孔内螺纹三种形式，如图14-10所示。

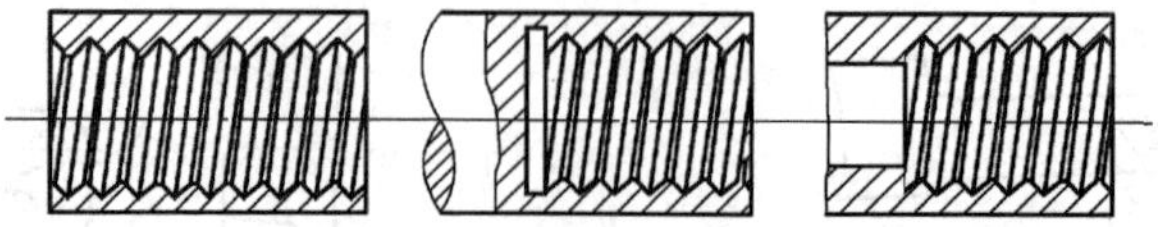

图 14-10 内螺纹工件的形状

a）通孔内螺纹 b）不通孔内螺纹 c）台阶孔内螺纹

2. 三角形内螺纹的车削特点

车削内螺纹时（尤其是直径较小的内螺纹），由于刀柄细长、车刀刚度低、切屑不易排出、切削液不易注入，以及车削时不便于观察等原因，导致车削内螺纹比车削外螺纹困难得多。

3. 三角形内螺纹车刀的选择

车削内螺纹时，应根据不同的内螺纹形式选用不同的内螺纹车刀。常见的三角形内螺纹车刀如图 14-11 所示。其中，图 14-11a 和图 14-11b 所示为通孔内螺纹车刀，图 14-11c 和图 14-11d 所示为不通孔和台阶孔内螺纹车刀。

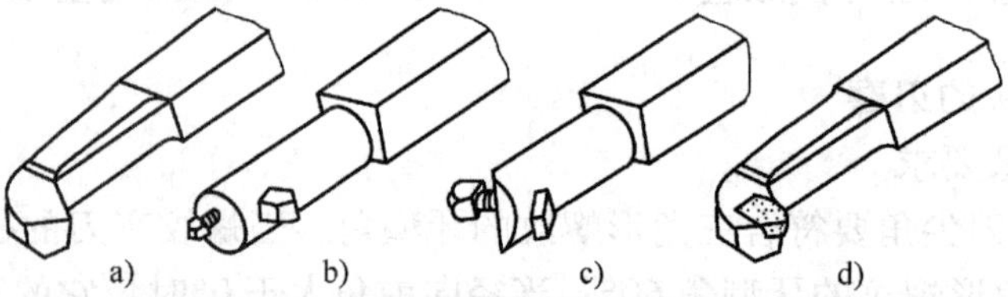

图 14-11 常见的三角形内螺纹车刀

内螺纹的加工是在孔内进行的，因此内螺纹车刀的刀柄受螺纹孔径尺寸的限制，应在保证顺利车削的前提下，尽量选断面面积大些的刀柄，一般选用车刀切削部分的径向尺寸比孔径小 3 ~5mm 的螺纹车刀。刀柄太细，车削时容易振动；刀柄太粗，退刀时会碰伤内螺纹的牙顶，甚至不能车削。

低速车削内螺纹时，一般选用高速钢三角形内螺纹车刀；高速车削内螺纹时，一般选用硬质合金三角形内螺纹车刀。

4. 三角形内螺纹车刀的安装

1）安装车刀时，内螺纹车刀的刀尖应严格对准工件的中心。

2）刀柄伸出长度（从刀尖算起）应比内螺纹的长度稍长。

3）车刀刀尖角的对称中心线必须与工件的轴线垂直。车刀刀尖角与刀杆的位置关系主要有三种，如图 14-12 所示。

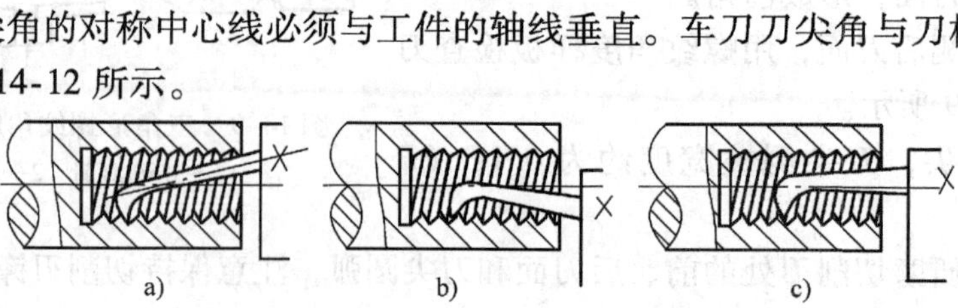

图 14-12 车刀刀尖角与刀杆的位置关系

a）偏左（不正确） b）偏右（不正确） c）垂直（正确）

4）为确保刀尖角的对称中心线与工件的轴线垂直，在装夹车刀时，必须严格按螺纹角度样板找正车刀刀尖角，如图 14-13 所示。

5）安装好螺纹车刀后，应在底孔内试走一次（手动），防止因刀柄与内孔相碰而影响车削，如图14-14所示。

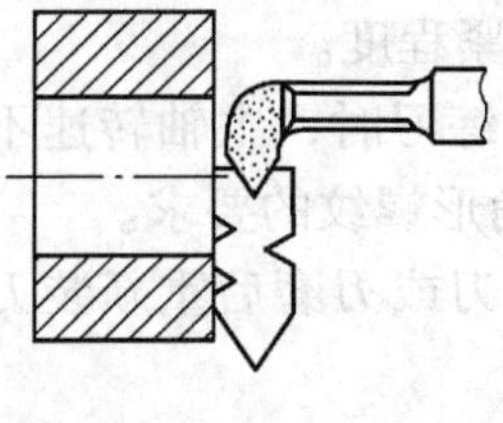

图14-13　内螺纹车刀的装刀方法

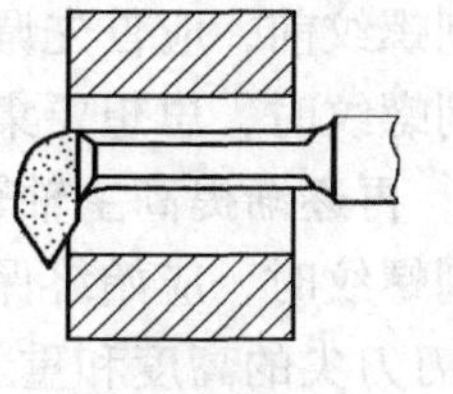

图14-14　检查刀柄是否与底孔相碰

5. 车削内螺纹前对工件的工艺要求

（1）加工好螺纹底孔　车削内螺纹前，首先要加工螺纹底孔，其孔径大小一般根据材料特性确定。由于车削时的挤压作用，内孔直径会缩小，对塑性金属材料的影响较为明显，经验公式如下

车削弹塑性材料的金属时　　$D_{孔} \approx D - P$

车削脆性材料的金属时　　$D_{孔} \approx D - 1.05P$

式中　$D_{孔}$——底孔直径（mm）；

D——内螺纹大径（mm）；

P——内螺纹螺距（mm）。

例14-3　在铸铁件上车削M24×2的内螺纹，试计算车削螺纹前底孔的孔径应为多大。

解：铸铁为脆性材料，根据公式得

$$D_{孔} \approx D - 1.05P = 24\text{mm} - 1.05 \times 2\text{mm} = 21.9\text{mm}$$

螺纹底孔一般采用钻孔、扩孔或镗孔的方法加工。

（2）车平孔口端面　加工内螺纹前，先要车平孔口端面。

（3）加工好孔口倒角　在孔口处倒角，应倒至略大于内螺纹的大径。

（4）加工好内螺纹的退刀槽　车削不通孔内螺纹或台阶孔内螺纹时，需要先加工好退刀槽。退刀槽槽底孔径应大于内螺纹大径，退刀槽的宽度为$(2\sim3)P$，并要将台阶面车平。

6. 车削三角形内螺纹的方法

车削内螺纹与车削外螺纹的方法基本相同，只是进给与退刀的方向相反。

（1）内螺纹长度的控制　由于内螺纹车刀在工件孔内加工，观察螺纹长度很不方便，因此，内螺纹车刀安装后，必须移动溜板箱，带动内螺纹车刀，使内螺纹车刀在螺纹底孔内试走一次，并根据螺纹长度在内螺纹车刀的刀柄上做好标记或在溜板箱手轮刻度上做好记号，从而控制螺纹长度。

（2）内螺纹牙型高度的控制　开车并移动内螺纹车刀，使刀尖与工件孔的内壁刚好接触，记下中滑板刻度的读数或将中滑板刻度盘调零，纵向移动溜板箱，移出到工件端面，这个读数是车削内螺纹的起始刻度位置。再根据内螺纹的牙型高度，求出应车削到的格数，在中滑板刻度盘上做好终止刻度位置的记号。需要特别注意的是，进给时，车削内螺纹的方向与车削外螺纹刚好相反。

（3）切削用量的选择　车削内螺纹的切削用量要比车削外螺纹时小些。

（4）进给方法　车削内螺纹的进给方法一般采用直进法。

7. 车削三角形内螺纹时应注意的问题

1）车削螺纹前，应首先调整好床鞍和中、小滑板的松紧程度。

2）车削螺纹时，思想要集中，特别是初学者在刚开始练习时，主轴转速不宜过高，待操作熟练后，再逐渐提高主轴转速，最终达到高速车削三角形螺纹的要求。

3）车削螺纹时，应始终保持螺纹车刀的锋利。中途换刀或刃磨后重新装刀，必须重新调整螺纹车刀刀尖的高度和重新对刀。

4）车削脆性材料的螺纹时，径向进给量不宜过大；低速精车螺纹时，最后几刀应采用微量进给或无进给切削的方式，车好螺纹侧面。

5）刀尖出现积屑瘤时应及时清除。

6）一旦刀尖“扎入”工件引起崩刃，应停车清除嵌入工件的硬质合金碎粒，然后用高速钢螺纹车刀低速修整螺纹牙侧。

7）粗、精车分开车削螺纹时，应留适当的精车余量。

8）车削内螺纹时，退刀要及时、准确。退刀过早，螺纹没车完；退刀过迟，车刀容易碰撞孔底。

9）车削内螺纹时，背吃刀量不宜过大，以防精车螺纹时没有余量。

10）车削内螺纹时，如果车刀碰撞孔底，应及时重新对刀，以防因车刀移位而造成“乱牙”。

四、三角形内螺纹的检测

三角形内螺纹一般采用螺纹塞规进行综合检测，如图 14-15 所示。检测前，应先检查螺纹的小径、牙型、螺距和表面粗糙度，然后用螺纹塞规进行检测。如果塞规的通端能顺利拧入工件，而止端拧不进工件，说明螺纹合格。

对于螺纹大径比较大的三角形内螺纹，有时也进行单项检测，即检测小径、中径、螺距和牙型等。

内螺纹螺距和牙型的检测方法与外螺纹的检测方法基本相同；内螺纹小径的检测一般使用游标卡尺或内径千分尺；内螺纹中径的检测一般使用内螺纹千分尺，如图 14-16 所示。

图 14-15　螺纹塞规

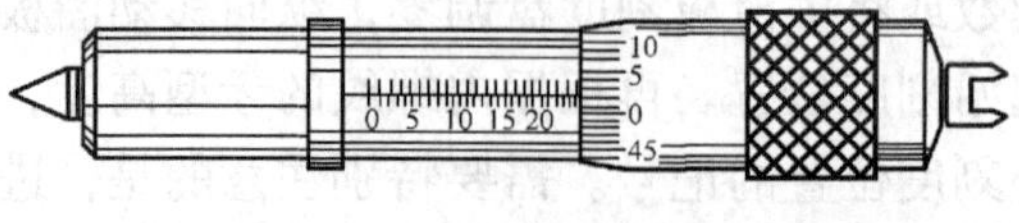

图 14-16　用内螺纹千分尺测量内螺纹的中径

巩固训练二

加工图 14-17 所示的三角形螺纹组合体，零件 1 的毛坯为 ϕ40mm × 100mm 的棒料，零件 2 的毛坯为 ϕ40mm × 80mm 的棒料。

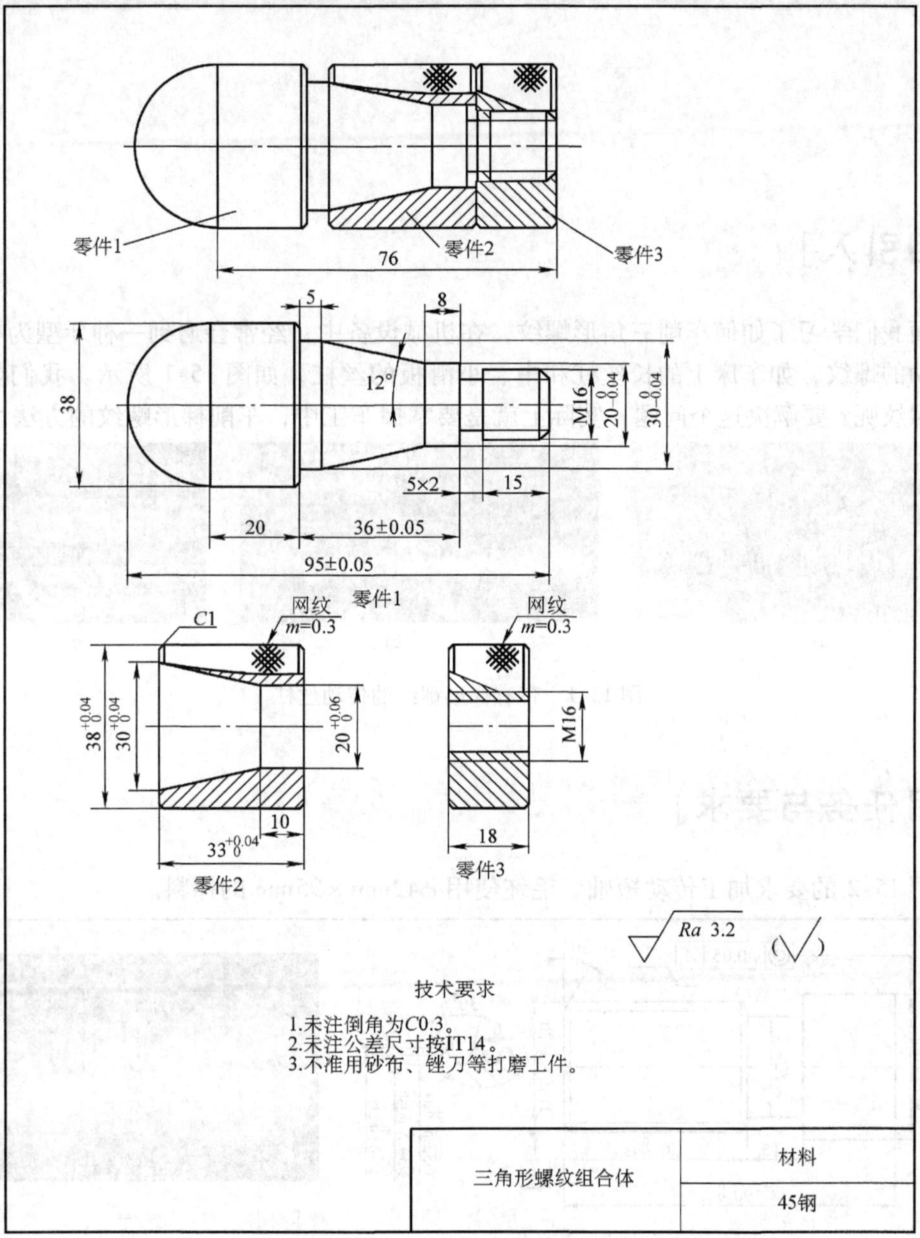

图 14-17　三角形螺纹组合体

项目十五　传动短轴的加工

[项目引入]

前面我们学习了如何车削三角形螺纹，在机械设备中，经常会遇到一种牙型为梯形、应用于传动的螺纹，如车床上的长丝杠和中、小滑板的丝杠，如图 15-1 所示。我们能不能车削梯形螺纹呢？要解决这个问题，实际上就是要掌握车工中，车削梯形螺纹的方法。

a)　　b)　　c)

图 15-1　带有梯形螺纹的传动丝杠

[项目任务与要求]

按图 15-2 的要求加工传动短轴。毛坯使用 $\phi 42\text{mm} \times 95\text{mm}$ 的棒料。

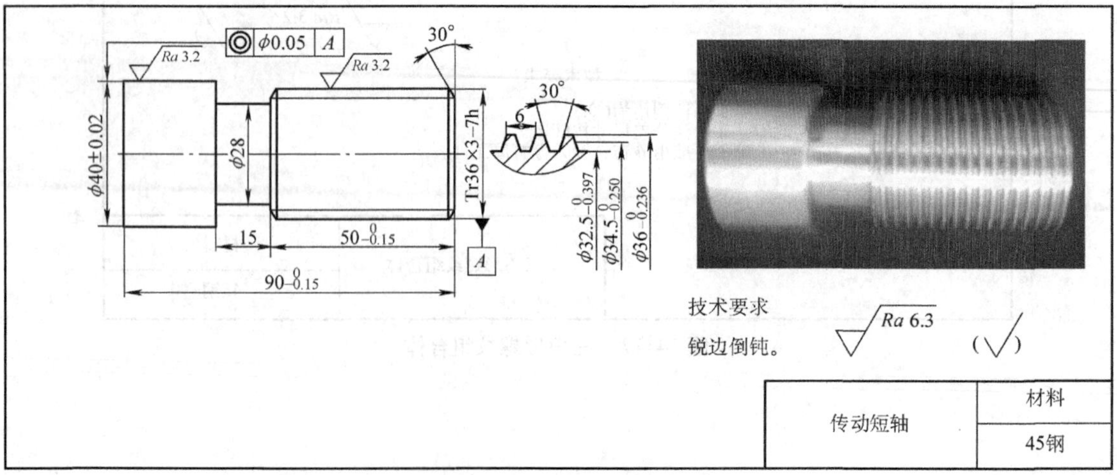

图 15-2　传动短轴

[学习目标]

知识目标

◆ 熟悉梯形螺纹的标记和尺寸的计算

◆ 了解梯形螺纹车刀的几何形状与角度

技能目标

◇ 掌握梯形外螺纹的车削方法

◇ 掌握梯形外螺纹的检测方法

情感、态度与价值观目标

☆ 注意培养交流沟通能力

[项目计划与实施]

想一想

要完成这项任务需要哪些知识准备？需要哪些技能准备？需要哪些刀具、量具、夹具？怎样安装梯形螺纹车刀？怎样安装工件？怎样车削螺距较小的梯形螺纹？怎样车削螺距较大的梯形螺纹？车削梯形螺纹的进给方式有哪些？各种进给方式的操作要点是什么？怎样控制背吃刀量？怎样检测梯形螺纹？加工如图 15-2 所示零件的工艺流程是什么？请认真思考上述问题，查阅有关资料，完成项目计划表。

注：项目计划表详见附录 E，建议在每个项目开始前填写。

做一做

根据图 15-2 的要求加工传动短轴。

1. 根据图样进行分析

1）图 15-2 所示梯形螺纹的代号为 TR36 ×3 －7h，表示公称直径为 36mm、螺距为 3mm、中径的公差等级为 IT7、大径的公差等级为 IT7、公差带基本偏差位置为 h 的梯形外螺纹。根据螺纹的螺距，拟采用直进法进刀。

2）该螺纹有退刀槽，退刀槽尺寸为 ϕ28mm × 15mm，拟采用宽槽法车削。

3）所有表面粗糙度值为 *Ra*3.2μm，要求分粗、精车。

该工件的加工示意图如图 15-3 所示。

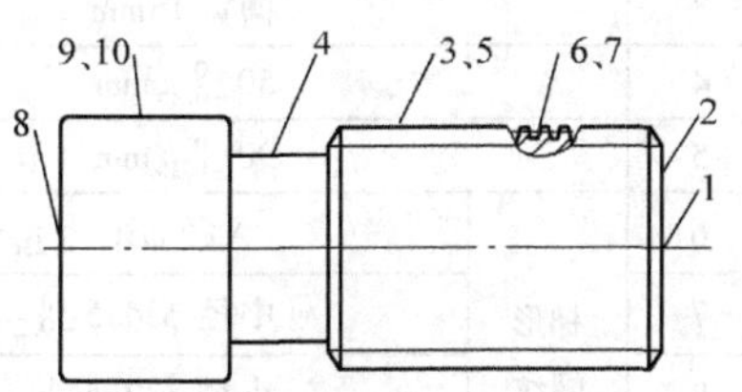

图 15-3　传动短轴的加工示意图

2. 加工步骤（表 15-1，供参考）

表 15-1　加工步骤

步骤	加 工 内 容	刀具、量具
1	用三爪自定心卡盘夹持毛坯外圆，伸出 70mm 左右，找正并夹紧	45°弯头车刀或 90°外圆车刀
2	车削右端面	
3	粗车螺纹大径至 ϕ36.5mm，长度 65 mm	90°外圆车刀、游标卡尺
4	粗、精车外圆沟槽，保证 ϕ28mm × 15mm	外圆车槽刀
5	精车螺纹大径 ϕ36mm 至要求，长度 50 mm，两边倒角	90°外圆车刀、千分尺
6	粗车梯形螺纹，Tr36 × 3 − 7h，保证小径至要求	梯形螺纹车刀
7	精车两牙侧面，用三针测量，控制中径尺寸至要求	梯形螺纹车刀、公法线千分尺和量针
8	调头，用三爪自定心卡盘夹持已加工好的梯形螺纹外圆表面（垫铜片），找正并夹紧，车削左端面，保证总长 90mm 的要求	45°弯头车刀或 90°外圆车刀
9	粗车外圆 ϕ40mm	90°外圆车刀
10	精车外圆 ϕ40 mm 至要求，倒角 *C*1	90°外圆车刀
11	检查	外径千分尺、公法线千分尺、游标卡尺、量针、梯形螺纹牙型样板等

[项目检查与评价]

写一写

填写项目学习报告。

注：项目学习报告详见附录 F，建议在每个项目完成后填写。

评一评

项目检查评价表见表 15-2。

表 15-2　项目检查评价表

序号	检测的项目		分值	自我测试		小组测试		教师测试	
				结果	得分	结果	得分	结果	得分
1	外圆 ϕ (40 ± 0.02) mm		10						
2	槽底径 ϕ28mm		5						
3	槽宽 15mm		5						
4	$50^{\ 0}_{-0.15}$mm		5						
5	$90^{\ 0}_{-0.15}$mm		5						
6	梯形螺纹	大径 $\phi 36^{\ 0}_{-0.236}$mm	2						
7		中径 $\phi 34.5^{\ 0}_{-0.250}$mm	15						
8		小径 $\phi 32.5^{\ 0}_{-0.397}$mm	3						
9		*Ra*3.2μm	10						

（续）

序号	检测的项目	分值	自我测试		小组测试		教师测试	
			结果	得分	结果	得分	结果	得分
10	◎ ϕ0.05 A	10						
11	C1	5						
12	外圆表面粗糙度 Ra3.2μm	10						
13	安全文明生产情况	15						
14	合计	100						

评语（优、缺点及改进措施）

[知识加油站]

读一读

一、梯形螺纹

有一类螺纹轴向剖面的形状是等腰梯形，且常用于传动，称为梯形螺纹。梯形螺纹按螺纹所处在零件表面的位置可分为梯形外螺纹和梯形内螺纹。

1. 梯形螺纹的标记

（1）普通梯形螺纹的标记　普通梯形螺纹的标记由螺纹特征代号“Tr”和公称直径×导程（螺距）表示，如Tr40×3、Tr40×8（P4）等。如果是左旋螺纹，则在普通梯形螺纹代号后面加“LH”，右旋可以不标注，如Tr40×3LH、Tr36×6（P3）LH等。

（2）精度较高的梯形螺纹的标记　精度较高的梯形螺纹的标记由螺纹特征代号、公差带代号及旋合长度代号组成，三者用“-”分开。

1）梯形外螺纹的大径与中径的公差带代号用小写字母表示。

2）梯形内螺纹的大径与中径的公差带代号用大写字母表示。

3）螺纹大径与中径的公差等级相同时，只需标注中径的公差带代号。

4）旋合长度的标记。L表示长旋合长度，N表示中等旋合长度，中等旋合长度不标注旋合长度代号。

（3）内、外梯形螺纹配合的标记　内、外梯形螺纹配合的标记方法与内、外三角形螺纹配合的标记方法一样，如Tr36×12（P6）-8H/7e。

标记举例：

1）外螺纹：“Tr40×3LH-7e”表示公称直径为40mm、螺距为3mm、中径和小径的公差等级为IT7、公差带基本偏差位置为e、中等旋合长度的左旋梯形外螺纹。

2）内螺纹：“Tr36×12(P6)-7H”表示公称直径为36mm、导程为12mm、螺距为6mm、中径和小径的公差等级为IT7、公差带基本偏差位置为H、中等旋合长度的双线梯形内螺纹。

2. 梯形外螺纹各部分的名称和尺寸的计算

梯形螺纹的牙型和代号如图15-4所示，其各部分的名称及其尺寸的计算见表15-3。

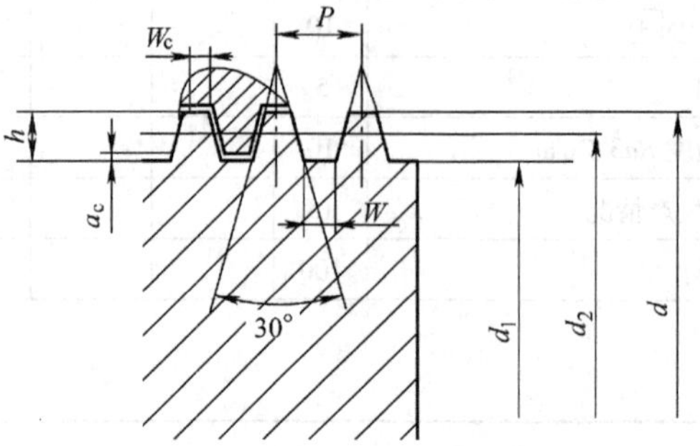

图15-4　梯形螺纹的牙型和各部分的名称与代号

表15-3　梯形外螺纹各部分尺寸的计算

名　　称		代号	计算公式			
牙型角		α	$\alpha=30°$			
螺距		P	由设计而定			
导程		Ph	单线螺纹，$P=Ph$；多线螺纹，$Ph=nP$,n为线数			
螺纹升角		ψ	$\tan\psi=L/\pi d_2$			
间隙		a_c	P/mm	1.5~5	6~12	14~44
			a_c/mm	0.25	0.5	1
牙槽宽		W		$0.366P-0.13$	$0.366P-0.27$	$0.366P-0.54$
牙顶宽		W_c	$0.366P$			
外螺纹	大径	d	公称直径			
	中径	d_2	$d-0.5P$			
	小径	d_1	$d-2h$			
	牙型高度	h	$0.5P+a_c$			

例15-1　求梯形外螺纹Tr40×10各部分的尺寸。

解：由螺纹标记Tr40×10可知，外螺纹大径$d=40$mm，螺距$P=10$mm，牙型角为30°。查表15-3得：

牙顶间隙　$a_c=0.5\text{mm}$

牙型高度　$h=0.5P+a_c=0.5\times10\text{mm}+0.5\text{mm}=5.5\text{mm}$

外螺纹中径　$d_2=d-0.5P=40\text{mm}-0.5\times10\text{mm}=35\text{mm}$

外螺纹小径　$d_1=d-2h=40\text{mm}-11\text{mm}=29\text{mm}$

螺纹牙顶宽　$W_c=0.366P=3.66\text{mm}$

螺纹牙槽宽　$W=0.366P-0.27=3.39\text{mm}$

二、梯形螺纹车刀

梯形螺纹车刀从材料上可分为高速钢梯形螺纹车刀和硬质合金梯形螺纹车刀两种；从加

工精度来分，可分为梯形螺纹粗车刀与梯形螺纹精车刀。

1. 高速钢梯形螺纹粗车刀（图15-5）

1）车刀的刀尖角略小于牙型角，一般取29°。

2）刀尖宽度应小于牙型槽底宽 W，一般取 $2W/3$。

3）径向前角取10°~15°，径向后角取6°~8°。

4）刀头两个侧后角进给方向为（3°~5°）+螺纹升角 ψ，背进给方向为（3°~5°）-螺纹升角 ψ。

5）刀尖处应适当倒圆。

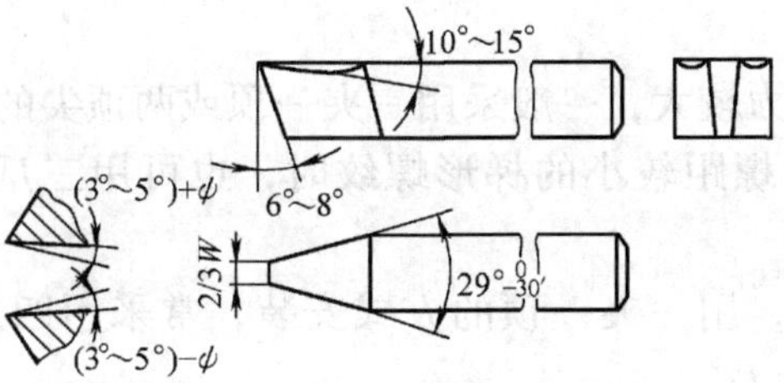

图15-5　高速钢梯形螺纹粗车刀

2. 高速钢梯形螺纹精车刀（图15-6）

1）车刀的刀尖角应等于牙型角，一般取30°。

2）刀尖宽度应等于牙型槽底宽 W-0.05mm。

3）径向前角取0°，径向后角取6°~8°。

4）侧后角进给方向为（5°~8°）+螺纹升角 ψ，背进给方向为（5°~8°）-螺纹升角 ψ°。

5）刀头两侧都应磨有前角较大（10°~20°）的断屑槽。车刀前端的切削刃不能参与切削，只能精车牙侧。

3. 硬质合金梯形螺纹车刀（图15-7）

1）车刀的刀尖角应等于牙型角，一般取30°。

2）刀头宽度应等于牙型槽底宽 W-0.05mm。

3）径向前角取0°，径向后角取5°~6°。

4）刀头两个侧后角进刀方向为（5°~8°）+螺纹升角 ψ，背进刀方向为（5°~8°）-螺纹升角 ψ。

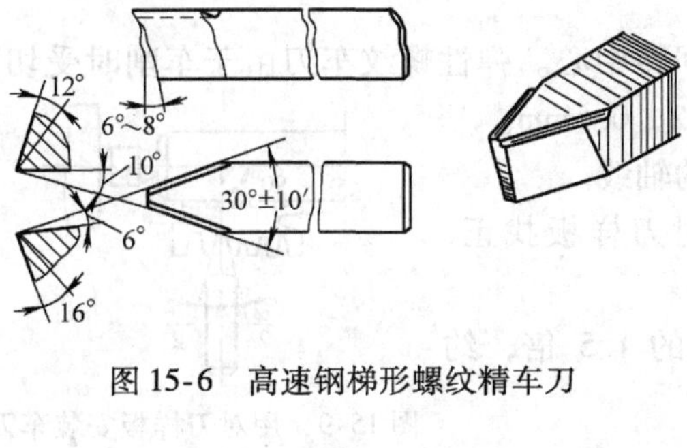

图15-6　高速钢梯形螺纹精车刀

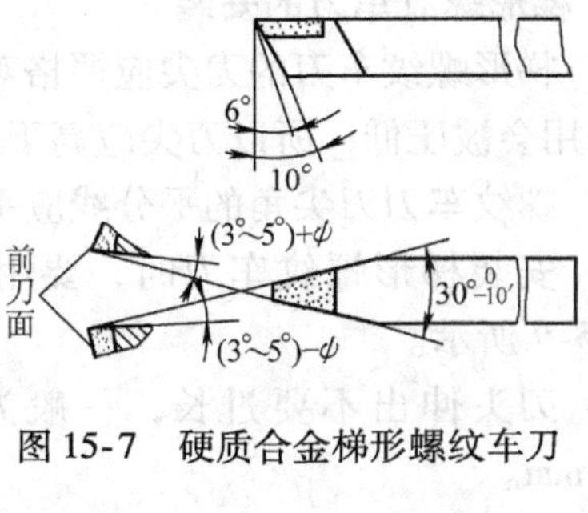

图15-7　硬质合金梯形螺纹车刀

三、车削梯形外螺纹

梯形螺纹的牙型是等腰梯形。等腰梯形的面积大，余量多；梯形螺纹又用作传动，尺寸精度高，表面质量高。因此，车削梯形螺纹比车削三角形螺纹困难得多。

1. 梯形螺纹的技术要求

1）梯形螺纹配合以中径定心，因此，车削梯形螺纹时，应保证中径的尺寸公差。

2）梯形螺纹的牙型角要正确，两牙型半角应相等。

3）梯形螺纹牙型两侧面的表面粗糙度值要小。

4）梯形螺纹的轴线必须与基准轴颈同轴。

2. 工件的安装

1）车削梯形螺纹时，由于切削力较大，一般采用一夹一顶或两顶尖的装夹方式。

2）车削精度较低、螺纹较短、螺距较小的梯形螺纹时，也可用三爪自定心卡盘进行装夹。

3）车削螺距较大的梯形螺纹时，用一夹一顶的方式安装，常采用四爪单动卡盘夹紧，以保证安装牢固。

4）安装工件时，常在工件的夹紧处车削出限位支承的位置，以防止工件的轴向蹿动或移位，从而避免乱牙或撞坏车刀。

3. 梯形螺纹车刀的选择

低速车削梯形螺纹时，一般选用高速钢车刀；高速切削梯形螺纹时，应选用硬质合金车刀。对于螺距较大、牙型较深的梯形螺纹，粗车时常使用弹性螺纹车刀，又称弹性刀排，如图 15-8 所示。

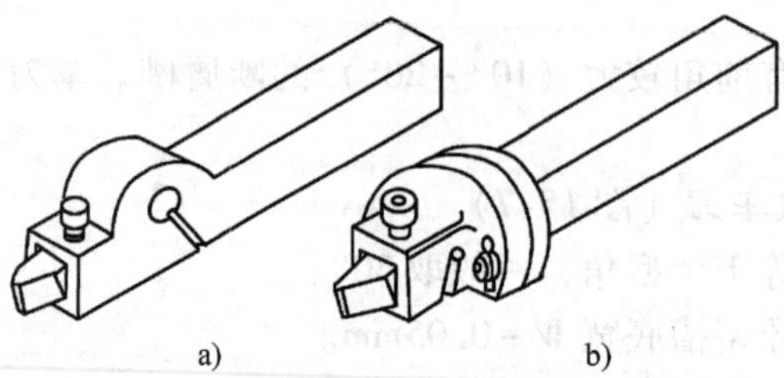

图 15-8　弹性刀排

a）普通弹性刀排　b）可调节弹性刀排

4. 梯形螺纹车刀的安装

1）梯形螺纹车刀的刀尖应严格对准工件的回转中心。弹性螺纹车刀由于车削时受切削力的作用会被压低，所以刀尖应高于工件轴线 0.2～0.5mm。

2）螺纹车刀刀尖角的平分线应垂直于工件的轴线。

3）安装梯形螺纹车刀时，要用梯形螺纹对刀样板找正，如图 15-9 所示。

4）刀头伸出不要过长，一般为刀杆厚度的 1.5 倍，约 25～30mm。

图 15-9　用对刀样板安装车刀

5. 车削梯形外螺纹前对工件的工艺要求

1）车削梯形螺纹前，外圆的直径应比螺纹的公称直径小0.1～0.2mm。

2）外圆端面处倒角应车削至略小于梯形螺纹小径。

3）车削退刀槽时，梯形螺纹退刀槽的槽底直径应小于梯形螺纹的小径，退刀槽的沟槽宽度约等于2*Ph*。

4）车削梯形螺纹前，外圆的表面粗糙度值要小，以免在车削螺纹时牙顶崩裂。

6. 车削梯形螺纹时的进给方法

（1）$P<4$mm、精度要求不高的梯形外螺纹　可用一把梯形螺纹车刀粗车、精车至尺寸要求。粗车时，可采用左右切削法或斜进法，如图15-10所示；精车时，采用直进法。

（2）$P=4\sim8$mm或精度要求较高的梯形外螺纹　一般采用左右切削法或车削直槽法，如图15-11所示。

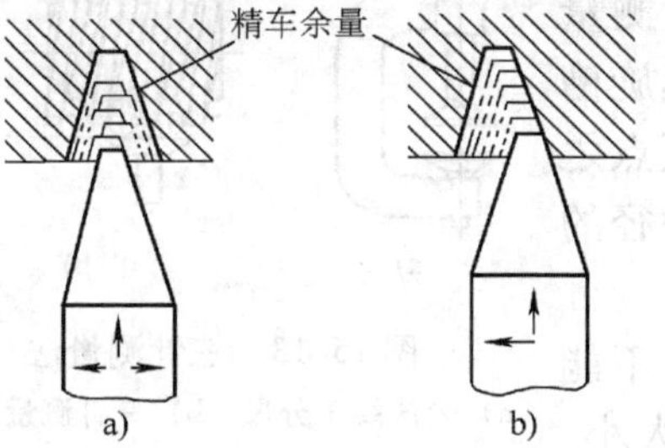

图15-10　$P<4$mm时的进刀方式

a）左右切削法粗车　b）斜进法粗车

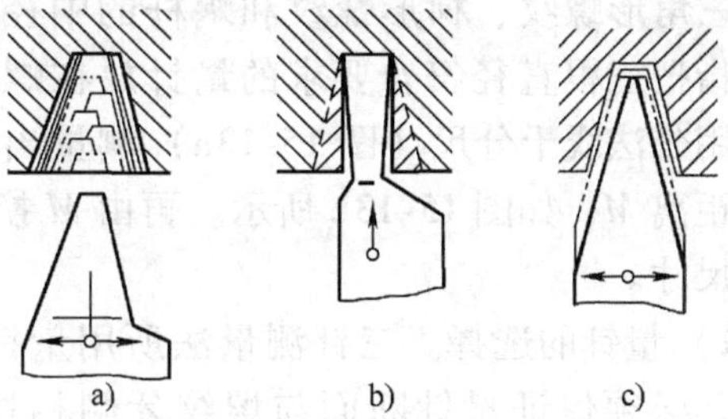

图15-11　$P=4\sim8$mm时的进刀方式

a）左右切削法粗车、精车　b）车削直槽法粗车　c）精车侧面

1）粗车、半精车螺纹大径，留精车余量0.3mm左右，倒角（与端面成30°）。

2）用左右切削法粗车、半精车螺纹，每侧面留有精车余量0.1～0.2mm，螺纹小径精车至尺寸。或选用刀头宽度稍小于槽底宽的车槽刀，采用直进法粗车螺纹，槽底直径等于螺纹小径。

3）精车螺纹大径至图样要求。

4）用梯形螺纹精车刀精车两侧面至图样要求。

（3）$P>8$mm的梯形外螺纹　一般采用车削阶梯槽的方法，如图15-12所示。

1）粗车、半精车螺纹大径，留精车余量0.3 mm左右，倒角（与端面成30°）。

2）用刀头宽度小于$P/2$的车槽刀，采用直进法粗车螺纹至接近中径处；再用刀头宽度略小于槽底宽的车槽刀，采用直进法粗车螺纹，槽底直径等于螺纹小径，从而形成阶梯状的螺旋槽。

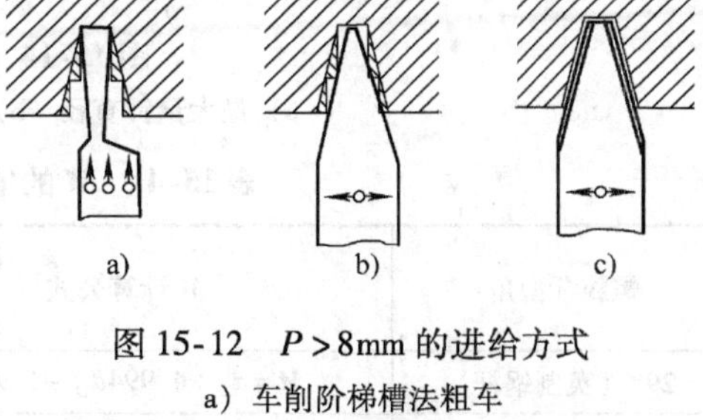

图15-12　$P>8$mm的进给方式

a）车削阶梯槽法粗车

b）左右切削法半精车两侧面　c）精车侧面

3）用梯形螺纹粗车刀，采用左右切削法半精车螺纹槽两侧面，每侧面留有精车余量0.1～0.2mm。

4）精车螺纹大径至图样要求。

5）用梯形螺纹精车刀精车两侧面，控制中径至图样要求。

四、梯形外螺纹的单项检测

1. 大径的测量

梯形外螺纹大径的公差较大，与三角形外螺纹大径的测量方法一样，常使用游标卡尺或外径千分尺进行测量。

2. 螺距的测量

梯形螺纹螺距的检测方法与三角形螺纹螺距的检测方法一样。

3. 中径的测量

（1）三针测量法　三针测量法是测量螺纹中径的一种比较精密的方法，适于测量精度要求较高、螺纹升角小于4°的三角形螺纹、梯形螺纹和蜗杆的中径尺寸。三针测量法是指把三根直径符合要求的量针放在螺纹相应的螺旋槽内，用公法线千分尺（图15-13a）测量出两边量针顶点之间的距离 M，如图15-13b所示。再由 M 换算出螺纹中径的实际尺寸。

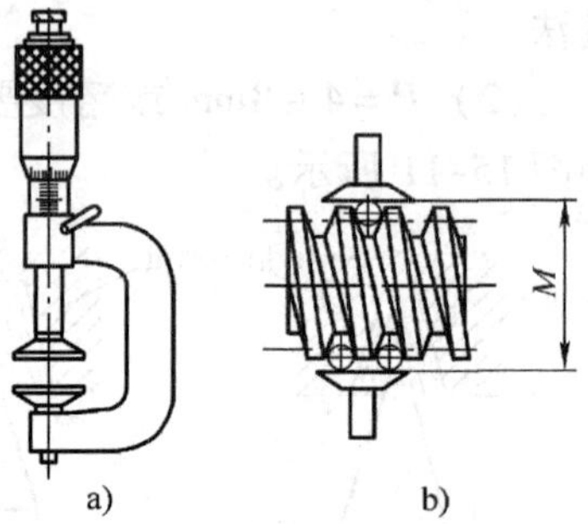

图15-13　三针测量法

a）公法线千分尺　b）三针测量方法

1）量针的选择。三针测量法所用量针的直径 d_D 不能太大，必须保证量针断面与螺纹牙侧相切；也不能太小，否则量针将陷入牙槽中，其顶点将低于螺纹牙顶面而无法进行测量。最佳的量针直径应使量针横断面与螺纹牙侧相切于螺纹中径处，如图15-14b所示。

2）M 的值和量针直径的计算公式，以及量针的最大值、最小值和最佳值见表15-4。

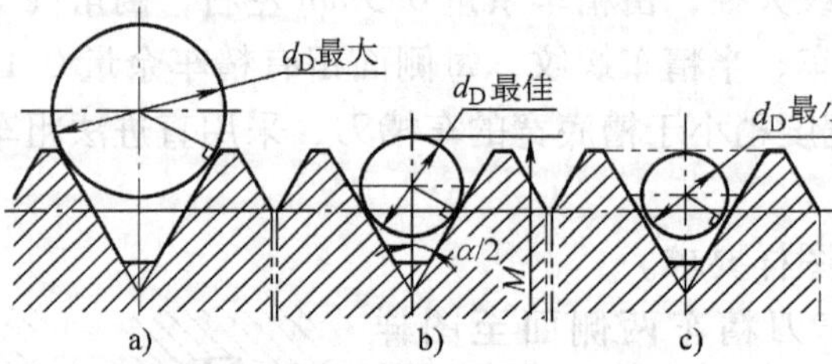

图15-14　量针直径的选择范围

a）最大量针直径　b）最佳量针直径　c）最小量针直径

表15-4　M 的值及量针直径的简化计算公式

螺纹牙型角	M 计算公式	量针直径		
		最大值	最佳值	最小值
29°（英制蜗杆）	$M=d_2+4.994d_D-1.933P$	$0.651P$	$0.516P$	$0.487P$
30°（梯形螺纹）	$M=d_2+4.864d_D-1.866P$	$0.656P$	$0.518P$	$0.486P$
40°（蜗杆）	$M=d_1+3.924d_D-4.316m_x$	$2.446m_x$	$1.675m_x$	$1.61m_x$
55°（英制螺纹）	$M=d_2+3.166d_D-0.961P$	$0.894P-0.029$	$0.564P$	$0.481P-0.016$
60°（普通螺纹）	$M=d_2+3d_D-0.866P$	$1.01P$	$0.577P$	$0.505P$

注：d_1 为蜗杆分度圆的直径，m_x 为轴向模数。

例 15-2 用三针测量 Tr40 × 7 的丝杠，已经螺纹中径的公称尺寸和极限偏差为 $\phi 36.5_{-0.480}^{-0.125}$mm，使用 $\phi 3.5$ mm 的量针，求千分尺读数 M 的范围。

解： 根据表 15-2 中 30°梯形螺纹 M 值的计算公式，已知量针 $d_D = 3.5$mm，$P = 7$mm 得

$$\begin{aligned} M &= d_2 + 4.864d_D - 1.866P \\ &= 36.5\text{mm} + 4.864 \times 3.5\text{mm} - 1.866 \times 7\text{mm} \\ &= 40.46\text{mm} \end{aligned}$$

根据规定的极限偏差，千分尺读数 M 的值应为 39.980 ~ 40.335mm。

（2）单针测量法 测量直径和螺距较大螺纹的中径时，用单针测量比三针测量方便、简单。测量时，只需将一根量针放入螺旋槽中，另一侧用螺纹大径作基准，在测量前应先量出螺纹大径的实际尺寸 d_0，再用千分尺测量出量针顶点与另一侧螺纹大径之间的距离 A，如图 15-15 所示，然后由 A 换算出螺纹的中径。

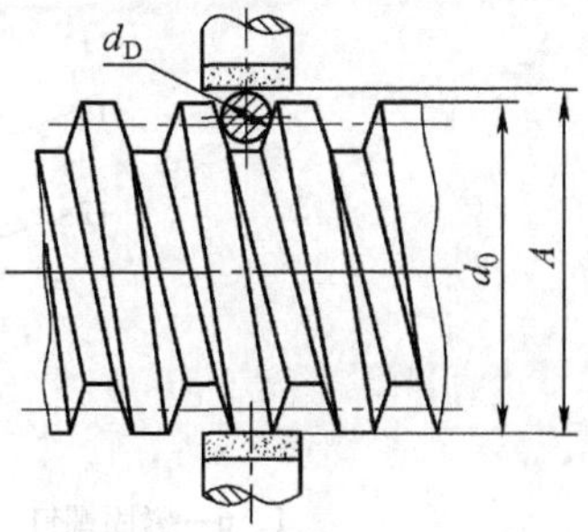

图 15-15 用单针测量梯形外螺纹中径

1）量针的选择与三针测量法相同。

2）A 值的计算。在用单针测量前，应量出螺纹大径 d_0 的实际尺寸，并根据所选用量针的直径 d_D 计算出用三针测量时的 M 值，然后按下式计算 A 值

$$A = \frac{M + d_0}{2}$$

例 15-3 用单针测量梯形螺纹 Tr36 × 6 − 8e 时，量得工件的实际大径 $d_0 = 35.95$mm，求单针测量值 A 应为多少？

解： 查表 15-2，选取量针最佳直径 d_D，并计算 M 值

$$d_D = 0.518P = 3.108\text{mm}$$

$$d_2 = d - 0.5P = 36\text{mm} - 0.5 \times 6\text{mm} = 33\text{mm}$$

$$M = d_2 + 4.864d_D - 1.866P = 36.92\text{mm}$$

根据国家标准，查得中径偏差为

$$d_2 = 33_{-0.543}^{-0.118}\text{mm}$$

则

$$M = 36.92_{-0.543}^{-0.118}\text{mm}$$

所以

$$A = \frac{M + d_0}{2} = \frac{(36.92 + 35.95)}{2}\text{mm} = 36.435\text{mm}$$

单针测量值 A 的极限偏差值为中径极限偏差的一半，则

$$A = (36.435_{-0.272}^{-0.059})/2\text{mm} = 36.5_{-0.337}^{-0.124}\text{mm}$$

（3）测量齿厚检验螺纹中径 对于精度要求不高的梯形螺纹与蜗杆，可用齿厚游标卡尺（图 15-16）测量齿厚的方法来检验螺纹中径。

1）梯形螺纹齿厚的测量原理。标准梯形螺纹在中径处的齿顶高等于 $P/4$，中径处的齿厚正好等于螺距的一半。假如在中径处测出螺纹的齿厚等于 $P/2$，说明中径正确，否则不正确。

2）梯形螺纹齿厚的测量步骤。先将齿高尺（垂直主尺）调整一个齿顶高，然后用齿厚尺（水平尺）沿工件轴线方向测出齿厚。

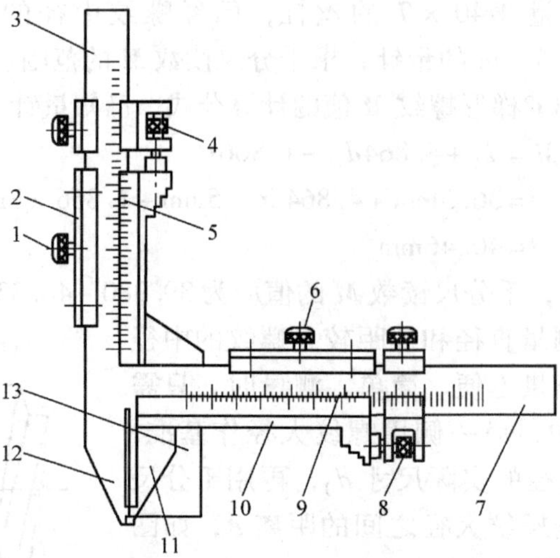

图 15-16　齿厚游标卡尺

1、6—紧固螺钉　2—垂直尺框　3—齿高尺（垂直主尺）　4、8—调节螺钉
5、9—游标　7—齿厚尺（水平尺）　10—水平尺框　11、12—量爪　13—齿高标尺

测量时，一定要注意螺纹大径对齿顶高的影响。例如，测量 Tr30×6 螺纹的齿厚，当大径为 30mm 时，齿顶高为 1.5mm，而当大径为 29.6mm 时，齿高尺（垂直主尺）就不能调到 1.5mm，而应调整为 1.5mm - (30mm - 29.6mm) × 1/2 = 1.3mm，此时，齿厚尺（水平尺）测得的读数才是中径齿厚尺寸。如果忽略了螺纹大径对齿顶高的影响，则测量误差会太大，而将直接影响到螺纹中径的尺寸精度。

项目十六　传动螺母的加工

[项目引入]

前面我们学习了如何车削梯形外螺纹，我们能不能在车床上车削与梯形外螺纹配合传动的梯形内螺纹呢？梯形内螺纹如图 16-1 所示，如传动螺母和传动螺杆套。要解决这个问题，实际上就是要掌握车工中，车削梯形内螺纹的方法。

a)　　b)　　c)

图 16-1　带有梯形内螺纹的传动螺母

[项目任务与要求]

按图 16-2 的要求加工传动螺母。毛坯可以使用项目四的零件。

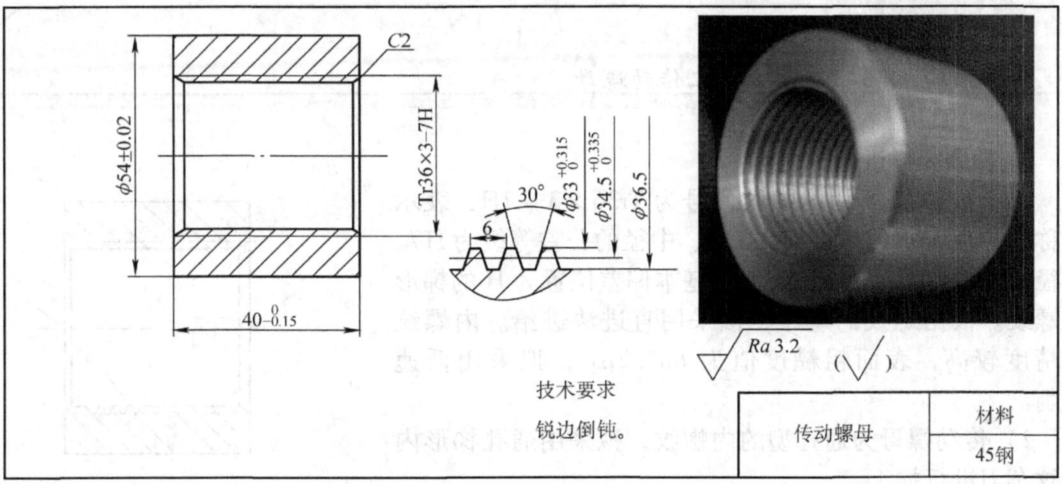

图 16-2　传动螺母

[学习目标]

知识目标

◆ 熟悉梯形内螺纹的尺寸计算方法

◆ 了解梯形内螺纹车刀的几何形状与几何角度

技能目标

◇ 掌握车削梯形内螺纹的方法

◇ 掌握检测梯形内螺纹的方法

◇ 掌握刃磨梯形螺纹车刀的方法

情感、态度与价值观目标

☆ 注意做事要胆大心细

[项目计划与实施]

想一想

要完成这项任务需要哪些知识准备？需要哪些技能准备？需要哪些刀具、量具、夹具？怎样安装梯形内螺纹车刀？怎样安装工件？怎样车削梯形内螺纹？怎样检查梯形内螺纹？车削梯形内螺纹与车削梯外螺纹有何区别？加工如图 16-2 所示零件的工艺流程是什么？请认真思考上述问题，查阅有关资料，完成项目计划表。

注：项目计划表详见附录 E，建议在每个项目开始前填写。

做一做

根据图 16-2 的要求加工传动螺母。

1. 根据图样进行分析

1）图 16-2 所示的螺纹代号为 Tr36 × 3 – 7H，表示公称直径为 36mm、螺距为 3mm、中径的公差等级为 IT7、大径的公差等级为 IT7、公差带基本偏差位置为 H 的梯形内螺纹。根据螺纹的螺距，拟采用直进法进给。内螺纹的精度较高，表面粗糙度值为 *Ra*3.2μm，拟采用低速车削。

2）传动螺母为通孔型的内螺纹，拟采用通孔梯形内螺纹车刀进行加工。

该工件的加工示意图如图 16-3 所示。

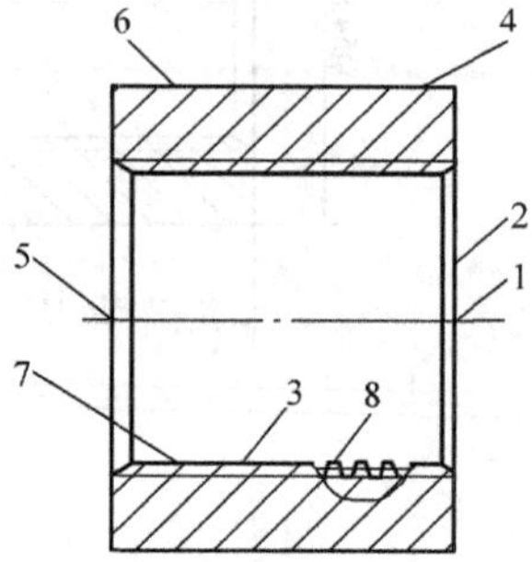

图 16-3　传动螺母加工示意图

2. 加工步骤（表16-1，供参考）

表16-1　加工步骤

步骤	加工内容	刀具、量具
1	用三爪自定心卡盘夹持毛坯外圆，伸出25mm左右，找正并夹紧	45°弯头车刀或90°外圆车刀
2	车削右端面	
3	钻、扩孔 ϕ31mm，孔口倒角（新毛坯）	钻头
4	粗、精车外圆 ϕ54mm 至要求，长度25mm左右，倒钝锐边	90°外圆车刀
5	用三爪自定心卡盘夹持已加工的外圆表面（垫铜片），车削左端面，保证总长40mm的要求，倒钝锐边	45°弯头车刀或90°外圆车刀
6	粗、精车外圆 ϕ54mm 至要求，长度至接线处，倒钝锐边	90°外圆车刀、内径千分尺
7	加工螺纹底孔 ϕ33mm 至要求，长度过全长，孔口倒角	通孔镗刀
8	粗车、精车梯形螺纹 Tr36×3－7H 至要求，用螺纹塞规检查	梯形内螺纹车刀、螺纹塞规
9	检查	千分尺、螺纹塞规、游标卡尺等

[项目检查与评价]

写一写

填写项目学习报告

注：项目学习报告详见附录F，建议在每个项目完成后填写。

评一评

项目检查评价表见表16-2。

表16-2　项目检查评价表

序号	检测的项目		分值	自我测试		小组测试		教师测试	
				结果	得分	结果	得分	结果	得分
1	外圆 ϕ（54±0.02）mm（左端）		10						
2	外圆 ϕ（54±0.02）mm（右端）		8						
3	$40_{-0.15}^{\ 0}$mm		8						
4	梯形内螺纹	综合测量（塞规）	25						
5		小径 $\phi33_{\ 0}^{+0.315}$mm	10						
6		$Ra3.2\mu m$	10						

（续）

序号	检测的项目	分值	自我测试		小组测试		教师测试	
			结果	得分	结果	得分	结果	得分
7	C2	4						
8	其他表面的表面粗糙度 *Ra*3.2μm	10						
9	安全文明生产情况	15						
10	合计	100						

评语（优、缺点及改进措施）

[知识加油站]

读一读

一、梯形内螺纹的尺寸计算

梯形内螺纹的牙型和代号如图 16-4 所示，其各部分的名称和尺寸的计算见表 16-3。

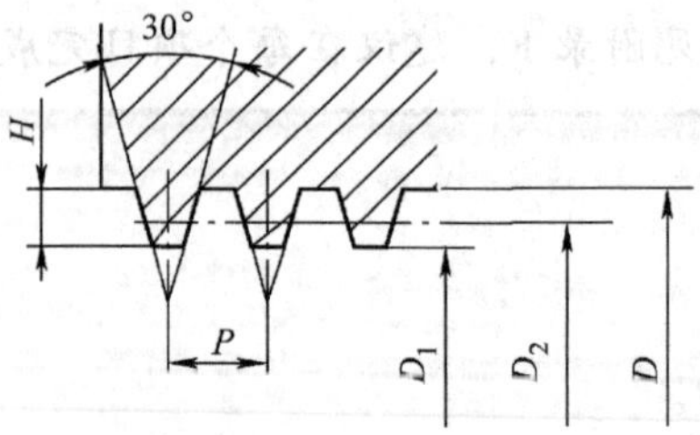

图 16-4　梯形内螺纹的牙型和代号

表 16-3　梯形内螺纹各部分的名称及尺寸的计算

名称	代号	计算公式			
牙型角	α	$\alpha=30°$			
螺距	P	由设计而定			
导程	Ph	单线螺纹，$P=Ph$；多线螺纹，$Ph=nP$，n 为线数			
螺纹升角	ψ	$\tan\psi=L/\pi d_2$			
间隙	a_c	P	1.5~5	6~12	14~44
		a_c	0.25	0.5	1

（续）

名称		代号	计算公式		
牙槽宽		W	$0.366P-0.13$	$0.366P-0.27$	$0.366P-0.54$
牙顶宽		W_c	$0.366P$		
内螺纹	大径	D	$d+2a_c$		
	中径	D_2	d_2		
	小径	D_1	$d-P$		
	牙型高度	H	$0.5P+a_c$		

例　求梯形内螺纹 Tr40×10 各部分的尺寸。

解： 由螺纹代号可知，螺纹大径 $d=40\text{mm}$，螺距 $P=10\text{mm}$，牙型角为 30°，$a_c=0.5\text{mm}$，则

螺纹牙顶宽 $W_c=0.366P=3.66\text{mm}$

螺纹牙槽宽 $W=0.366P-0.27=3.39\text{mm}$

内螺纹小径 $D_1=d-P=40\text{mm}-10\text{mm}=30\text{mm}$

内螺纹大径 $D=d+2a_c=40\text{mm}+2\times0.5\text{mm}=41\text{mm}$

内螺纹中径 $D_2=d_2=d-0.5P=40\text{mm}-0.5\times10\text{mm}=35\text{mm}$

算一算

求梯形内螺纹 M40×6 各部分的尺寸。

二、梯形内螺纹车刀

梯形内螺纹车刀从材料上分为高速钢梯形内螺纹车刀和硬质合金梯形内螺纹车刀两种；从加工精度来分，可分为梯形内螺纹粗车刀与梯形内螺纹精车刀。

1. 梯形内螺纹车刀的几何形状

梯形内螺纹车刀刀头的几何形状与梯形外螺纹车刀刀头的形状相同，其刀杆的几何形状与三角形内螺纹车刀刀杆的几何形状相似。一般情况下，为了增加梯形内螺纹车刀的刀头强度，减小振动，常把车刀的前刀面磨得低一些。

2. 梯形内螺纹车刀的几何角度

梯形内螺纹车刀的几何角度与三角形内螺纹车刀的几何角度基本相同，只是刀尖角不同，米制梯形螺纹车刀的刀尖角为 30°，如图 16-5 所示；英制梯形螺纹车刀的刀尖角为 29°。

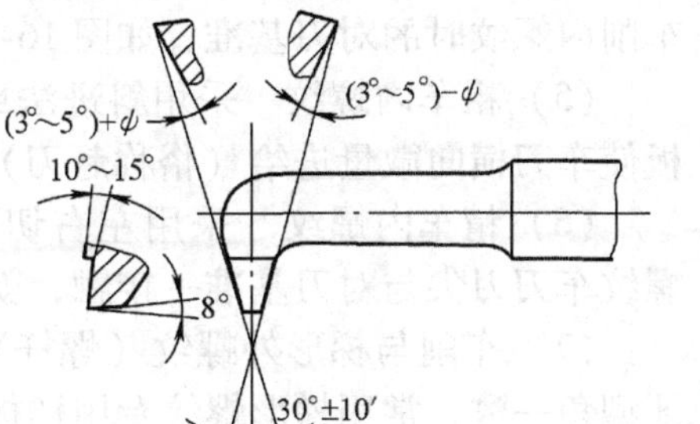

图 16-5　梯形内螺纹车刀

3. 梯形螺纹车刀的刃磨

（1）刃磨要求

1）梯形螺纹车刀的刀尖角要符合梯形螺纹的牙型角。当螺纹车刀的径向前角为 0°时，它的刀尖角应等于米制梯形螺纹的牙型角 30°；当径向前角大于 0°时，它的刀尖角应略小于 30°。例如，当径向前角为 10°时，它的刀尖角为 29°15′。

2）梯形螺纹车刀各切削刃要求光滑、平直、无裂口。

3）梯形螺纹车刀刀体不能歪斜。梯形螺纹车刀两侧切削刃的对称线应垂直于刀柄，两牙型半角应相等。

4）梯形螺纹车刀的前刀面和两个主后刀面的表面粗糙度值要小。

5）梯形螺纹车刀的两个后角要符合车削加工的要求。

6）梯形螺纹精车刀的刀尖宽度应等于梯形螺纹牙底槽的宽度。

（2）刃磨步骤

1）粗磨两侧后刀面，初步形成刀尖角。刃磨时，应随时用角度样板校对。

2）粗、精磨前刀面或径向前角。

3）精磨两侧后刀面，控制刀尖宽度，用对刀样板修正刀尖角。

4）用油石精研各刀面和刃口。

（3）刃磨时的注意事项

1）刃磨两侧后角时，要根据螺纹的旋向确定两侧后角的增减，增减的大小由螺纹升角 ψ 确定。

2）刃磨高速钢梯形螺纹车刀时，应随时蘸水冷却，以防刃口因过热而退火。

3）车削螺距较小的梯形螺纹的精车刀不便于刃磨断屑槽，可采用较小径向前角的梯形螺纹精车刀。

三、车削梯形内螺纹

（1）工件的装夹　采用四爪单动卡盘或三爪自定心卡盘，最好有限位支承。

（2）梯形内螺纹车刀的安装　与三角形内螺纹车刀的安装方法相同。

（3）车削梯形内螺纹的进给方法　主要有直进法、斜进法、左右切削法等。

（4）车削梯形内螺纹的步骤

1）首先加工内螺纹底孔，$D_{孔} = D_1 = d - P$。

2）如果有退刀槽，应先加工好螺纹的退刀槽。

3）在端面上车削一个轴向深度为 1 ~ 2mm，孔径等于螺纹公称尺寸的内台阶孔，作为车削内螺纹时的对刀基准，如图 16-6 所示。

（5）粗车内螺纹　采用斜进法或直进法。如果采用斜进法，应向背进刀方向利用小滑板使车刀横向微量进给（俗称赶刀），以利于粗车的顺利进行。

（6）精车内螺纹　采用左右切削法精车两侧面，如果螺距较小，也可以采用直进法。螺纹车刀刀尖与对刀基准一接触，就可停止径向进给。

（7）车削与梯形外螺纹（螺杆）配合的梯形螺母　为保证车削出的梯形螺母与螺杆的牙型角一致，常用梯形螺纹专用样板对刀。专用样板如图 16-7 所示，使用时，将样板的基准面靠紧工件外圆表面来找正螺纹车刀的正确位置。

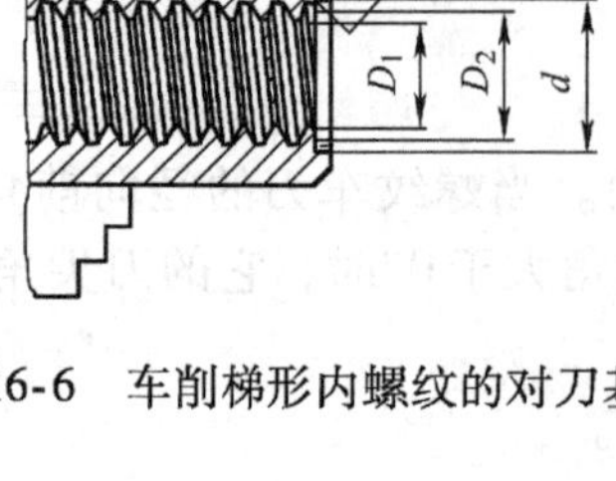

图 16-6　车削梯形内螺纹的对刀基准

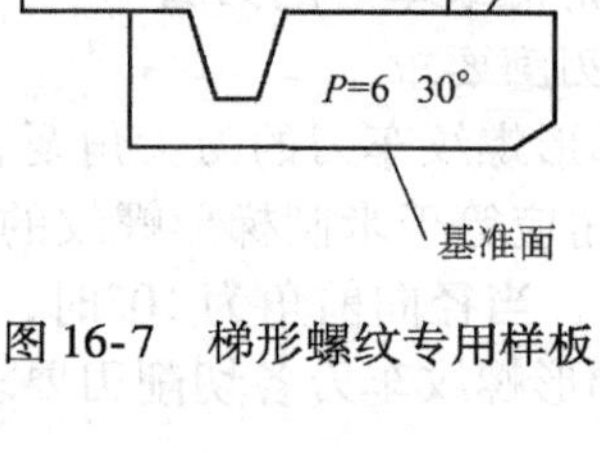

图 16-7　梯形螺纹专用样板

四、车削梯形螺纹时的注意事项

1）在车削梯形螺纹的过程中，不允许用棉纱擦拭工件，以防发生安全事故。

2）车削螺纹时，可在手轮上安装平衡块，或采用手轮脱离装置，以防止床鞍发生蹿动。

3）梯形螺纹精车刀两侧切削刃应刃磨平直，切削刃应保持锋利。

4）采用一夹一顶的方式安装工件时，精车前最好重新修正中心孔，以保证螺纹的同轴度。

5）车削螺纹时思想要集中，严防因中滑板手柄多进一圈而撞坏螺纹车刀或使工件报废。

6）粗车螺纹时，应将小滑板调得紧一些，以防止车刀发生移位而产生乱牙。

7）车削螺纹时，应选择较小的切削用量，以减少工件的变形，同时应充分加注切削液。

五、梯形内螺纹的检测

1. 梯形内螺纹小径的检测

用测量表面为光滑外圆柱面的小径塞规进行检查。检查时，如果小径塞规的通端能顺利进入内螺纹，而止端不能进入（允许内螺纹小径两端进入不超过一个螺距），说明梯形内螺纹的小径合格；反之，不合格。也可用内径千分尺或游标卡尺进行测量。

2. 梯形内螺纹的综合检测

梯形螺纹通常使用标准螺纹量规进行综合检测。螺纹量规可分为螺纹塞规和螺纹环规。

梯形内螺纹通常采用标准的梯形螺纹塞规进行综合检测。综合检测时，若螺纹塞规的通端能顺利拧入工件内螺纹，而止端不能拧入，则说明被检测的梯形内螺纹合格。

梯形外螺纹通常采用标准的梯形螺纹环规进行综合检测。检测前，应先检查螺纹的大径、牙型角、螺距和表面粗糙度，然后用螺纹环规综合检测。综合检测时，如果螺纹环规的通规能顺利拧入工件的外螺纹，而止规不能拧入，则说明被检测梯形外螺纹合格。

六、车削梯形螺纹时的常见问题及其产生原因（表16-4）

表16-4　车削梯形螺纹时的常见问题及产生原因

问题	产生原因
中径不正确	1. 车刀切入深度不正确 2. 刻度盘使用不当 3. 用三针测量法测量中径方法不正确 4. 三针直径测量不准或公法线千分尺本身有误差
螺距不正确	与车削三角形螺纹时产生此问题的原因相同
牙型不正确	1. 梯形外螺纹车刀刃磨不正确 2. 车刀安装不正确 3. 梯形外螺纹车刀已崩刃或已磨损
同轴度不正确	安装工件时，未找正或找正不正确
表面粗糙度达不到要求	1. 梯形外螺纹车刀刀柄的刚度不够，切削时产生振动 2. 梯形外螺纹车刀背前角太大，中滑板丝杠螺母间隙过大产生扎刀 3. 工件刚度低，而切削量选用过大 4. 其他原因与车削普通螺纹时产生此类问题的原因相同

巩固训练三

加工如图 16-8 所示零件，毛坯为 ϕ50mm × 170mm 的棒料。

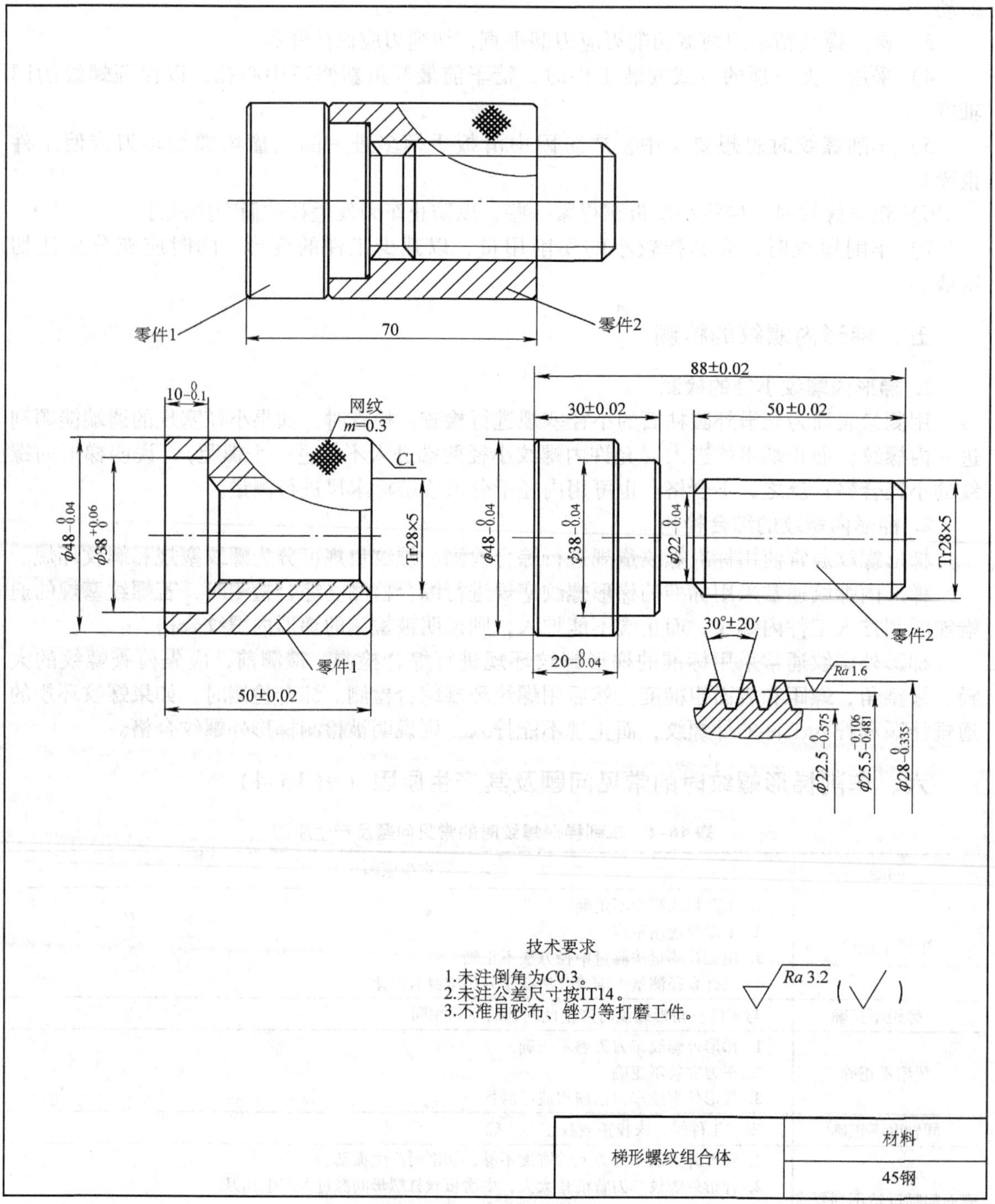

图 16-8 梯形螺纹组合体

项目十七　偏心轴的加工

[项目引入]

前面我们学习了如何加工直轴和阶梯轴，在机械传动机构中，我们还会遇到一种把回转运动转变为往复直线运动，或者把往复直线运动转变为回转运动的机构。在这种机构中，存在着外圆与外圆轴线平行但不重合的轴类零件，如偏心轴、曲柄、曲轴等，如图 17-1 所示。这种零件在车床上是怎么加工的呢?

要解决这个问题，实际上就是要掌握车工中，车削偏心轴的方法。

a)　　b)　　c)

图 17-1　偏心轴

[项目任务与要求]

按图 17-2 的要求加工偏心轴。毛坯使用 ϕ48mm ×74mm 的棒料。

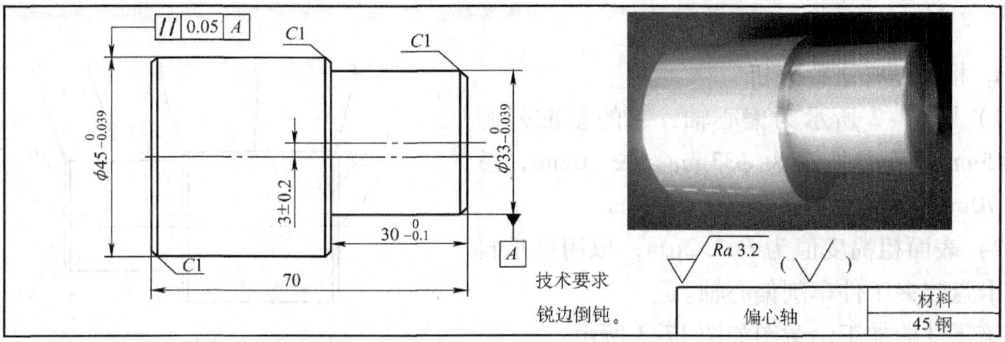

图 17-2　偏心轴

[学习目标]

知识目标

◆ 了解偏心轴的特点

◆ 学会计算偏心轴偏心垫片的厚度

◆ 了解V形架的特点及使用方法

技能目标

◇ 掌握车削偏心轴的方法

◇ 掌握检测偏心轴的方法

◇ 掌握加工偏心中心孔的方法

情感、态度与价值观目标

☆ 注意培养诚实守信的品质

[项目计划与实施]

想一想

要完成这项任务需要哪些知识准备？需要哪些技能准备？需要哪些刀具、量具、夹具？怎样安装车刀？怎样安装工件？用三爪自定心卡盘安装工件，车削偏心轴时，怎样确定偏心垫片的厚度？用两顶尖安装工件车削偏心轴时，怎样加工偏心中心孔？怎样检测偏心轴？加工如图17-2所示零件的工艺流程是什么？请认真思考上述问题，查阅有关资料，完成项目计划表。

注：项目计划表详见附录E，建议在每个项目开始前填写。

做一做

根据图17-2的要求加工偏心轴。

1. 根据图样进行分析

1）图17-2所示为偏心轴，它的基准外圆为ϕ45mm，偏心外圆为ϕ33mm、长30mm，总长为70mm，偏心距为（3±0.2）mm。

2）表面粗糙度值为Ra3.2μm，拟用三爪自定心卡盘装夹工件车削偏心轴。

该零件的加工示意图如图17-3所示。

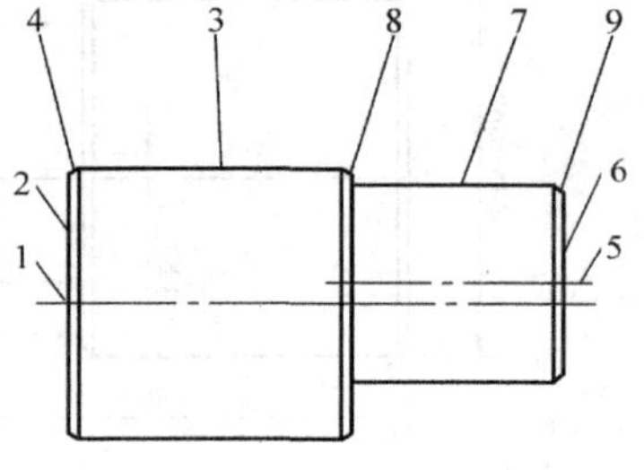

图17-3　偏心轴加工示意图

2. 加工步骤（表 17-1，供参考）

表 17-1　加工步骤

步骤	加工内容	刀具、量具
1	用三爪自定心卡盘夹持毛坯外圆，伸出 50mm 左右，找正并夹紧	45°弯头车刀或 90°外圆车刀
2	车削左端面	
3	粗车、精车外圆 ϕ45mm 至要求，长度为 45mm	90°外圆车刀
4	倒角 $C1$	45°弯头车刀或 90°外圆车刀
5	调头用三爪自定心卡盘装夹已加工好的 ϕ45mm 外圆，在三爪自定心卡盘的一个爪上垫上厚度为 4.5mm 的垫片，找正并夹紧	45°弯头车刀或 90°外圆车刀
6	车削右端面，保证总长 70mm 的要求	
7	粗车外圆 ϕ33mm，检查偏心距 e = (3 ±0.2) mm，找正垫片厚度 找正后，精车外圆 ϕ33mm、长度 30mm 至要求	90°外圆车刀
8	倒角 $C1$	45°弯头车刀或 90°外圆车刀
9	倒角 $C1$	
10	检查	千分尺、游标卡尺等

[项目检查与评价]

写一写

填写项目学习报告。

注：项目学习报告详见附录 F，建议在每个项目完成后由学生填写。

评一评

项目检查评价表见表 17-2。

表 17-2　项目检查评价表

序号	检测的项目	分值	自我测试		小组测试		教师测试	
			结果	得分	结果	得分	结果	得分
1	外圆 $\phi45_{-0.039}^{\ 0}$ mm	15						
2	外圆 $\phi33_{-0.039}^{\ 0}$ mm	15						
3	$30_{-0.1}^{\ 0}$ mm	10						
4	70mm	5						
5	(3 ±0.2) mm	15						

（续）

序号	检测的项目	分值	自我测试		小组测试		教师测试	
			结果	得分	结果	得分	结果	得分
6	// 0.05 A	10						
7	C1	5						
8	表面粗糙度 $Ra3.2\mu m$	10						
9	安全文明生产情况	15						
10	合计	100						

评语（优、缺点及改进措施）

[知识加油站]

读一读

一、偏心轴

外圆与外圆、外圆与内孔的轴线相互平行但不重合的工件称为偏心件，偏心件偏心部分的轴线和基准轴线之间的距离称为偏心距 e。外圆与外圆的轴线平行而不重合的偏心件称为偏心轴；外圆的轴向尺寸较小的偏心轴又称为偏心盘。

二、车削偏心轴

偏心轴实际上与普通轴一样由外圆表面组成，车削偏心轴实际上也是车削外圆。它们的不同之处在于，偏心轴的外圆与外圆之间存在相互平行但不重合的轴线，因此，车削偏心轴的关键是保证偏心外圆的轴线与车床主轴的轴线平行。

在车床上，通常采用适当的安装方式，将需要加工的偏心外圆的轴线找正到与车床主轴轴线平行的位置，主要的方法有：用三爪自定心卡盘安装工件、用四爪单动卡盘安装工件、用两顶尖安装工件。另外，在成批生产或车削偏心距精度要求较高的偏心件时，可用专用的偏心套安装工件。

（一）用三爪自定心卡盘安装工件

用三爪自定心卡盘安装工件车削偏心件，一般适用于加工精度要求不高、长度较短、形状较简单且加工数量较多、偏心距 $e\leqslant 6$mm 的偏心轴和偏心套。

1. 偏心原理

在三爪自动定心卡盘的任意一个卡爪与工件基准外圆柱面（已加工好）的接触部位之间，垫上一块预先选好厚度的垫片，使工件的轴线相对车床主轴的轴线产生等于工件偏心距

e 的位移，夹紧工件后，即可车削，如图 17-4 所示。垫垫片的卡爪应做好记号。

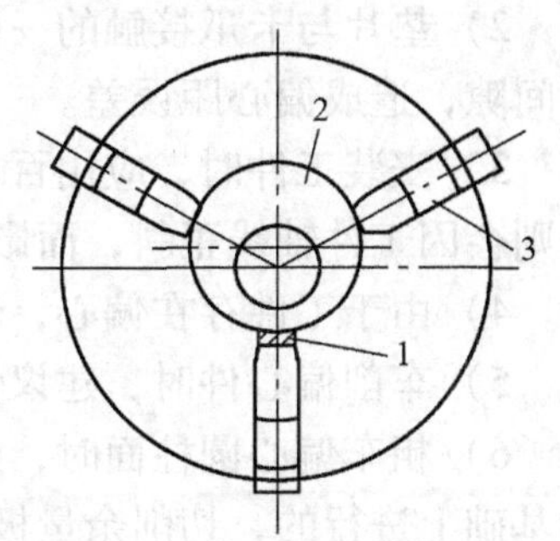

图 17-4　在三爪自定心卡盘上装夹工件车削偏心件
1—垫片　2—偏心件　3—卡爪

2. 垫片厚度的计算

垫片的厚度 x 可按式（17-1）计算

$$x = 1.5e \pm C \qquad (17\text{-}1)$$

$$C \approx 1.5\Delta e$$

式中　x——垫片厚度（mm）；

e——偏心距（mm）；

C——偏心距修正值，其正负应按实测结果确定（mm）；

Δe——试切后，实测偏心距误差（mm）。

例　用三爪自定心卡盘安装工件，车削偏心距 $e = 4\text{mm}$ 的偏心件，试确定垫片厚度。

解：先不考虑修正值，按式（17-1）计算垫片厚度为

$$x = 1.5e = 1.5 \times 4\text{mm} = 6\text{mm}$$

垫厚度为 6mm 的垫片，进行试切削，然后检查其实际偏心距。例如，测得 $e_{实} = 4.05\text{mm}$，则其偏心距误差

$$\Delta e = |\ e - e_{实}\ | = 0.05\text{mm}$$

$$C \approx 1.5\Delta e = 1.5 \times 0.05\text{mm} = 0.075\text{mm}$$

由于实测偏心距大于工件要求的偏心距，所以垫片厚度应减去修正值，垫片厚度的正确值为

$$x = 1.5e - C = 6\text{mm} - 0.075\text{mm} = 5.925\text{mm}$$

算一算

① 车削偏心距为 3mm 的工件，若用试选垫片厚度车削后，实测偏心距为 3.12mm，试确定垫片厚度。（试选垫片厚度 $x = 1.5e$）

② 若在三爪自定心卡盘的一个卡爪上垫上厚度为 7.5mm 的垫片车削偏心件，车削后测得工件偏心距比图样要求小 0.65mm。求垫片厚度的正确值。

3. 车削方法

1）夹紧毛坯的一端，按要求车削好基准轴线的外圆。

2）计算出垫片厚度，并制作垫片。

3）在三爪自定心卡盘上垫上垫片，垫片要符合要求，找正并夹紧。

4）粗车外圆。

5）检查偏心距，找正垫片厚度。

6）找正后，精车外圆至要求。

7）检查。

4. 注意事项

1）应选择具有足够硬度的材料做垫片，以防止安装夹紧时发生挤压变形。

2）垫片与卡爪接触的一面应做成与卡爪圆弧相匹配的圆弧面，否则垫片与卡爪之间会有间隙，造成偏心距误差。

3）安装工件时，应用百分表找正工件外圆，检查外圆素线与车床主轴轴线是否平行。否则会因工件轴线歪斜，而影响加工质量。

4）由于工件存在偏心，起动车床前应使车刀远离工件，以免打刀。

5）车削偏心件时，建议使用高速钢车刀车削。

6）粗车偏心圆柱面时，建议使用负刃倾角的外圆车刀。因为车削偏心件一般是在光轴的基础上进行的，切削余量极不均匀，且为断续切削，会产生一定的冲击和振动。

7）刚开始进给车削偏心件时，进给量和背吃刀量要小。

8）车削偏心件时，为了保证偏心件的工作精度，应特别注意控制轴线间的平行度和偏心距的精度。

（二）用两顶尖安装工件

用两顶尖安装工件车削偏心轴，一般适用于车削长度较长，两端面能钻中心孔，且有安装鸡心夹头位置的偏心轴，如图17-5所示。

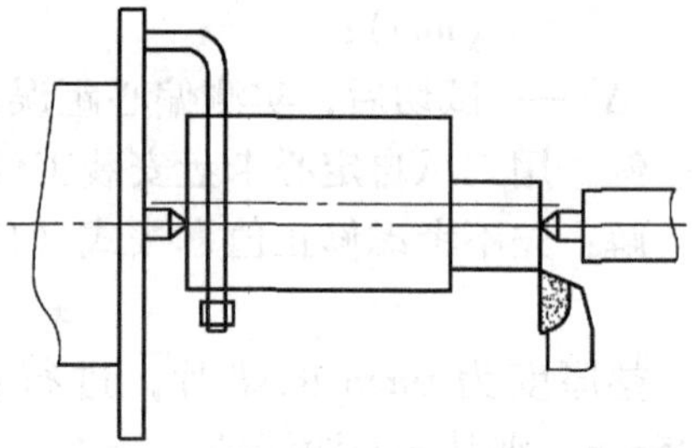

图17-5　用两顶尖安装工件车削偏心轴

用两顶尖安装工件车削偏心轴时，必须先划线确定偏心轴轴线的位置。

1. 工艺特点

1）用偏心的中心孔定位安装工件，保证工件的偏心轴线与车床主轴的轴线共线。

2）用两顶尖安装工件车削偏心轴的方法与车削一般外圆柱的方法相似，主要的不同是车削偏心圆柱时，加工余量变化很大，会产生较大的冲击和振动。

3）用两顶尖安装工件车削偏心轴，不需要用很长时间去找正工件的偏心位置。

4）用两顶尖安装工件车削偏心轴，关键是要保证基准圆柱中心孔和偏心圆柱中心孔钻孔位置的精度，否则偏心距的精度将无法保证。

2. 偏心中心孔的加工

（1）单件、小批量生产　精度要求不高的偏心轴，其偏心中心孔可经划线后在钻床上钻出；偏心距精度较高的偏心轴，其偏心中心孔可在坐标镗床上钻出。

（2）成批生产　偏心中心孔可在专门的中心孔钻床或偏心夹具上钻出。

（3）偏心距较小的偏心轴　偏心中心孔与基准中心孔可能有部分重叠，此时可将工件长度加长两个中心孔深度，车削时先用两基准中心孔装夹坯料车削成光轴，然后车去基准中心孔至工件长度的部分再划线，钻偏心中心孔，车削偏心轴。此时，毛坯的长度应为

$$L' = L + 2h$$

式中　L'——偏心轴的毛坯的长度（mm）；

L——偏心轴工件的实际长度（mm）；

h——中心孔的深度（mm）。

3. 车削方法

1）粗车毛坯的外圆和两端面。

2）在光轴两端面划基准轴线和偏心轴线，并打样冲眼。

3）在钻床或坐标镗床上钻基准圆柱中心孔和偏心圆柱中心孔。

4）用两顶尖支顶基准圆柱中心孔安装工件，粗车基准圆柱的外圆。

5）用两顶尖支顶偏心圆柱中心孔安装工件，粗车偏心圆柱的外圆。

6）支顶基准圆柱中心孔安装工件，精车基准圆柱的外圆至要求。

7）支顶偏心圆柱中心孔安装工件，精车偏心轴圆柱的外圆至要求。

注：顶尖与中心孔接触的松紧程度要适当，且在其间经常要加注润滑油，以减少磨损。

（三）用专用偏心套安装工件

用专用偏心套安装工件车削偏心件，一般适于加工数量较多、偏心距精度要求较高、长度较短的偏心轴。

偏心套是车削偏心轴的专用偏心夹具，如图 17-6 所示。偏心套一般做成台阶形，外圆夹在卡盘上，台阶靠在卡爪平面上用来作轴向定位，偏心孔和外圆的偏心距等于工件的偏心距，在偏心套的最薄处开出一条较窄的通槽，靠弹性变形夹紧工件。

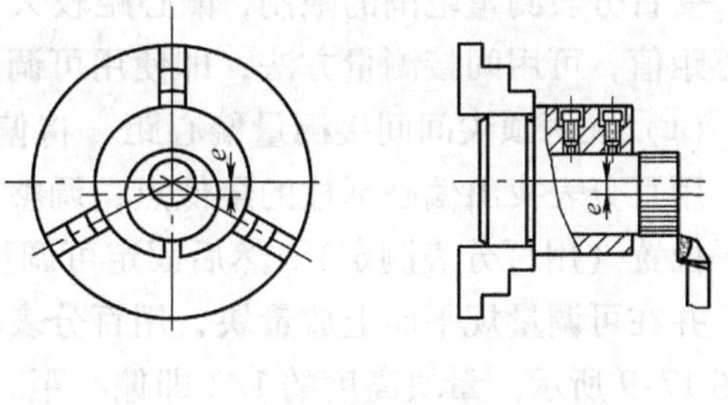

图 17-6　车削偏心轴的专用偏心套

（四）用四爪单动卡盘安装工件

用四爪单动卡盘安装工件车削偏心轴的方法与车削偏心套相同，下一个项目再作介绍。

三、偏心轴的检测

1. 在 V 形架上检测偏心距

无中心孔或长度较短、偏心距 $e < 5$mm 的偏心件，可在 V 形架上检测偏心距，如图 17-7所示。检测时，将工件基准圆柱放置在 V 形架上，使百分表测量杆的触头垂直于基准轴线接触在工件的偏心部位，均匀、缓慢地转动工件一周，百分表指示最大值与最小值之差的一半即为偏心距。

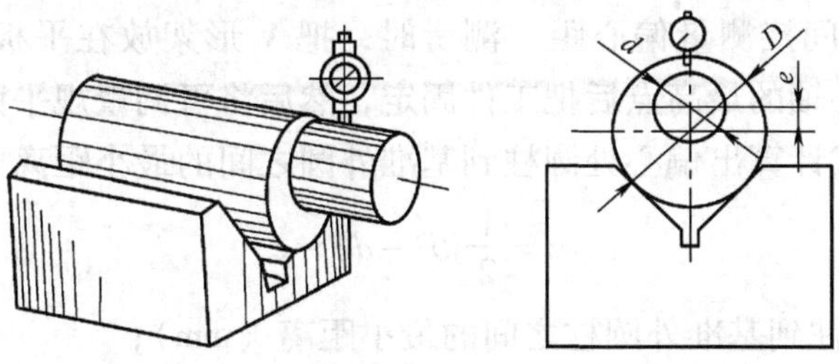

图 17-7　在 V 形架上检测偏心距

2. 在两顶尖间检测偏心距

对于两端有中心孔、偏心距较小、不易放在 V 形架上测量的偏心轴类工件，可以在两顶尖间检测偏心距，如图 17-8 所示。检测时，将百分表测量杆的触头垂直于轴线接触在偏心部位，用手均匀、缓慢地转动工件一周，百分表指示的最大值与最小值之差的一半即为偏心距。

将偏心套套在心轴上，再用两顶尖支承，可用同样的方法，检测偏心套工件的偏心距。

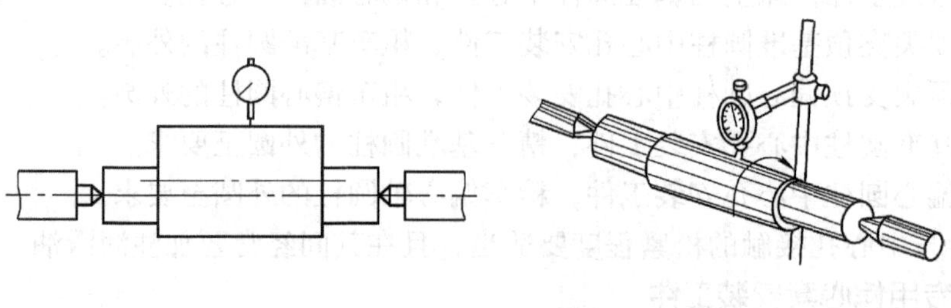

图 17-8　在两顶尖间检测偏心距

3. 偏心距较大工件的检测方法

受百分表测量范围的限制，偏心距较大（$e>5$mm）的偏心件不能用百分表直接检测其偏心距值，可用间接测量方法，即使用可调量规进行检测。

（1）在两顶尖间间接测量偏心距　将偏心轴的基准中心孔支顶在两顶尖之间，转动工件，用百分表找出偏心圆柱的最低点，调整可调量规平面，使它与偏心圆柱最低点处于同一水平位置（用百分表测定）。然后固定可调量规平面，再转动偏心件，找出偏心圆柱的最高点，并在可调量规平面上放量块，用百分表测定，使量块的高度与偏心圆柱的最高点等高，如图 17-9 所示。量块高度的 1/2 即偏心距。

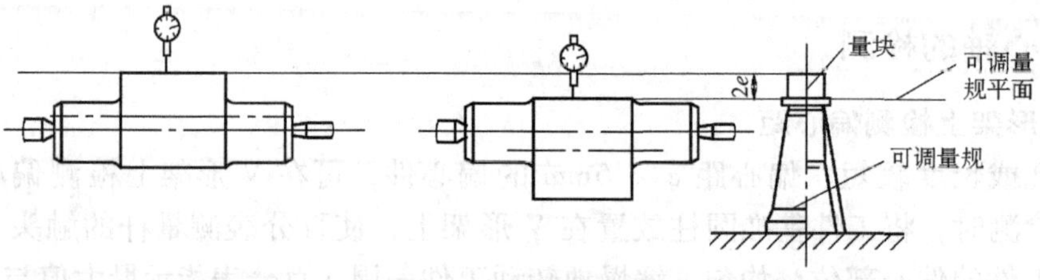

图 17-9　在两顶尖间检测较大的偏心距

（2）在 V 形架上间接测量偏心距　测量时，把 V 形架放在平板上，工件放在 V 形架中，用百分表找出偏心轴的最高点后把工件固定，然后将可调量规平面调整到与偏心外圆柱最高点等高。再按下式计算出偏心处圆柱到基准外圆之间的最小距离 a，如图 17-10 所示。

$$a=\frac{1}{2}(D-d)-e$$

式中　a——偏心外圆柱到基准外圆柱之间的最小距离（mm）；

D——基准外圆柱实测直径的尺寸（mm）；

d——偏心外圆柱实测直径的尺寸（mm）；

e——偏心距（mm）。

选择一组量块组成相应的尺寸，将量块组置于可调量规平面上，水平移动百分表，分别测量基准外圆柱最高点（读数 A）和量块组上表面（读数 B），比较读数差值是否在偏心距误差的允许范围内，以判定此偏心件的偏心距是否满足要求。

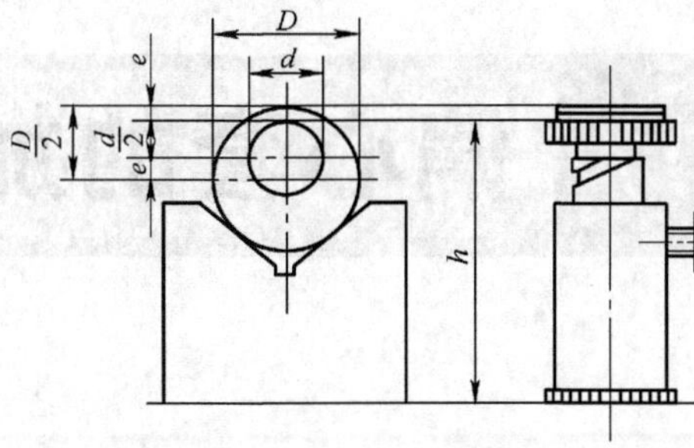

图 17-10　在 V 形架上检测较大的偏心距

四、车削偏心轴时的常见问题及其产生原因（表 17-3）

表 17-3　车削偏心轴时的常见问题及其产生原因

问　题	产 生 原 因
偏心轴毛面车不净	1. 毛坯余量不足 2. 加工工艺不正确
偏心距不正确	1. 用三爪自定心卡盘车削偏心件 1）垫片厚度计算或垫片厚度测量出错 2）垫片变形或垫入卡爪不干净 2. 用两顶尖车削偏心轴 1）基准圆柱中心孔和偏心圆柱中心孔的钻孔位置精度差 2）顶尖与中心孔的接触太松，存在晃动或间隙过大 3）顶尖磨损严重，尾座顶尖精度较低 3. 工件夹紧时，找正不准
轴线平行度或同轴度不正确	1. 用两顶尖安装工件车削偏心轴时，中心孔的位置精度差 2. 装夹工件时，没有找正或找正不准
表面粗糙度达不到要求	同车削外圆时产生此类问题的原因一样
外圆尺寸不正确	

项目十八　偏心套的加工

[项目引入]

前面我们学习了如何加工套类零件，在机械零件的实际生产中，还有一种外圆的轴线与内孔的轴线平行而不重合的套类零件，我们称之为偏心套，如图 18-1 所示。这种零件在车床上是怎么加工的呢？要解决这个问题，实际上就是要掌握车工中，车削偏心套的方法。

a)　　　　b)　　　　c)

图 18-1　带有偏心的套

[项目任务与要求]

按图 18-2 的要求加工偏心套。毛坯使用 ϕ55mm × 70mm 的棒料。

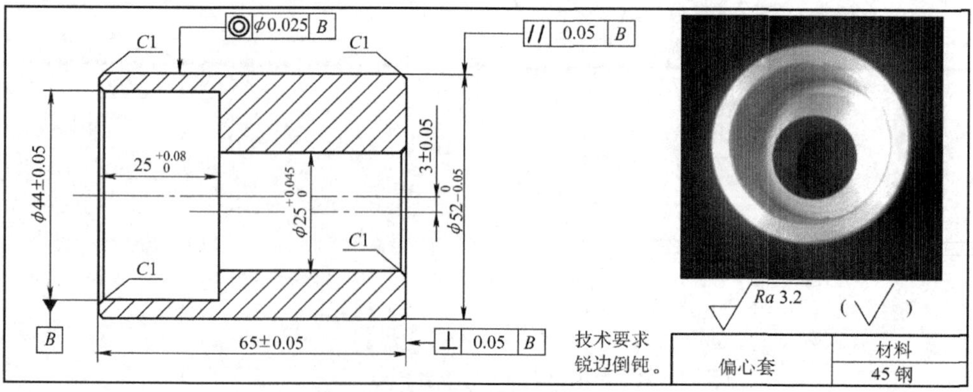

图 18-2　偏心套

[学习目标]

知识目标

◆ 了解偏心套的特点

◆ 了解四爪单动卡盘的特点及使用方法

◆ 了解专用偏心轴

技能目标

◇ 掌握用四爪单动卡盘安装工件车削偏心套的方法

◇ 掌握偏心套的划线方法

◇ 掌握偏心套的检测方法

情感、态度与价值观目标

☆ 注意培养工艺分析能力和处理问题的能力

[项目计划与实施]

想一想

要完成这项任务需要哪些知识准备？需要哪些技能准备？需要哪些刀具、量具、夹具？怎样选择和安装镗孔刀？怎样安装工件？用四爪单动卡盘安装工件车削偏心套时，怎么找正偏心距？用三爪自定心卡盘安装工件车削偏心套和用四爪单动卡盘安装工件车削偏心套的优缺点有哪些？怎样检测偏心套？加工如图 18-2 所示零件的工艺流程是什么？请认真思考上述问题，查阅有关资料，完成项目计划表。

注：项目计划表详见附录 E，建议在每个项目开始前填写。

做一做

根据图 18-2 的要求加工偏心套。

1. 根据图样进行分析

1）图 18-2 所示为偏心套，它由基准孔 ϕ44mm、深 25mm，偏心距为（3 ±0. 05）mm 的偏心孔 ϕ25mm、深 40mm 组成，工件外径为 ϕ52mm，总长为 65mm。

2）外圆对基准孔的同轴度误差不大于 ϕ0. 025mm，右端面对基准孔轴线的垂直度误差不大于 0. 05mm。

3）工件两孔轴线的平行度误差不大于 0. 05mm。

4）所有表面粗糙度值为 Ra3. 2μm。

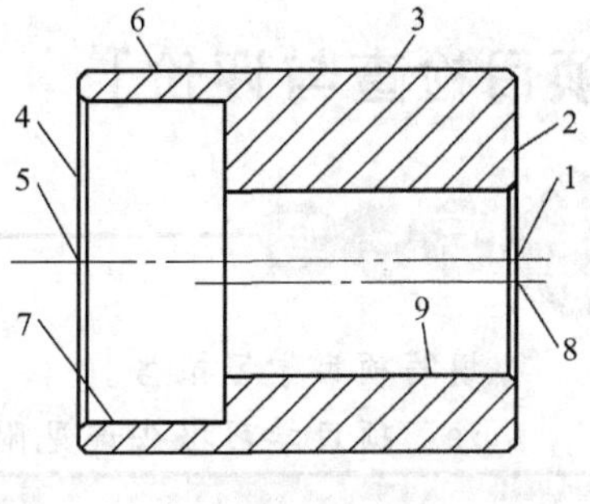

图 18-3　偏心套加工示意图

拟采用四爪单动卡盘安装工件加工偏心孔，偏心距精度要求较高，应使用百分表找正。

该零件的加工示意图如图 18-3 所示。

2. 加工步骤（表 18-1，供参考）

表 18-1　加工步骤

步骤	加工内容	刀具、量具
1	用三爪自定心卡盘夹持毛坯外圆，伸出 40mm 左右，找正并夹紧	45°弯头车刀或 90°外圆车刀
2	车削右端面	
3	粗、精车外圆 ϕ52mm 至要求，长度为 40mm，倒角 $C1$	90°外圆车刀
4	调头，用三爪自定心卡盘夹持已加工好的外圆表面（垫铜片），找正并夹紧，车削左端面，保证总长 65mm 的要求	45°弯头车刀或 90°外圆车刀
5	钻孔、扩孔至 ϕ42mm，深度 24.5mm	钻头
6	粗、精车外圆 ϕ52mm 至要求，长度至接线处，倒角 $C1$	90°外圆车刀
7	粗、精镗孔径 ϕ44mm、长度 25mm 至要求，倒角 $C1$	不通孔镗刀
8	划线，并在偏心圆上打样冲眼	V 形架、划线盘等
	垫铜片，用四爪单动卡盘夹持已加工好的表面 1. 用划线盘上的划针按端面上所划偏心圆初步找正 2. 用百分表精确找正，夹紧工件，保证偏心距	划线盘、百分表及表座等
	钻通孔 ϕ23mm	钻头
9	1. 粗镗孔径 ϕ25mm，检查偏心距，找正卡爪 2. 确保偏心距正确后，精镗孔径 ϕ25mm 至要求，倒角 $C1$	镗刀
		镗刀
10	检查	百分表，外、内径千分尺、游标卡尺等

[项目检查与评价]

写一写

填写项目学习报告。

注：项目学习报告详见附录 F，建议在每个项目完成后填写。

评一评

项目检查评价表见表 18-2。

表 18-2　项目检查评价表

序号	检测的项目	分值	自我测试		小组测试		教师测试	
			结果	得分	结果	得分	结果	得分
1	外圆 $\phi52\ _{-0.05}^{0}$ mm	10						
2	孔径 $\phi25\ _{0}^{+0.045}$ mm	10						
3	孔径 ϕ（44 ±0.05）mm	10						
4	（65 ±0.05）mm	5						
5	$25\ _{0}^{+0.08}$ mm	5						
6	（3 ±0.05）mm	15						
7	◎ ϕ0.025 B	5						
8	⊥ 0.05 B	5						
9	// 0.05 B	5						
10	C1（4 处）	5						
11	表面粗糙度 Ra3.2μm	10						
12	安全文明生产情况	15						
13	合计	100						

评语（优、缺点及改进措施）

[知识加油站]

读一读

一、偏心套

外圆与内孔的轴线相互平行但不重合的偏心件称为偏心套。偏心套实际上是由外圆表面与内孔表面组成的。

二、车削偏心套

车削偏心套实际上是车削外圆表面和内孔表面，不同之处在于需要通过适当的安装方法，找正所加工偏心孔的轴线，使其与车床主轴轴线共线。

在车床上车削偏心套的方法包括：用四爪单动卡盘安装工件车削偏心套、用专用偏心轴安装工件车削偏心套、用三爪自定心卡盘安装工件车削。

（一）用四爪单动卡盘安装工件车削偏心套

用四爪单动卡盘安装工件车削偏心工件一般适用于加工数量少、偏心距小、长度较短，不便于用两顶尖安装的工件或形状比较复杂的偏心套和偏心轴。

用四爪单动卡盘安装工件车削偏心轴和偏心套时，必须先划线确定偏心轴（套）轴线的位置。

1. 偏心工件的划线方法（图 18-4 ）

1）先把工件毛坯车削成一根光轴，光轴两端面应与轴线垂直，光轴表面应光滑。

2）在光轴两端面和外圆上涂一层蓝色显示剂，待干后将其放置在平板上的 V 形架上。

3）用游标高度尺的划针尖端测量光轴的最高点，并记下其读数，再把游标高度尺下移一个工件半径的尺寸，并在工件两端划线。然后将光轴旋转 180°再划线，若和第一次的线重合，说明划线正好过工件轴线位置，若不重合，应调整游标高度尺重划。

4）找出工件轴线的位置后，在工件的两端面和外圆两侧划出封闭线。

5）把光轴旋转 90°，在工件的两端面和外圆两侧划出封闭线，在端面形成十字交叉线，十字交叉线的交点为基准轴心，用直角尺检验划线是否垂直。

6）把游标高度尺向上（或向下）移动一个偏心距，在两端面和两侧外圆划出封闭线，在端面形成的十字交叉点为偏心部分的轴心。

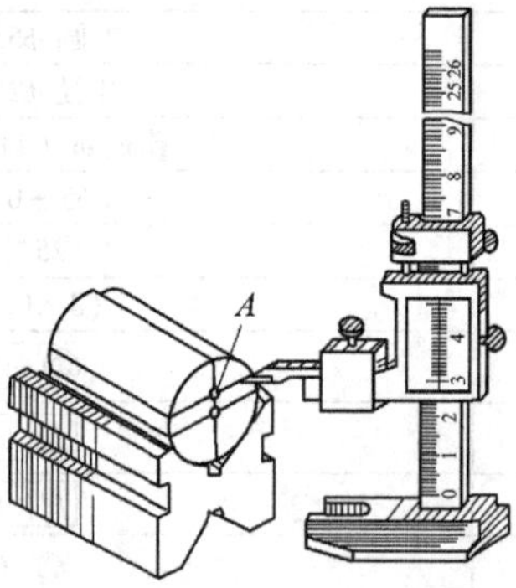

图 18-4　在 V 形架上划线

7）在工件两端面的偏心距中心位置分别打样冲眼，要求样冲眼的中心位置准确，眼坑宜浅，且小而圆。

8）以偏心部分的轴心为圆心划出一个偏心圆（在端面允许的情况下，偏心圆直径宜取大值），并在此偏心圆上均匀、准确地打上几个样冲眼，以便找正。

2. 用四爪单动卡盘安装和找正工件

（1）用四爪单动卡盘安装工件　四爪单动卡盘（图 18-5）的四个卡爪沿圆周均匀分布，每个卡爪能单独径向移动，安装工件时，通过调节各卡爪的位置对工件进行找正。四爪单动卡盘的夹紧力较大，但找正工件位置麻烦、费时，适于在单件、小批量生产中安装非圆形工件，或车削偏心工件。

用四爪单动卡盘安装工件时，先调整卡盘卡爪的位置，使其中两爪对称，另两爪不对称，其偏离主轴中心的距离大致等于工件的偏心距。各对卡爪之间张开的距离稍大于工件装夹部位的直径，然后装上工件，如图 18-6 所示。

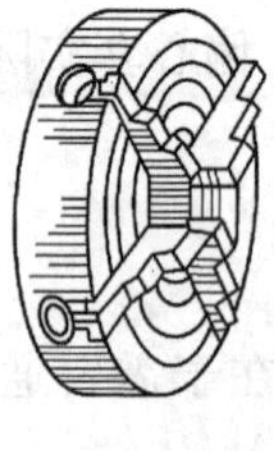
图 18-5　四爪单动卡盘

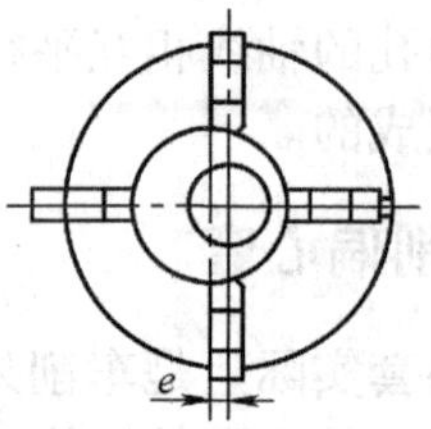

图 18-6　用四爪单动卡盘安装工件

（2）按划线找正，夹紧。

1）按工件端面上划出的偏心部分的圆周线找正，如图 18-7 所示。

2）用划线盘找正工件的侧素线，使侧素线与主轴轴线平行。

3）转动90°，用同样的方法检查、找正侧素线，如图18-8所示。

4）重复2）、3）步骤找正，直至使两条侧素线均呈水平（基准圆轴线与偏心圆轴线平行），使偏心圆轴线与车床主轴轴线重合为止。

5）将四个卡爪成对、均匀地拧紧一遍，并检查确认侧素线和偏心圆周线在紧固时没有位移。

注：由于存在划线误差和找正误差，按划线找正仅适用于加工精度要求不高的偏心工件。

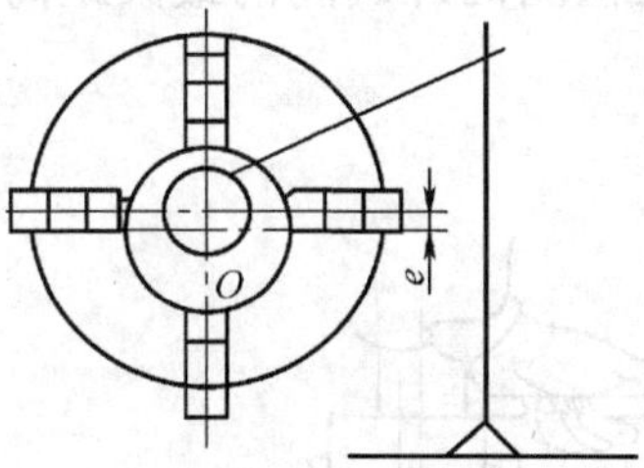

图18-7　找正端面的偏心圆

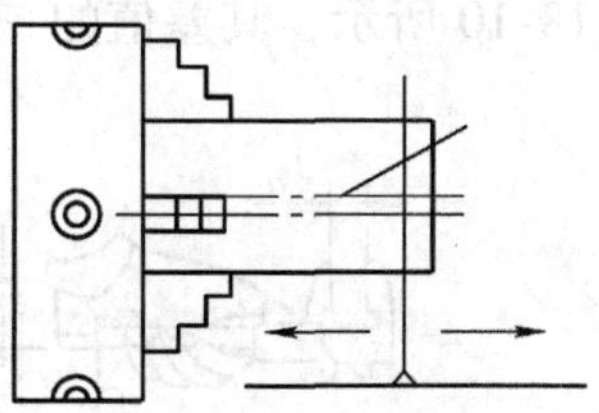

图18-8　找正侧素线

（3）用百分表找正、夹紧　用百分表找正，使偏心圆轴线与车床主轴轴线重合，如图18-9所示。找正A点处时，用卡爪调整；找正B点处时，用木锤轻敲。

移动床鞍，用百分表在A、B两点处交替测量，找正工件侧素线，使偏心工件两轴线平行，一般百分表在两端读数的差值应控制在0.02mm以内（或根据零件精度要求而定）。

使百分表测量杆垂直基准轴（光轴），使触头接触外圆表面并压缩0.5~1mm左右，用手缓慢转动卡盘一周，找正偏心距。百分表在工件转过一周中读数最大值与最小值之差的一半即为偏心距。A、B两点处的偏心距应基本一致，并在图样允许的误差范围内。反复调整，直至找正为止。

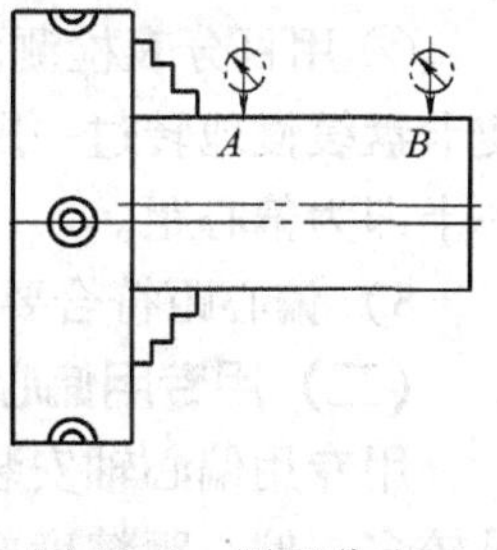

图18-9　用百分表找正偏心工件

3. 车削偏心套

（1）用四爪单动卡盘安装工件车削偏心套

1）用三爪自定心卡盘夹紧工件，按要求车削基准轴线的外圆。

2）在划线平台的V形架上划出工件基准外圆的轴心和两侧封闭线。

3）划出偏心孔的轴心和两侧封闭线，在端面划出偏心圆，并打上样冲眼。

4）用四爪单动卡盘安装工件，采用划线找正或百分表划正，找正后夹紧。

5）钻孔、扩孔、粗镗孔，留精车余量0.5mm。

6）检查偏心距，用游标卡尺或尖形测量头的千分尺测量孔壁，孔壁的最大壁厚处与最小壁厚处差值的一半为偏心距。

当偏心距误差较大时，可少量调节不对称位置的两卡爪；当偏心距误差不大时，侧仅需继续夹紧某一只卡爪；当e偏大时，夹紧离偏心轴轴线较远的那一只卡爪；当e偏小时，夹紧离偏心轴轴线较近的那一只卡爪。

7）偏心距符合要求后，精车孔至要求。

（2）用四爪单动卡盘安装工件车削偏心轴

1）用三爪自定心卡盘夹紧工件，按要求车好基准轴线的外圆。

2）在划线平台的V形架上划出工件基准外圆的轴心和两侧封闭线。

3）划出偏心部分的轴心和两侧封闭线，划出偏心圆并打上样冲眼。

4）用四爪单动卡盘安装工件，采用找线找正或百分表找正，找正后夹紧。

5）根据偏心部分外圆的长度，用车刀刀尖在工件表面划线。

6）粗车偏心部分的外圆柱面，留精车余量0.5mm。

7）检查偏心距。

① 用分度值为0.02mm的游标卡尺或深度游标卡尺检测两外圆间的最大距离和最小距离，如图18-10所示，其差值的一半为偏心距。

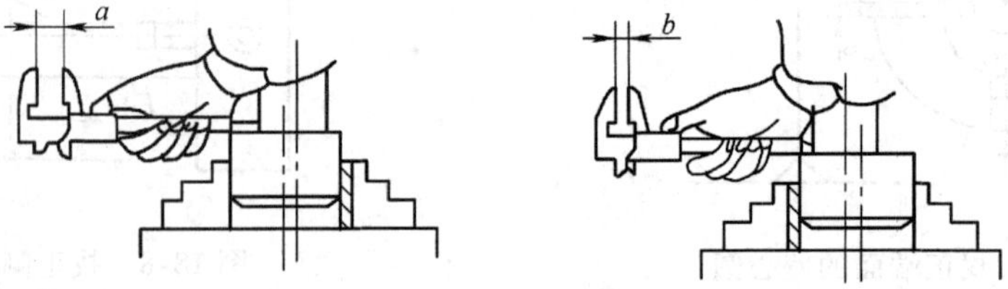

图18-10 用游标卡尺检测偏心距

② 用百分表检测。如图18-11所示，将百分表测量杆触头与工件基准外圆柱面接触，使卡盘缓慢地转过一圈，百分表指示的最大值与最小值差的一半即为偏心距。

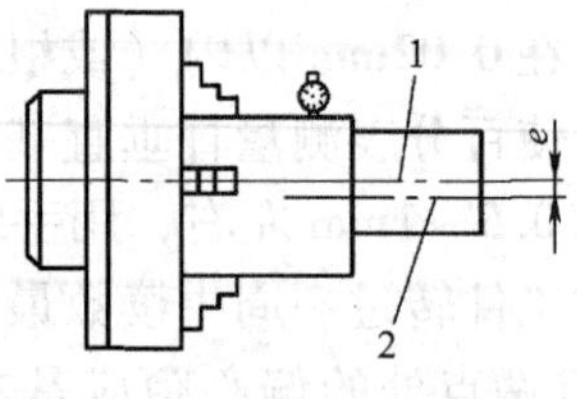

图18-11 用百分表检测偏心距
1—车床主轴轴线、偏心圆轴线
2—基准圆轴线

8）偏心距符合要求后，精车偏心圆柱面至要求。

（二）用专用偏心轴安装工件车削偏心套

用专用偏心轴安装工件车削偏心套，一般适用于加工数量较多，偏心距精度要求较高、长度较短的偏心套。

专用偏心轴是车削偏心套的专用偏心夹具，如图18-12所示。在车床上，一般使用鸡心夹和两顶尖固定偏心轴，将偏心套套在专用偏心轴上进行加工。

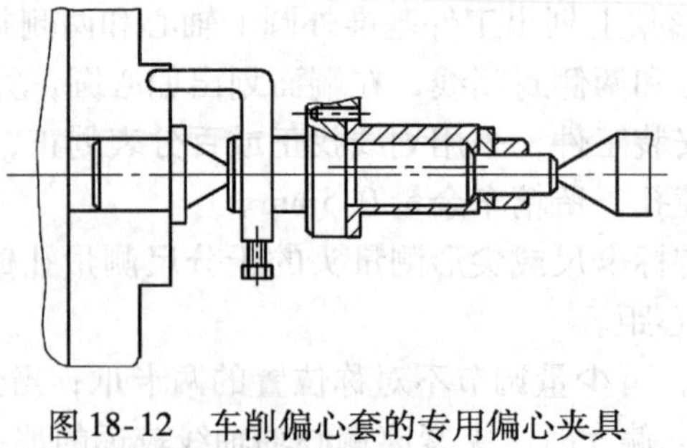

图18-12 车削偏心套的专用偏心夹具

（三）用三爪自定心卡盘安装工件车削偏心套

用三爪自定心卡盘安装工件车削偏心套的方法与车削偏心轴的方法一样，在前一个项目中已介绍过。

三、偏心套的检测

1. 用测量偏心套壁厚的方法检测偏心距

用游标卡尺或尖形测量头的千分尺测量孔壁，孔壁的最大壁厚与最小壁厚处差值的一半为偏心距。

2. 在两顶尖上测量偏心套的偏心距

把偏心套套在心轴上，用两顶尖顶住心轴，使百分表测量杆触头垂直于偏心套的外圆柱表面，缓慢转动心轴一圈，百分表测出的最大读数与最小读数之差的一半即为偏心距。

四、车削偏心套时的常见问题及其产生原因（表 18-3）

表 18-3 车削偏心套时的常见问题及其产生原因

问题	产生原因
偏心距不正确	1. 用三爪自定心卡盘安装工件车削偏心套，产生此问题的原因与车削偏心轴一样 2. 用四爪单动卡盘安装工件车削偏心套 1）划线不准 2）划线找正或百分表找正有误差 3）找正后，拧紧卡爪产生位移
轴线平行度、同轴度、垂直度不正确	1. 安装偏心套时，没有找正或找正不准 2. 偏心套的划线不准
表面粗糙度达不到要求	同车削外圆和内孔时产生此问题的原因一样
偏心套尺寸不正确	

巩固训练四

加工图 18-13 所示的偏心组合体，零件 1 的毛坯为 ϕ35mm × 60mm 的棒料，零件 2 的毛坯为 ϕ40mm × 55mm 的棒料。

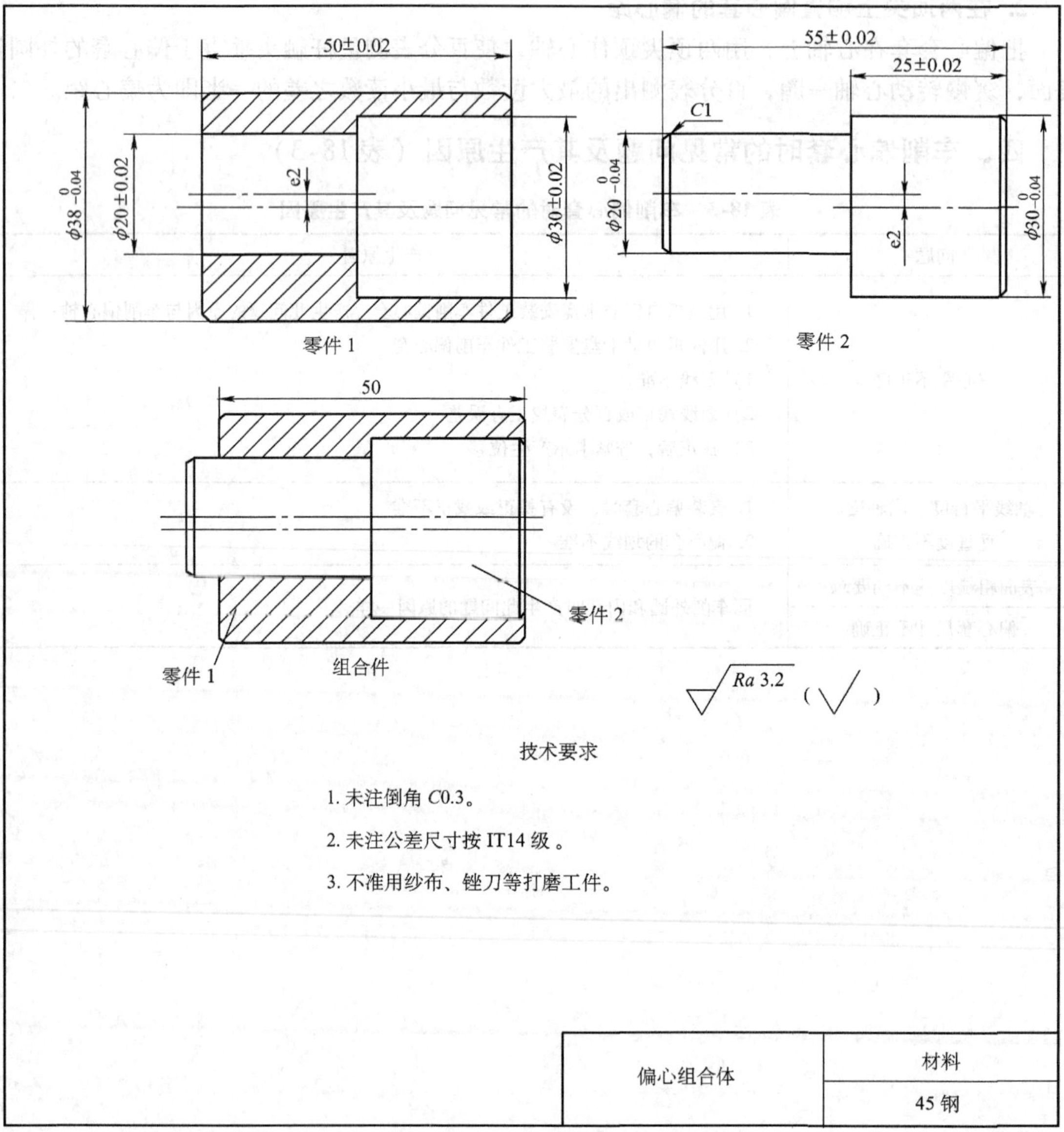

图 18-13　偏心组合体

项目十九 细长轴的加工

[项目引入]

前面我们学习了如何加工轴类零件，在一些机械设备中，还有一种外形并不复杂，但长度与直径之比较大、刚性较低、容易弯曲的细长轴，如图 19-1 所示，这种轴在车床上是怎么加工的呢？要解决这个问题，实际上就是要掌握车工中，车削细长轴的方法。

a)

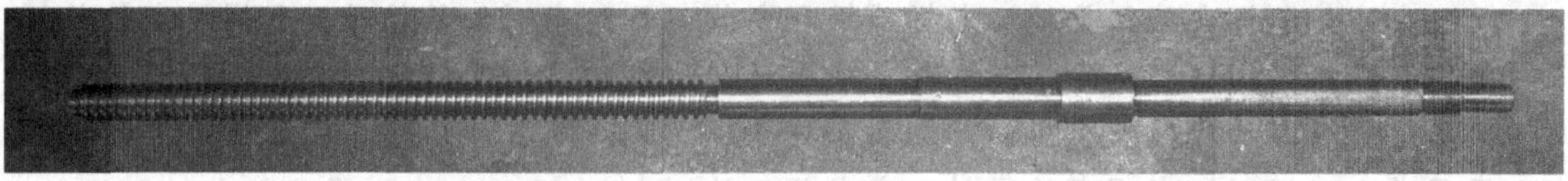

b)

图 19-1 细长轴

a）模具中的顶杆 b）机床的传动螺杆

[项目任务与要求]

按图 19-2 的要求加工细长轴。毛坯使用 ϕ15mm × 255mm 的棒料。

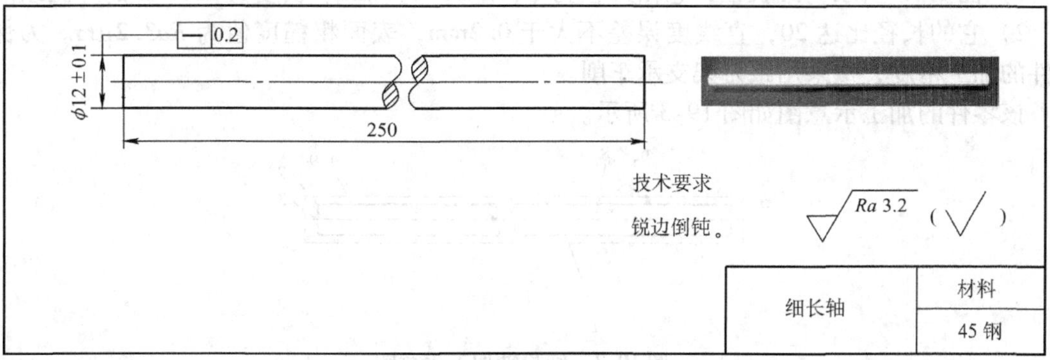

图 19-2 细长轴

[学习目标]

知识目标

◆ 了解细长轴的特点

◆ 了解车削细长轴刀具的特点

技能目标

◇ 掌握用中心架支承车削细长轴的方法

◇ 掌握用跟刀架支承车削细长轴的方法

情感、态度与价值观目标

☆ 注意培养敢于挑战的精神

[项目计划与实施]

想一想

要完成这项任务需要哪些知识准备？需要哪些技能准备？需要哪些刀具、量具、夹具？怎样安装细长轴？怎样选择和安装刀具？车削细长轴时，怎样提高细长轴的刚性？车削细长轴时，怎样避免产生竹节形或腰鼓形的缺陷？用中心架与跟刀架车削细长轴的优缺点有哪些？加工如图 19-2 所示零件的工艺流程是什么？请认真思考上述问题，查阅有关资料，完成项目计划表。

注：项目计划表详见附录 E，建议在每个项目开始前填写。

做一做

根据图 19-2 的要求加工细长轴。

1. 根据图样进行分析

1）图 19-2 所示为细长轴，它由外径为 $\phi(12 \pm 0.1)$ mm、长度为 250mm 的外圆组成。

2）它的长径比达 20，直线度误差不大于 0.2mm，表面粗糙度值为 $Ra3.2\mu m$。为保证工件的加工精度，拟采用跟刀架支承车削。

该零件的加工示意图如图 19-3 所示。

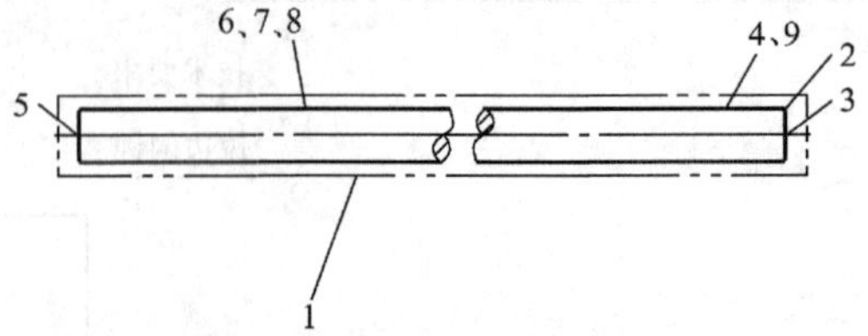

图 19-3　细长轴加工示意图

2. 加工步骤（表 19-1，供参考）

表 19-1　加工步骤

步骤	加工内容	刀具、量具
1	校直毛坯，准备三爪跟刀架并检查清洁支承爪	—
2	用三爪自定心卡盘夹持毛坯，伸出 50mm，然后车削右端面	45°弯头车刀或 90°外圆车刀
3	钻中心孔	中心钻
4	粗车一段外圆至 ϕ13mm，长为 30mm，用于卡盘夹紧时的定位基准	90°外圆车刀
5	用同样的方法调头装夹，车削左端面，保证总长 250mm，钻中心孔	45°弯头车刀或 90°外圆车刀、中心钻
6	在 ϕ13mm × 30mm 的外圆柱面上套钢丝圈，如图 19-4 所示，并用三爪自定心卡盘夹紧，毛坯右端用弹性活顶尖支承。在靠近卡盘一端车削跟刀架的支承基准，其宽度比支承爪宽度大 15 ~ 20mm，并在其右侧车削一个圆锥面，如图 19-5 所示	车断刀和 90°左偏刀
7	安装跟刀架，以已车削的支承基准面为基准，研磨跟刀架支承爪的工作表面。调整跟刀架支承爪的位置，使它处于车刀后（左侧）1 ~ 3mm 处，采用反向进给法粗车全长外圆，车削时应充分加注切削液，防止支承爪磨损	90°左偏刀
8	重复上述 5、6、7 步骤，直至精车外圆 ϕ12mm 至尺寸要求，倒钝锐边	90°左偏刀
9	卸下钢丝圈，调头，一端用三爪自定心卡盘夹紧，一端用中心架支承的方法装夹，半精车、精车 ϕ13mm × 30mm 段的外圆至要求，倒钝锐边	90°外圆车刀
10	检查	外径千分尺、300mm 的游标卡尺等

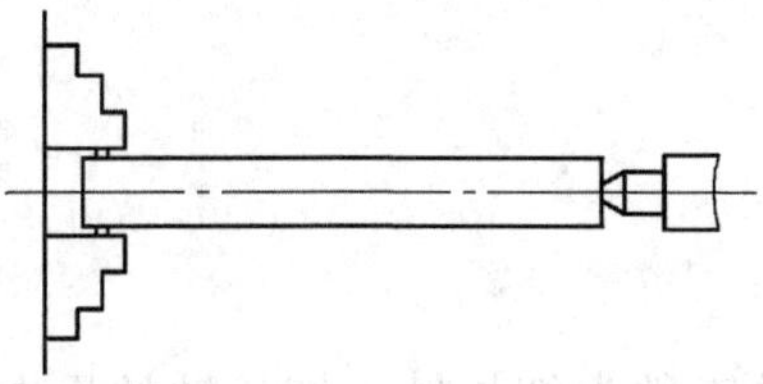

图 19-4　套钢丝圈装夹工件

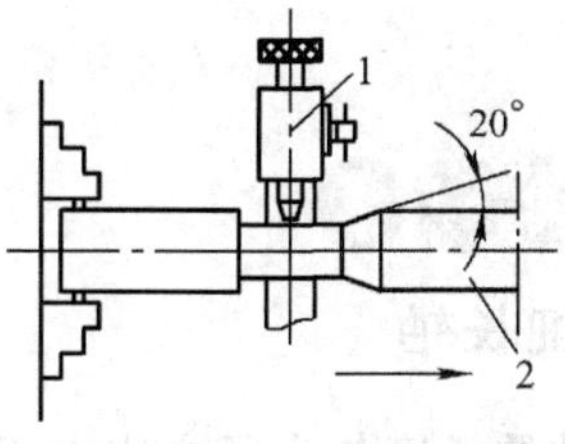

图 19-5　车削跟刀架的基准
1—跟刀架　2—工件

[项目检查与评价]

写一写

填写项目学习报告。

注：项目学习报告详见附录 F，建议在每个项目完成后填写。

评一评

项目检查评价表见表 19-2。

表 19-2　项目检查评价表

序号	检测的项目	分值	自我测试		小组测试		教师测试	
			结果	得分	结果	得分	结果	得分
1	外圆 ϕ（12±0.1）mm（分五段检查，每段 6 分）	30						
2	250mm	15						
3	⏤ 0.2	20						
4	锐边倒钝	5						
5	外圆表面粗糙度 *Ra*3.2μm	15						
6	安全文明生产情况	15						
7	合计	100						

评语（优、缺点及改进措施）

[知识加油站]

读一读

一、细长轴

当工件的长度与直径之比大于 25 时，我们称这种工件为细长轴。细长轴的最大特点是刚性差，在车削过程中受切削力、重力、切削热等因素的影响，容易发生弯曲变形，容易产生振动、锥度、腰鼓形、竹节形、表面粗糙度值大等缺陷。因此，细长轴是一种较难加工的零件。

二、车削细长轴

1. 车削细长轴的刀具

根据细长轴刚性差、易变形的特点，要求车削细长轴的刀具必须具备车削时径向力小、切削刃锋利和车削出工件表面粗糙度值小的特点，如图 19-6 所示。

1）为了减小径向力，应采用主偏角较大的车刀，主偏角应在 80°~93°的范围内选择。

2）为了保证车刀锋利，车刀前角应较大，在 15°~30°的范围内选择。

3）为了减小表面粗糙度值，应选正值刃倾角，使切屑排向待加工表面。刃倾角取 3°~10°。

4）为排屑顺利，车刀应磨有 $R1.5 \sim 3$mm 的断屑槽。

5）为了减小径向切削力引起的振动，应选择较小的刀尖圆弧半径，半径一般应小于 0.3mm；应选择较小的倒棱宽度，一般取 $0.5f$。

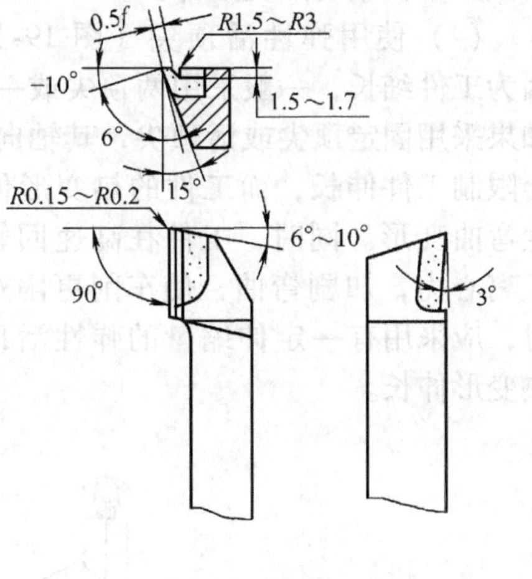

图 19-6　90°细长轴车刀

此外，应选用热硬性和耐磨性好的刀片材料，如 YT15、YT30、YW1 等，并提高刀尖的刃磨质量，使切削刃经常保持锋利，表面粗糙度值小于 $Ra0.4\mu m$。

2. 防止和减少细长轴变形的方法

车削细长轴的关键技术是解决工件车削过程中的刚性问题和变形问题。所以，车削细长轴时需要从四个方面入手：第一、使用中心架和跟刀架作辅助支承，增强工件的刚度；第二、解决工件因受热变形而伸长的问题；第三、合理选择车刀的几何角度；第四、合理选择切削用量。

（1）使用中心架　中心架是车床的附件。中心架安装在床身导轨上，一般支承工件的中间，提高工件的刚度。中心架常用的形式有两种，一种是普通中心架，如图 19-7 所示，一种是滚动轴承中心架，如图 19-8 所示。它们的不同之处在于后者的支承爪前端装有三个滚动轴承，以滚动摩擦代替滑动摩擦。滚动轴承中心架的优点是耐高速，不会研伤工件表面，缺点是同轴度稍差。

使用中心架支承车削细长轴，由于工件分两段车削，因此工件中间会有接刀痕迹。中心架支承车削细长轴主要用于精度要求不高，可以分段车削或调头车削的场合。

（2）使用跟刀架　跟刀架也是车床的附件。跟刀架一般固定在车床的床鞍上，车削时跟在车刀后面移动，承受作用在工件上的切削力。跟刀架常用的形式有两种，一种是两爪跟刀架，一种是三爪跟刀架，如图 19-9 所示。

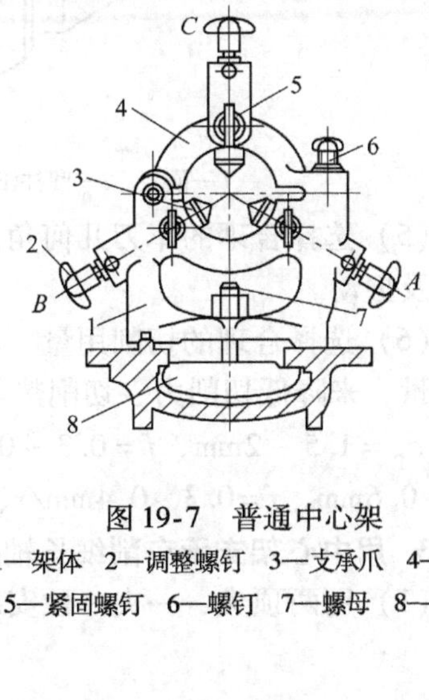

图 19-7　普通中心架

1—架体　2—调整螺钉　3—支承爪　4—上盖　5—紧固螺钉　6—螺钉　7—螺母　8—压板

跟刀架支承车削细长轴主要用于不允许有接痕的工件。

（3）加注充分的切削液　车削细长轴时，因工件细长，热扩散性能差，工件因温度升高而产生热变形伸长，易产生较大的线膨胀。因此，必须加注充分的切削液，让切削液带走大量的切削热，减少工件温度的升高，从而减少细长轴的热变形伸长。

（4）使用弹性活顶尖（图19-10）车削细长轴时，因为工件细长，一般采用两顶尖或一夹一顶的方式装夹。如果采用固定顶尖或活顶尖，其轴向位置是固定不变的，会限制工件伸长，而工件的热变形伸长又将导致工件发生弯曲变形。同时，工件在高速回转状态下，更容易产生离心力，加剧弯曲，使车削更困难。因此，使用顶尖时，应采用有一定伸缩量的弹性活顶尖，以补偿工件的热变形伸长。

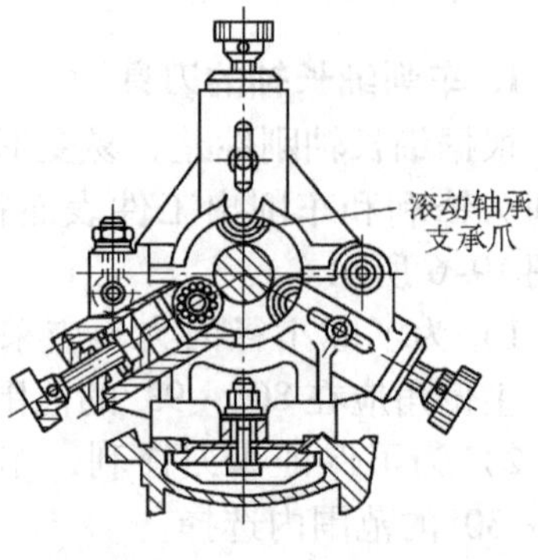

图19-8　带滚动轴承的中心架

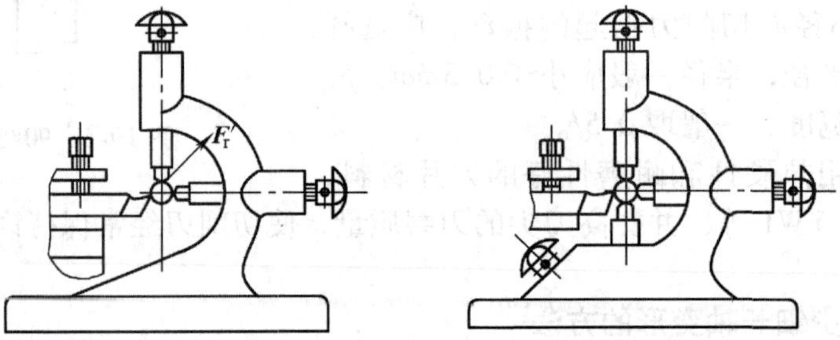

图19-9　跟刀架的种类

a）两爪跟刀架　b）三爪跟刀架

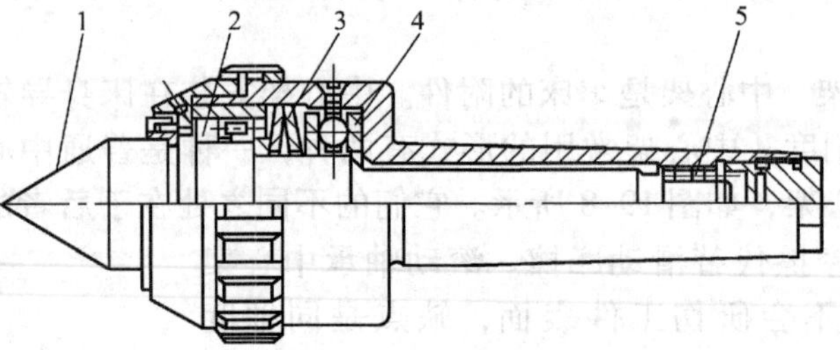

图19-10　弹性活顶尖

1—顶尖　2—圆柱滚子轴承　3—碟形弹簧　4—推力球轴承　5—滚针轴承

（5）选择合理的车刀几何角度　合理的几何角度有助于减小切削力、减少切削热、热变形及振动。

（6）选择合理的切削用量　车削细长轴时，一般应分粗车、半精车和精车，靠减少切削用量，来降低切削力、切削热等。例如，选用YT15、90°细长轴车刀，粗车时，切削用量应选 $a_p = 1.5 \sim 2$mm、$f = 0.3 \sim 0.4$mm/r、$v = 50 \sim 60$m/min；精车时，切削用量应选 $a_p = 0.3 \sim 0.6$mm、$f = 0.3 \sim 0.4$mm/r、$v = 60 \sim 100$m/min。

3. 用中心架支承车削细长轴

（1）用两顶尖、一夹一顶安装工件　安装中心架之前，应先在工件中部中心架的支承部位用低速、小进给量的切削方法车削出一段沟槽。沟槽直径应略大于工件要求的尺寸，沟槽宽度应宽于支承爪，沟槽应有较小的表面粗糙值和较高的形状精度（圆度）。然后装上中心架，开车时，按顺时针的顺序调整中心架的三个支承爪，使三个支承爪松紧适当，在沟槽上加注润滑油，如图 19-11 所示。

车削完一端后，将工件调头装夹，用中心架的三个支承爪轻轻支承已加工表面，再车削另一端至尺寸要求。

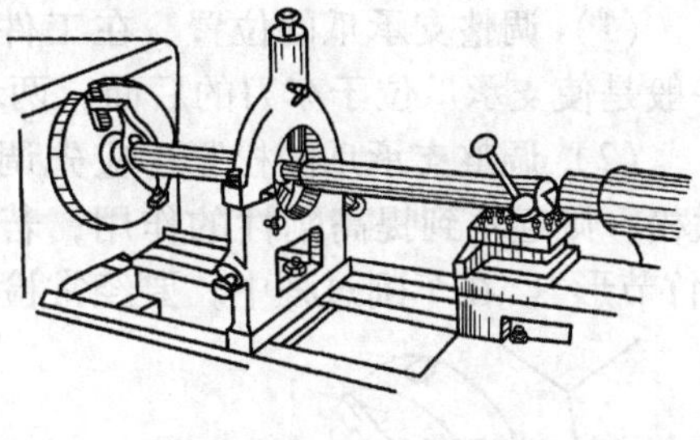

图 19-11　用中心架支承车削细工轴

对于外径不规则的工件（如中心架支承部位有键槽或花键等）或中间不需要加工的细长轴，可采用中心架配过渡套筒支承工件的方式车削，如图 19-12所示。过渡套筒的内孔应比被加工工件的外径大 20mm，两端各装有 3～4 个调整螺钉。用百分表找正，如图 19-13 所示，使过渡套筒外圆轴线与工件轴线重合，然后安装中心架，中心架的三个支承爪支承在过渡套筒的外圆上，其注意事项与支承在工件沟槽中相同。

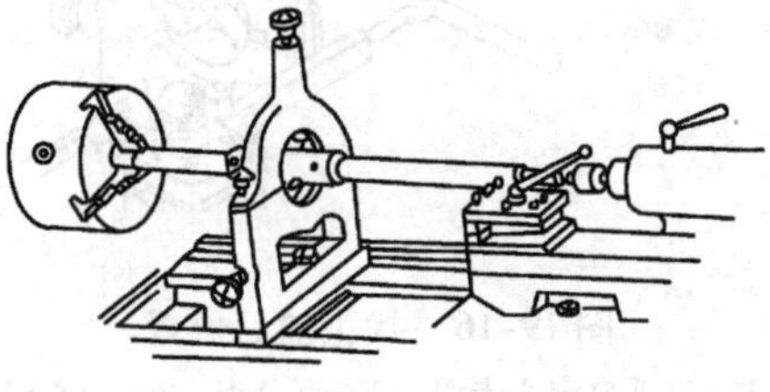

图 19-12　用中心架配过渡套筒车削细长轴

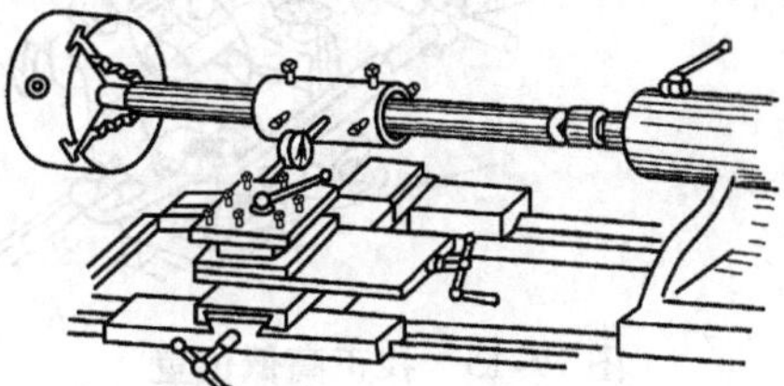

图 19-13　用百分表找正过渡套筒

车削完一端后，撤去过渡套筒，调头安装工件，调整中心架支承爪，使其与已加工表面接触，再车削另一端。

使用两顶尖装夹，中间用中心架支承车削细长轴时，常出现车削出的外圆有锥度的情况，产生锥度的原因除中心架支承爪调整不当或支承爪本身接触状态不良外，尾座的偏移也是一个重要的原因，所以必须找正尾座。尾座的找正方法如图 19-14 所示。当测得工件两端中滑板进给量的读数相同，而百分表在外圆读数不同时，说明尾座中心偏移，应进行找正，直到工件两端百分表读数相同为止。

（2）用三爪自定心卡盘夹紧和中心架支承工件　当工件一端用三爪自定心卡盘夹紧，另一端用中心架支承时，工件在中心架上装夹找正的形式有三种。

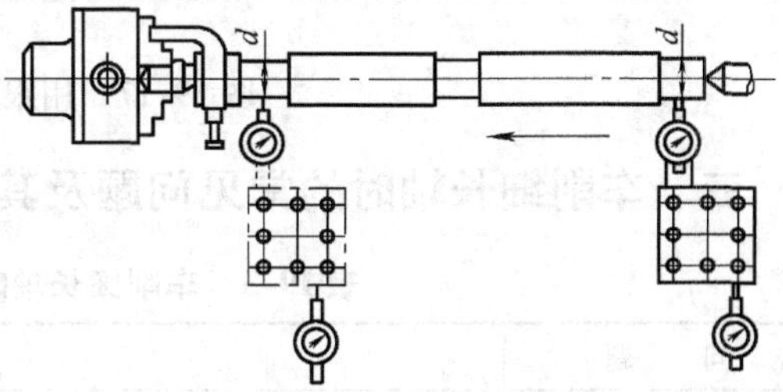

图 19-14　用两块百分表找正尾座中心位置

1）工件经一夹一顶半精车外圆后，若需要车削端面、车削孔或精车外圆时，只需将中心架放置并固定在床身上的适当位置，以外圆为基准，依次调整中心架的三个支承爪，使其与工件外圆轻轻接触，并用紧固螺钉锁紧支承爪，加注润滑油，移去尾座即可。

2）对于外圆已加工，且不太长的工件，可以一端用卡盘，另一端用中心架支承。用划针或百分表找正工件两端外圆，然后依次调整中心架的三个支承爪，使之与工件外圆轻轻接触即可。

3）当外圆已加工，且工件较长时，应一端用卡盘，另一端用中心架支承。用百分表在工件两端找正高低位置（图 19-15）和前后位置（图 19-16），也可以用高度游标卡尺测量工件两端的高低位置进行找正。

4. 用跟刀架支承车削细长轴（图 19-17）

（1）调整支承爪的位置　在工件的已加工表面上调整支承爪与车刀的相对支承位置，一般是使支承爪位于车刀的后面，两者的轴向距离应小于 10mm。

（2）调整支承爪的松紧　应先调整前后支承爪的松紧，再调整上下支承爪的松紧。若太松，则起不到提高刚性的作用；若太紧，则会影响工件的形状精度，使车削出的工件呈“竹节形”。在车削过程中，要经常检查支承爪的松紧程度，进行必要的调整。

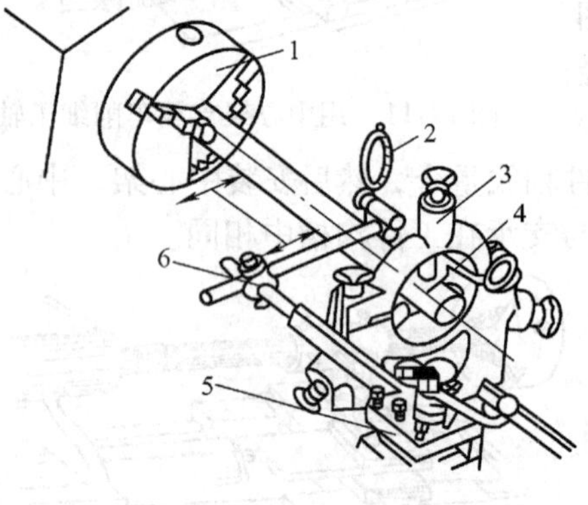

图 19-15　找正高低位置

1—三爪自定心卡盘　2—百分表　3—中心架
4—工件　5—刀架　6—表架连杆

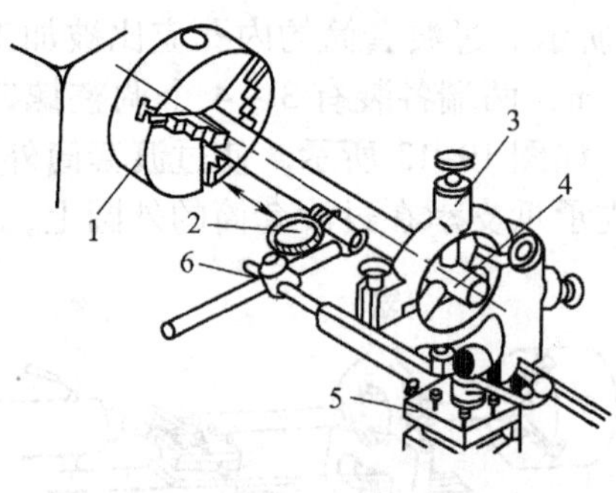

图 19-16　找正前后位置

1—三爪自定心卡盘　2—百分表　3—中心架
4—工件　5—刀架　6—表架连杆

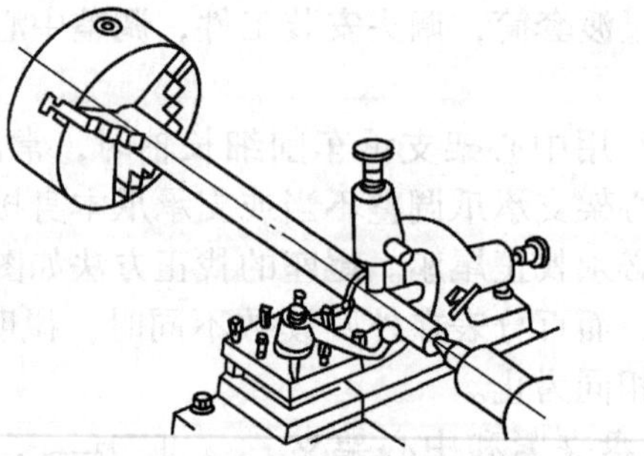

图 19-17　用跟刀架支承车削细长轴

三、车削细长轴时的常见问题及其产生原因（表 19-3）

表 19-3　车削细长轴时的常见问题及其产生原因

问　题	产生原因
锥度	1. 车床主轴中心线与尾座中心线不同轴 2. 用中心架支承车削细长轴时，中心架支承爪调整不当或支承爪本身接触不良 3. 顶尖与工件的松紧程度不当，太紧或太松 4. 车床床身导轨有歪斜或车床水平面有误差 5. 工件刚性太低，发生让刀 6. 车刀严重磨损

（续）

问　题	产生原因
竹节形	1. 用跟刀架支承时，支顶得过紧 2. 跟刀架支承爪与工件接触不良
腰鼓形	1. 细长轴两端刚度高，切削正常，中间刚度低，发生让刀 2. 跟刀架支承爪支承间隙不当 3. 跟刀架支承爪圆弧面的轴线与主轴中心轴线不重合 4. 车刀主偏角较小，车刀不锋利，径向切削力分力较大
尺寸不正确	1. 前后端尺寸不准，两端加工时测量或试切不准 2. 接刀痕处尺寸不准，接刀痕处车削时控制不好 3. 加工过程刚性差，振动大 4. 量具有误差

项目二十 薄壁零件的加工

[项目引入]

前面我们学习了如何加工各种套类零件，在实际生产中，还有一种外形简单、壁厚较薄、刚性较差的零件，如图 20-1 所示。这类零件在车床上是怎么加工的呢？要解决这个问题，实际上就是要掌握车工中，车削薄壁零件的方法。

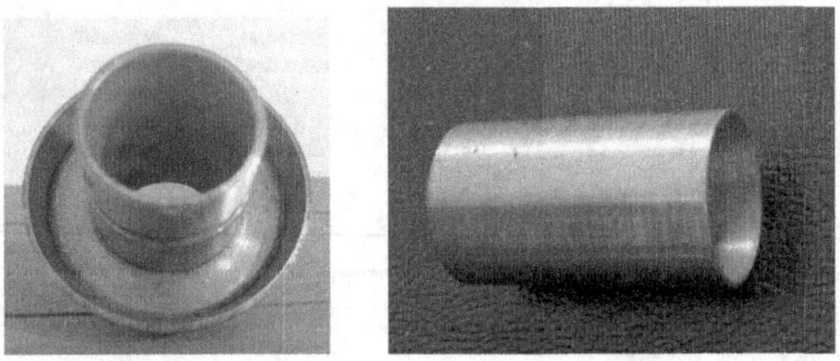

a) b)

图 20-1 薄壁零件

[项目任务与要求]

按图 20-2 的要求加工薄壁零件。毛坯可使用项目十八的零件。

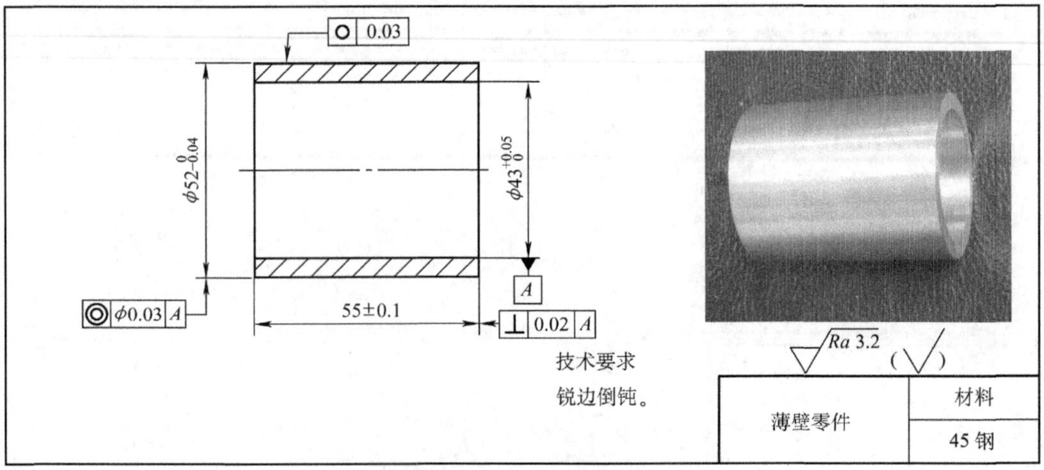

图 20-2 薄壁零件

[学习目标]

知识目标

◆ 了解薄壁零件的特点

◆ 了解薄壁零件的变形原因

技能目标

◇ 掌握安装薄壁零件的方法

◇ 掌握车削薄壁零件的方法

情感、态度与价值观目标

☆ 注意培养探究问题的能力

[项目计划与实施]

想一想

要完成这项任务需要哪些知识准备？需要哪些技能准备？需要哪些刀具、量具、夹具？怎样安装工件？怎样安装刀具？怎样减少薄壁零件的变形？在花盘上怎样车削薄壁套筒？在车削加工过程中，怎样减少薄壁零件的振动？怎样检测薄壁套筒？加工如图 20-2 所示零件的工艺流程是什么？请认真思考上述问题，查阅有关资料，完成项目计划表。

注：项目计划表详见附录 E，建议在每个项目开始前填写。

做一做

根据图 20-2 的要求加工薄壁套筒。

1. 根据图样进行分析

1）图 20-2 所示为薄壁套筒，它由外径为 ϕ52mm、内径为 ϕ43mm、壁厚为 4. 5mm、总长为 55mm 的内、外圆组成。

2）轴向尺寸与径向尺寸相差不大，内孔与外圆精度较高，表面粗糙度值为 Ra3. 2μm，有较高的同轴度要求，相关表面的形状、位置精度要求也较高。

3）为保证零件的加工精度，拟采用特制开口薄壁套筒夹持外圆精车内孔。

该零件的加工示意图如图 20-3 所示。

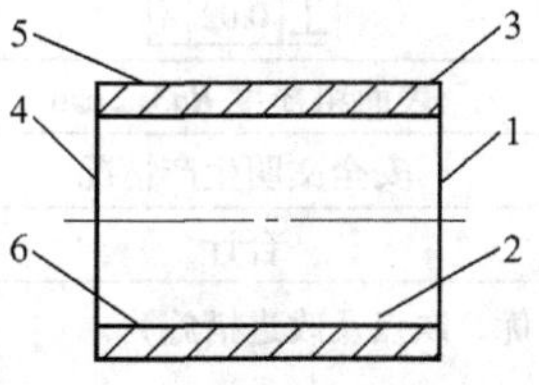

图 20-3　薄壁零件加工示意图

2. 加工步骤（表 20-1 供参考）

表 20-1　加工步骤

步骤	加工内容	刀具、量具
1	用三爪自定心卡盘夹持毛坯外圆，伸出长度为 35mm 以上，找正并夹紧，车削右端面	45°弯头车刀或 90°外圆车刀
2	粗车内孔至 $\phi32 \sim \phi38$mm，倒钝孔口锐边	镗孔刀
3	粗、精车外圆 $\phi52$mm 至要求，长度为 35mm，锐边倒钝	90°外圆车刀
4	调头，用特制的开口薄壁套筒夹持已加工好的外圆，找正并夹紧，车削左端面，保证总长 55mm 的要求	45°弯头车刀或 90°外圆车刀
5	精车外圆 $\phi52$mm 至要求，长度至接线处，锐边倒钝	90°外圆车刀
6	精车内孔 $\phi43$mm 至要求，长度为全长，倒钝孔口锐边	镗孔刀
7	检查	内、外径千分尺，游标卡尺等

[项目检查与评价]

写一写

填写项目学习报告。

注：项目学习报告详见附录 F，建议在每个项目完成后填写。

评一评

项目检查评价表见表 20-2。

表 20-2　项目检查评价表

序号	检测的项目	分值	自我测试		小组测试		教师测试	
			结果	得分	结果	得分	结果	得分
1	外圆 $\phi52_{-0.04}^{\ 0}$mm	15						
2	孔 $\phi43_{\ 0}^{+0.05}$mm	15						
3	(55 ± 0.1) mm	10						
4	◎ φ0.03 A	10						
5	○ 0.03	10						
6	⊥ 0.02 A	10						
7	表面粗糙度 $Ra3.2\mu m$	15						
8	安全文明生产情况	15						
9	合计	100						
评语（优、缺点及改进措施）								

[知识加油站]

读一读

一、薄壁零件

薄壁零件最大的特点是壁较薄、刚性差，在车削过程中容易发生变形和振动，影响零件的加工，以及零件的几何精度、尺寸精度和表面粗糙度，是一种较难加工的零件。

薄壁零件的变形主要表现为以下几个方面。

（1）夹紧变形　因为零件壁较薄，夹紧时卡爪和零件接触面积小，压强大，最易把零件夹成如图 20-4a 所示的多边形。松开卡爪取下零件后，由于零件的弹性恢复，外圆恢复成圆柱表，而内孔则变成如图 20-4b 所示的弧形三边形。夹紧变形主要影响零件的形状精度。

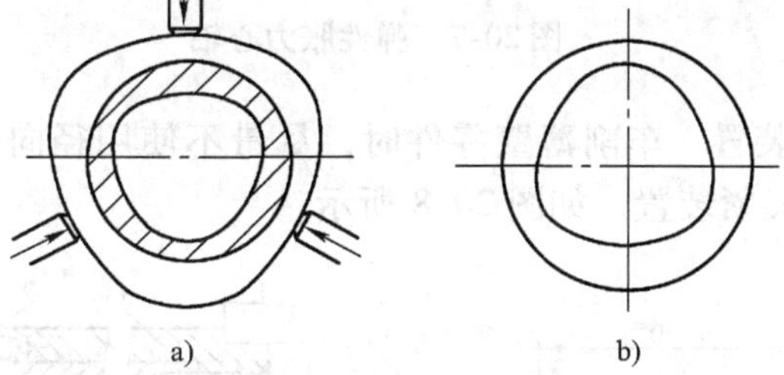

图 20-4　薄壁零件的夹紧变形

a）夹紧变形　b）弹性恢复

（2）振动变形　因为零件的刚性差，在切削力（主要是径向切削分力）的作用下，最易产生振动而引起零件变形。振动变形主要影响零件的表面粗糙度和尺寸精度。

（3）热变形　因为零件的壁薄、质量小、热容量小，在切削热作用下最易产生热变形。特别是对于线膨胀系数较大的金属薄壁零件，由切削热引起零件的变形尤为严重。热变形主要影响零件的尺寸精度。

（4）测量变形　精密的薄壁零件，由于测量时承受不了千分尺或百分表的测量压力而产生测量变形，从而出现较大的测量误差。测量变形主要影响零件的测量精度。

二、车削薄壁零件

1. 防止和减少薄壁零件变形的方法

车削薄壁零件最大的特点是零件易变形，为防止和减少零件的变形应采取以下措施。

（1）增大装夹时的接触面积

1）采用开缝套筒，如图 20-5 所示。

2）采用特制软卡爪，如大面积软爪、扇形软爪，如图 20-6 所示。

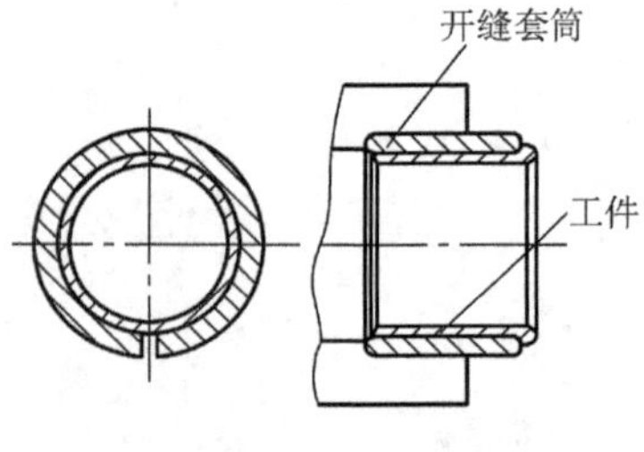

图 20-5　开缝套筒

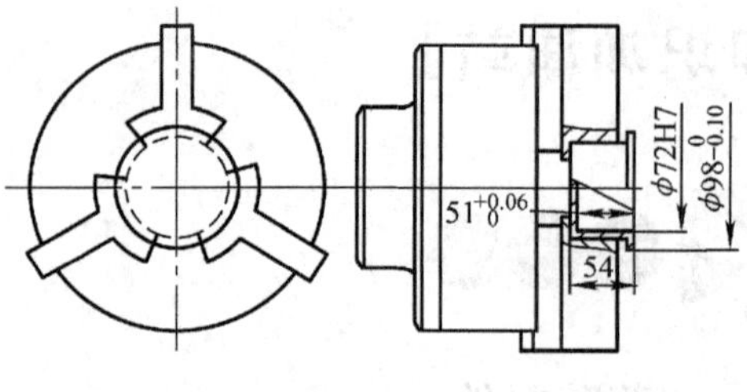

图 20-6　特制软卡爪

3）采用弹性胀力心轴，如图 20-7 所示。

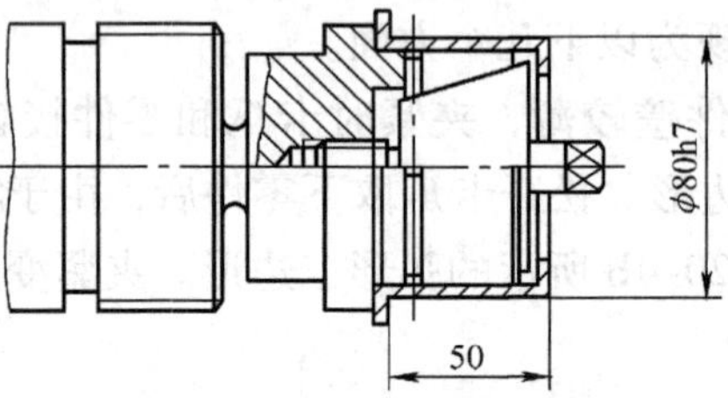

图 20-7　弹性胀力心轴

（2）采用轴向夹紧装置　车削薄壁零件时，尽量不使用径向夹紧，而是采用轴向夹紧的方法，如专用的轴向夹紧装置，如图 20-8 所示。

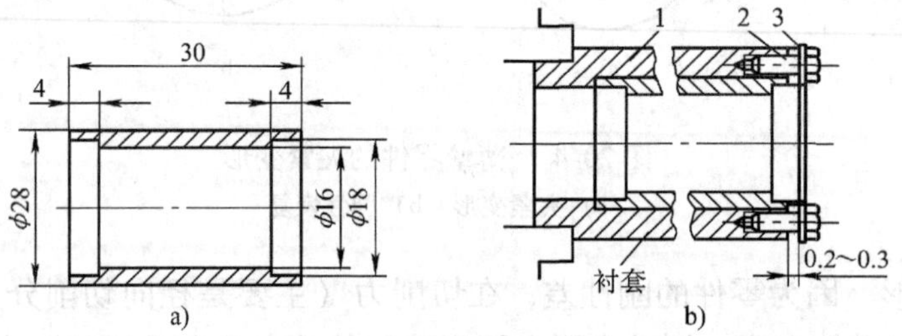

图 20-8　轴向夹紧装置

a）零件　b）零件的装夹

1—夹具　2—螺钉　3—垫圈

（3）增加辅助支承或工艺肋　有些薄壁零件，可在其装夹部位增加特制的工艺肋，以增强此处的刚度，使夹紧力作用在工艺肋上，以减少零件的变形。加工完毕后，再去掉工艺肋，如图 20-9 所示。

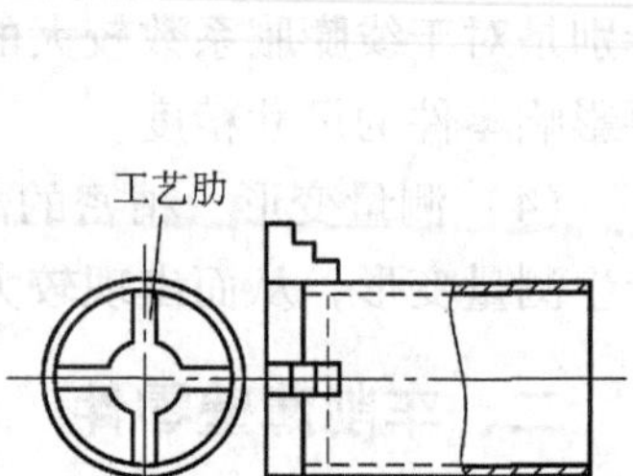

图 20-9　增加工艺肋

（4）合理选择车刀的几何参数

1）精车薄壁零件时，车刀刀柄的刚性要高，车刀的修光刃不能过长（一般取 0.2 ~0.3mm），刃口要锋利。

2）选用较大的主偏角。增大主偏角可以减小主切削刃参加工作的长度，并有利于减小径向切削分力。

3）适当增大副偏角可以减少副切削刃与零件之间的摩擦，从而减少切削热，有利于减少零件的热变形。

4）适当增大前角，尽量使车刀锋利，切削轻快，排屑顺畅，促使减小切削力和切削热。

（5）合理选择切削用量　切削用量中的背吃刀量对切削力的影响最大，切削速度对切削热的影响最为显著。因此，在车削薄壁零件时，应减小背吃刀量，增加进给次数，并适当提高进给量。

（6）把粗、精加工分开装夹　零件分粗车、精车。粗车时，夹紧力可大一些；精车时，夹紧力可小一些。粗车时，切削余量大，夹紧力大，切削力和切削热也大，因而零件温升加快，变形较大。粗车后，零件应有足够的自然冷却时间，不至于使精车时的热变形加剧；精车时，夹紧力稍小，一方面可使夹紧变形小，另一方面精车时还可以消除因粗车时切削力过大而产生的变形。

（7）使用切削液　充分浇注切削液，降低切削温度，减少零件的热变形。

（8）采用减振措施　调整好车床各部位的间隙，加强工艺系统的刚度，使用吸振材料，例如，将软橡胶片卷成筒状塞入零件已加工好的内孔中精车外圆，如图20-10所示；用医用橡胶管均匀缠绕在已加工好的外圆上精加工内孔，如图20-11所示，都能获得较好的减振效果。

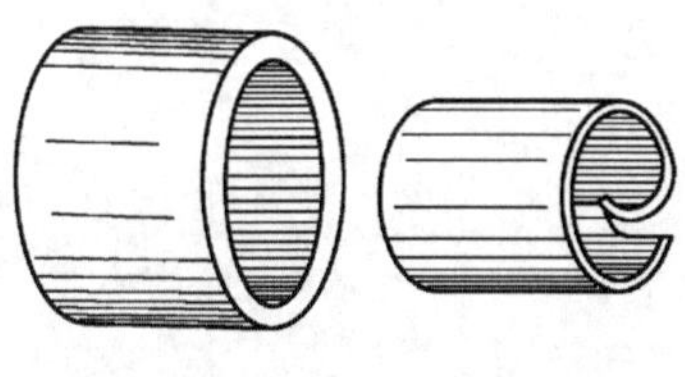

图20-10　放入工件中的橡胶

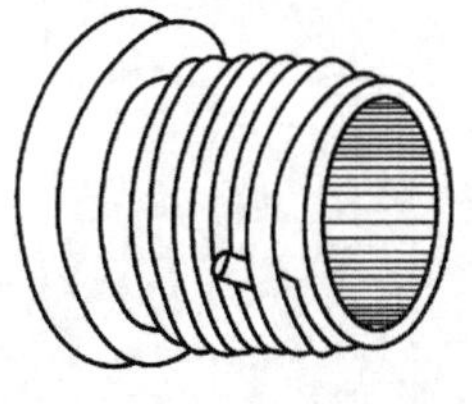

图20-11　绕在工件上橡胶管

2. 薄壁零件的加工

车削薄壁零件的关键是采用合理的安装方法。下面介绍不同的安装方法所采用的不同车削步骤。

（1）车削较短的薄壁零件　车削较短的薄壁零件时，最好在一次装夹中完成。车削步骤为：

1）车削端面及粗车外圆。

2）钻孔，粗车内孔。

3）在充分加注切削液和车刀锋利的前提下，精车外圆及内孔。

4）切断。

5）在心轴（或采用开缝套筒、软卡爪）上车削另一端面和倒角。

（2）车削直径较大、精度较高的薄壁零件　车削精度较高、尺寸较大的薄壁零件时，最好在花盘上进行。在花盘上的安装方法采用轴向夹紧，这样能有效地防止车削时零件的变形。

总之，车削薄壁零件时只要装夹合理，其车削方法同车削一般内孔相似。

三、车削薄壁零件时的常见问题及其产生原因（表 20-3）

表 20-3　车削薄壁零件时的常见问题及其产生原因

问　　题	产 生 原 因
形状变形	1. 零件安装不当，发生夹紧变形 2. 零件刚性太差，发生振动变形 3. 刀具不锋利，导致夹紧力过大 4. 粗、精加工未分开进行，使精车时的夹紧力过大
尺寸不正确	1. 切削用量选择不当，发生热变形 2. 没有充分切削液冷却，发生热变形 3. 测量时，因测量压力而引起变形，导致测量误差 4. 加工过程刚性差、振动大 5. 车刀的几何角度不合理 6. 量具有误差

附录

附录 A　初级考试训练题

训练题 1　车 削 锥 轴

1. 零件图样（附图 1）

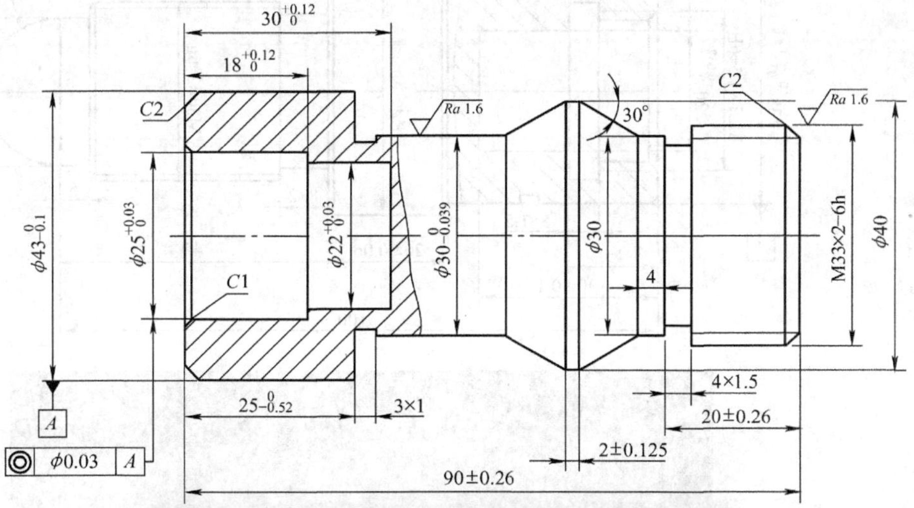

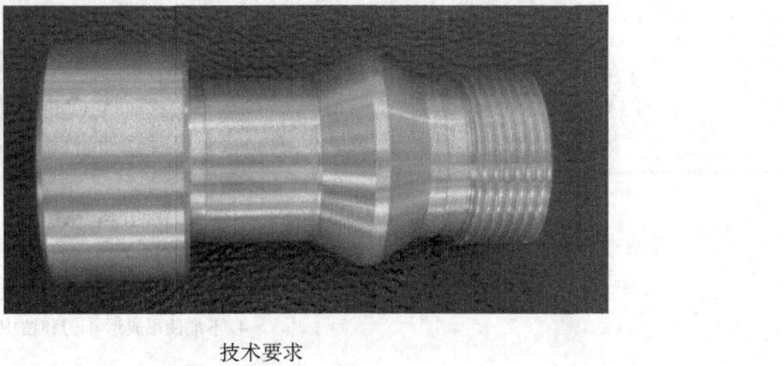

技术要求

1. 未注倒角为 C0.3。
2. 未注公差尺寸按 IT14。
3. 圆锥角公差为±10′。
4. 圆锥面用宽刃车刀车削。
5. 不准用砂布、锉刀等打磨抛光工件。

Ra 3.2 (√)

锥轴	材料
	45 钢

附图 1　锥轴

2. 考核说明

毛坯尺寸：ϕ45mm×110mm。

工时：210min。

训练题2　车削冲头

1. 零件图样（附图2）

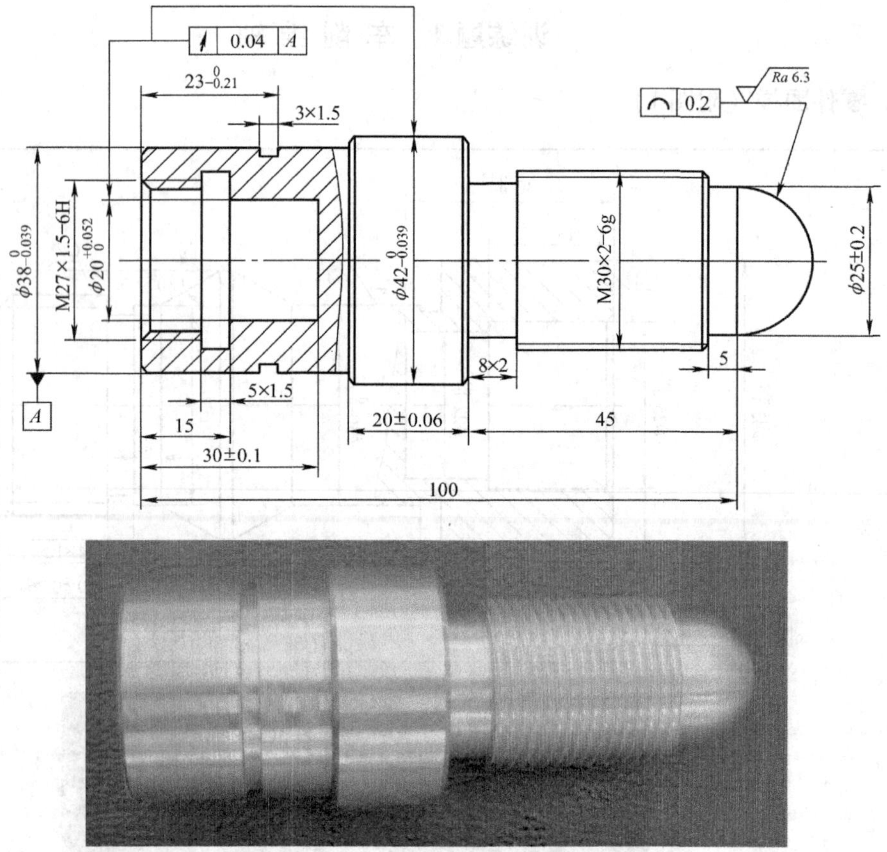

技术要求

1. 未注倒角为C1。
2. 未注公差尺寸按IT14。
3. 球头部分不允许用锉刀和砂布修光。
4. 不准使用成形车刀和留中心孔。

$\sqrt{Ra\ 3.2}$ ($\sqrt{}$)

冲头	材料	
	45钢	

附图2　冲头

2. 考核说明

毛坯尺寸：ϕ45mm×120mm。

工时：220min。

训练题 3　车削锥度螺纹轴

1. 零件图样（附图 3）

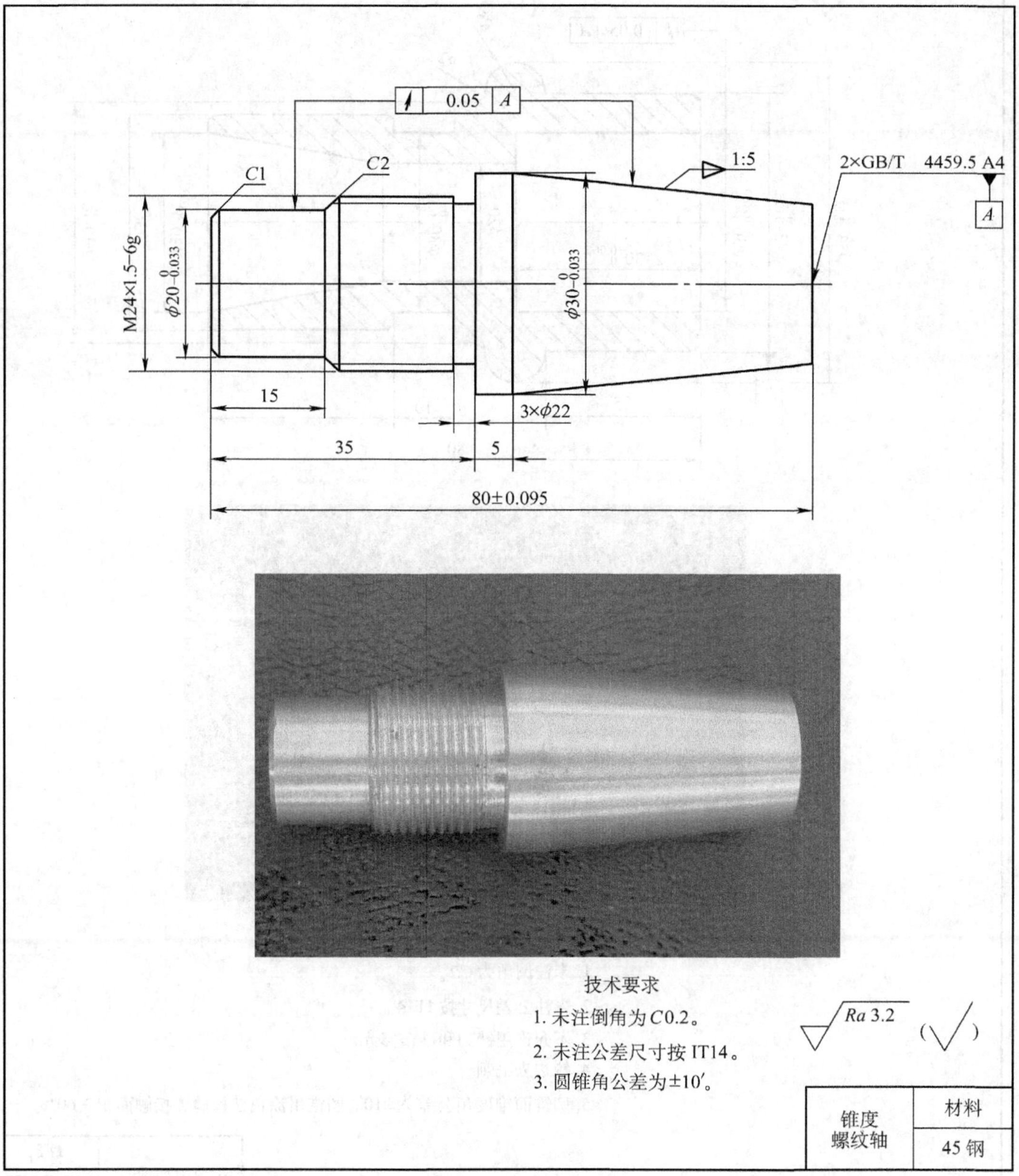

附图 3　锥度螺纹轴

2. 考核说明

毛坯尺寸：ϕ32mm × 85mm。

工时：120min。

训练题4 车削锥孔轴套

1. 零件图样（附图4）

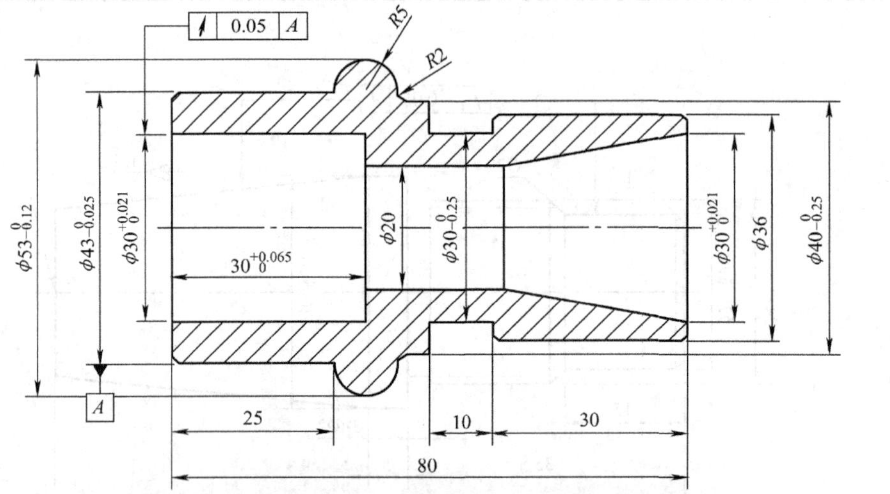

技术要求

1. 未注倒角为C2。
2. 未注公差尺寸按IT14。
3. 不允许用锉刀和砂布修光。
4. 锐边去毛刺。
5. 圆锥面锥度角公差为±10′，圆锥用涂色法检验，接触面积≥60%。

锥孔轴套	材料
	45钢

附图4 锥孔轴套

2. 考核说明

毛坯尺寸：ϕ55mm×85mm。

工时：240min。

训练题 5　车削三件台阶组合体

1. 零件图样（附图 5 ~ 附图 8）

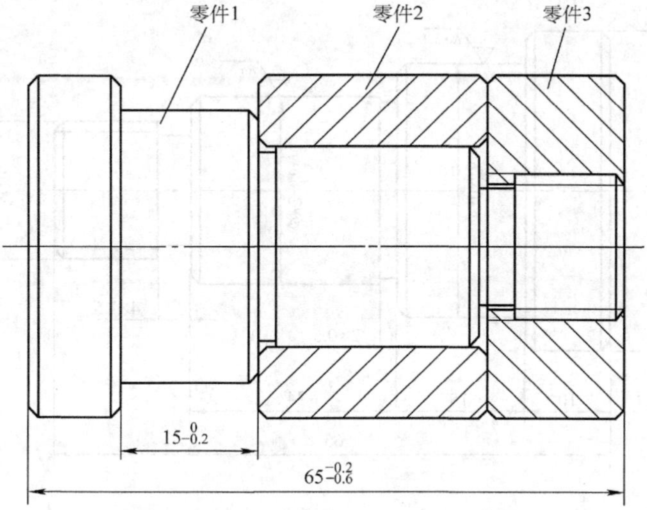

三件台阶组合体	材料
	45 钢

附图 5　三件台阶组合体

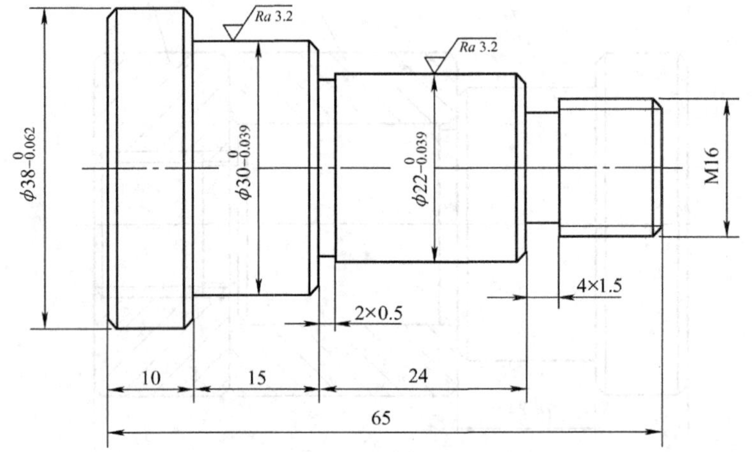

技术要求

1. 未注倒角全部为 *C*1。
2.锐边去毛刺。

Ra 6.3 (√)

轴(零件 1)	材料	
	45 钢	

附图 6　轴

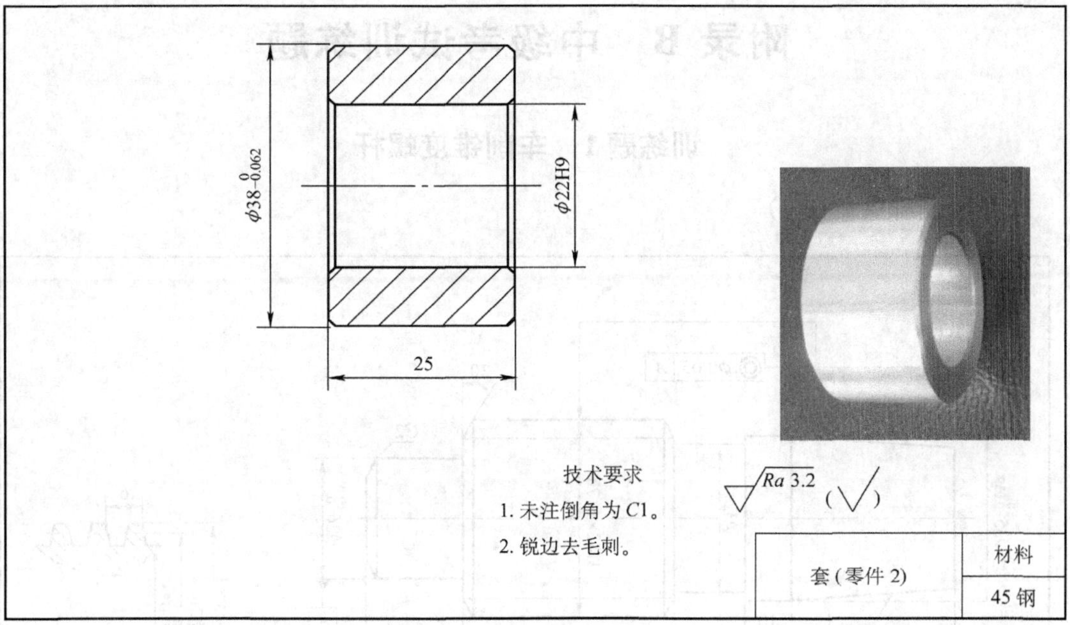

附图 7　套

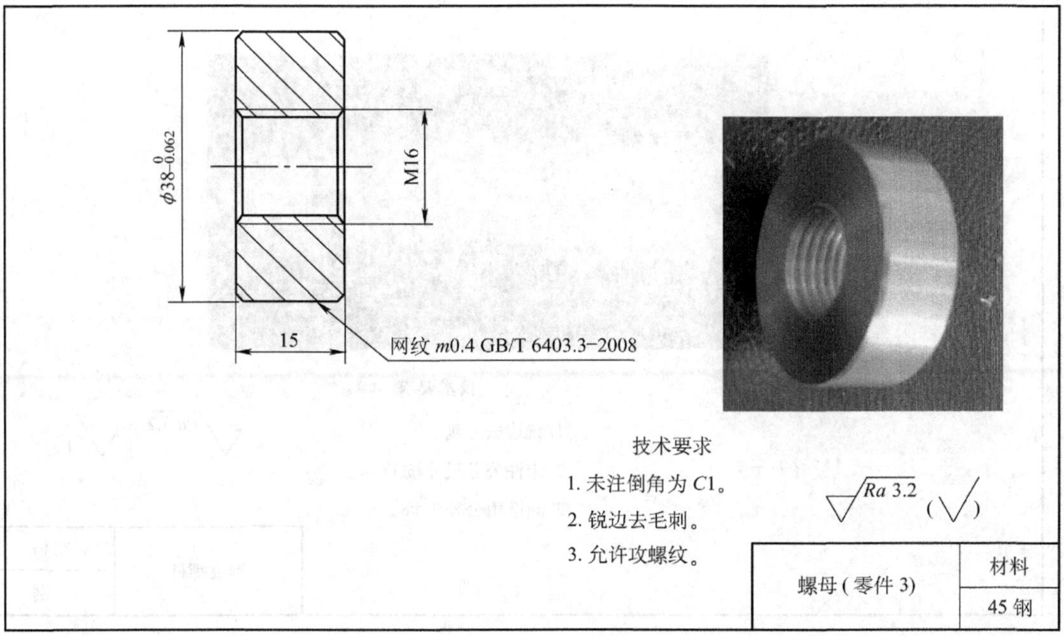

附图 8　螺母

2. 考核说明

毛坯尺寸：ϕ40mm × 120mm。

工时：240min。

附录 B　中级考试训练题

训练题 1　车削锥度螺杆

1. 零件图样（附图 9）

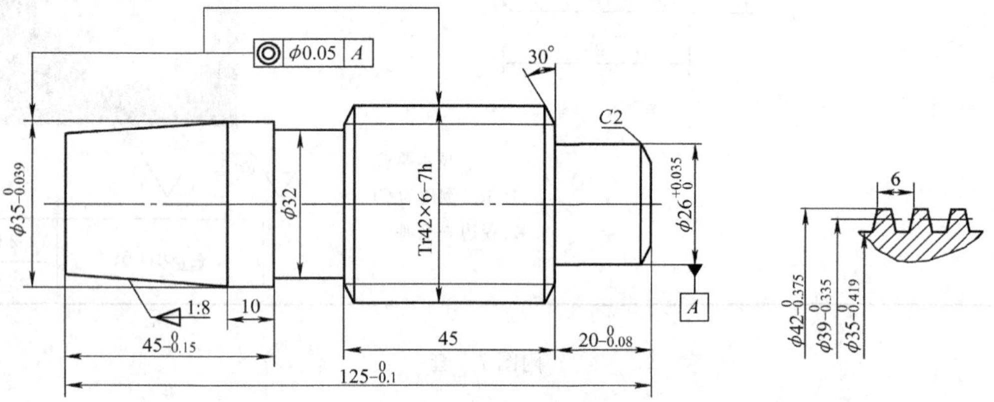

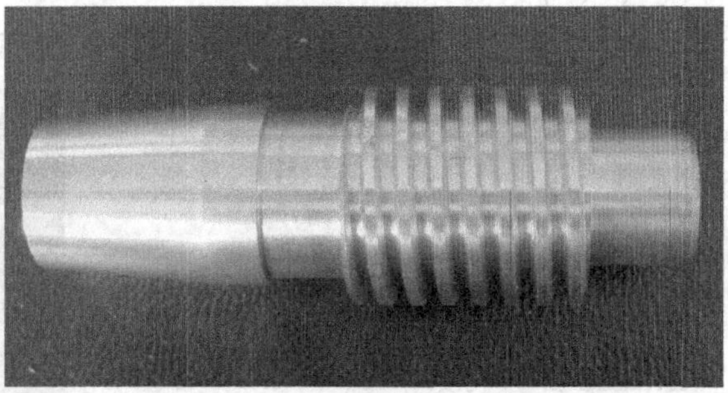

技术要求

1. 锐边去毛刺。
2. 未注公差尺寸按 IT14。
3. 圆锥角公差为±8′。

Ra 3.2 (√)

锥度螺杆	材料	
	45 钢	

附图 9　锥度螺杆

2. 考核说明

毛坯尺寸：ϕ45mm × 130mm。

工时：220min。

训练题 2　车削螺纹配合件

1. 零件图样（附图 10）

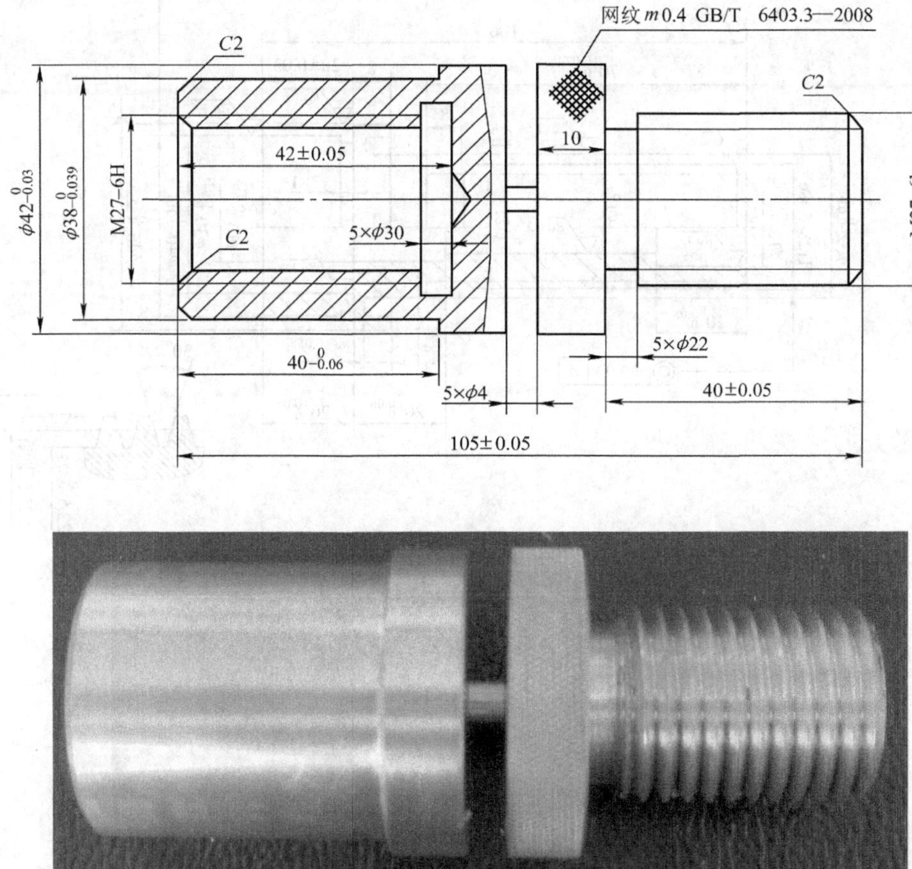

技术要求

1. 未注倒角为 C0.2。
2. 未注公差尺寸按 IT14。
3. 检查工件总长后再锯断。
4. 锯断后，检查螺纹配合情况。

$\sqrt{Ra\ 3.2}$ （$\sqrt{}$）

螺纹配合件	材料
	45 钢

附图 10　螺纹配合件

2. 考核说明

毛坯尺寸：ϕ45mm × 110mm。

工时：210min。

训练题 3　车削内孔螺杆轴

1. 零件图样（附图 11）

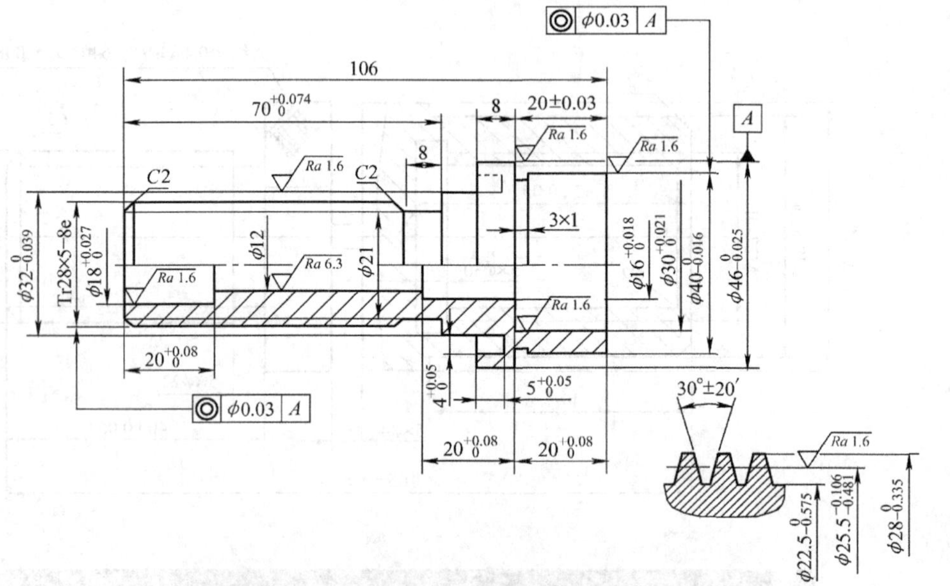

技术要求

1. 未注倒角为 C0.2。
2. 未注公差尺寸按 IT14。
3. 不允许使用锉刀、砂布。　Ra 3.2（√）

内孔螺杆轴	材料
	45 钢

附图 11　内孔螺杆轴

2. 考核说明

毛坯尺寸：ϕ48mm × 110mm。

工时：270min。

训练题 4 车削转向螺杆

1. 零件图样（附图 12）

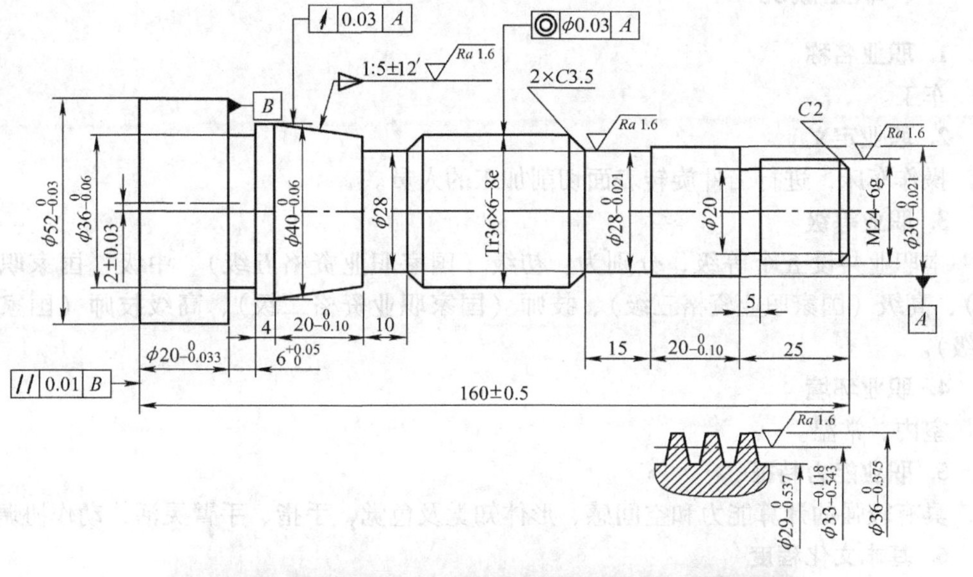

技术要求

1. 未注倒角为 C0.5。
2. 未注公差尺寸按 IT14。

Ra 3.2 （√）

转向螺杆	材料
	45 钢

附图 12 转向螺杆

2. 考核说明

毛坯尺寸：$\phi 55\text{mm} \times 165\text{mm}$。

工时：300min。

附录C 车工国家职业标准

一、职业概况

1. 职业名称

车工。

2. 职业定义

操作车床，进行工件旋转表面切削加工的人员。

3. 职业等级

本职业共设五个等级，分别为：初级（国家职业资格五级）、中级（国家职业资格四级）、高级（国家职业资格三级）、技师（国家职业资格二级）、高级技师（国家职业资格一级）。

4. 职业环境

室内，常温。

5. 职业能力特征

具有较强的计算能力和空间感、形体知觉及色觉，手指、手臂灵活，动作协调。

6. 基本文化程度

初中毕业。

7. 培训要求

（1）培训期限　对于全日制职业学校教育，根据学校的培养目标和教学计划确定。晋级培训期限：初级不少于500标准学时，中级不少于400标准学时，高级不少于300标准学时，技师不少于300标准学时，高级技师不少于200标准学时。

（2）培训教师　培训初、中、高级车工的教师应具有本职业技师以上职业资格证书或相关专业中级以上专业技术职务任职资格；培训技师的教师应具有本职业高级技师职业资格证书或相关专业高级专业技术职务任职资格；培训高级技师的教师应具有本职业高级技师职业资格证书2年以上或相关专业高级专业技术职务任职资格。

（3）培训场地和设备　满足教学需要的标准教室，并具有车床及必要的刀具、夹具、量具和车床辅助设备等。

8. 鉴定要求

（1）适用对象　从事或准备从事本职业的人员。

（2）申报条件　各级别申报条件分别如下。

初级（具备以下条件之一者）：

1）经本职业初级正规培训达到规定标准学时数，并取得毕（结）业证书。

2）在本职业连续见习工作2年以上。

3）本职业学徒期满。

中级（具备以下条件之一者）：

1）取得本职业初级职业资格证书后，连续从事本职业工作3年以上，经本职业中级正规培训达到规定标准学时数，并取得毕（结）业证书。

2）取得本职业初级职业资格证书后，连续从事本职业工作 5 年以上。

3）连续从事本职业工作 7 年以上。

4）取得经劳动保障行政部门审核认定的、以中级技能为培养目标的中等以上职业学校本职业（专业）毕业证书。

高级（具备以下条件之一者）：

1）取得本职业中级职业资格证书后，连续从事本职业工作 4 年以上，经本职业高级正规培训达到规定标准学时数，并取得毕（结）业证书。

2）取得本职业中级职业资格证书后，连续从事本职业工作 7 年以上。

3）取得高级技工学校或经劳动保障行政部门审核认定的、以高级技能为培养目标的高等职业学校本职业（专业）毕业证书。

4）取得本职业中级职业资格证书的大专以上本专业或相关专业毕业生，连续从事本职业工作 2 年以上。

技师（具备以下条件之一者）：

1）取得本职业高级职业资格证书后，连续从事本职业工作 5 年以上，经本职业技师正规培训达到规定标准学时数，并取得毕（结）业证书。

2）取得本职业高级职业资格证书后，连续从事本职业工作 8 年以上。

3）取得本职业高级职业资格证书的高级技工学校本职业（专业）毕业生和大专以上本专业或相关专业毕业生，连续从事本职业工作满 2 年。

高级技师（具备以下条件之一者）：

1）取得本职业技师职业资格证书后，连续从事本职业工作 3 年以上，经本职业高级技师正规培训达到规定标准学时数，并取得毕（结）业证书。

2）取得本职业技师职业资格证书后，连续从事本职业工作 5 年以上。

（3）鉴定方式　分为理论知识考试和技能操作考核。理论知识考试采用闭卷笔试方式，技能操作考核采用现场实际操作方式。理论知识考试和技能操作考核均实行百分制，成绩皆达 60 分以上者为合格。技师、高级技师鉴定还须进行综合评审。

（4）考评人员与考生的配比　理论知识考试考评人员与考生的配比为 1∶15，每个标准教室不少于 2 名考评人员；技能操作考核考评人员与考生的配比为 1∶5，且不少于 3 名考评员。

（5）鉴定时间　理论知识考试时间不少于 120min。技能操作考核时间为：初级不少于 240min，中级不少于 300min，高级不少于 360min，技师不少于 420min，高级技师不少于 240min。论文答辩时间不少于 45min。

（6）鉴定场所和设备　理论知识考试在标准教室里进行；技能操作考核在配备必要的车床、工具、夹具、刀具、量具、量仪，以及机床附件的场所进行。

二、基本要求

1. 职业道德

（1）职业道德基本知识

（2）职业守则

1）遵守法律、法规和有关规定。

2）爱岗敬业、具有高度的责任心。

3）严格执行工作程序、工作规范、工艺文件和安全操作规程。

4）工作认真负责，团结合作。

5）爱护设备及工具、夹具、刀具、量具。

6）着装整洁，符合规定；保持工作环境清洁有序，文明生产。

2. 基础知识

（1）基础理论知识

1）识图知识。

2）公差与配合知识。

3）常用金属材料及热处理知识。

4）常用非金属材料知识。

（2）机械加工基础知识

1）机械传动知识。

2）机械加工常用设备知识（分类、用途）。

3）金属切削常用刀具知识。

4）典型零件（主轴、箱体、齿轮等）的加工工艺。

5）设备润滑及切削液的使用知识。

6）工具、夹具、量具的使用与维护知识。

（3）钳工基础知识

1）划线知识。

2）钳工操作知识（錾、锉、锯、钻、铰孔、攻螺纹、套螺纹）。

（4）电工知识

1）通用设备常用电器的种类及用途。

2）电力拖动及控制原理基础知识。

3）安全用电知识。

（5）安全文明生产与环境保护知识

1）现场文明生产要求。

2）安全操作与劳动保护知识。

3）环境保护知识。

（6）质量管理知识

1）企业的质量方针。

2）岗位的质量要求。

3）岗位的质量保证措施与责任。

（7）相关法律、法规知识

1）劳动法相关知识

2）合同法相关知识。

三、工作要求

本标准对初级、中级、高级、技师、高级技师的技能要求依次递进，高级别包括低级别的要求。在“工作内容”栏内未标注“卧式车床”或“数控车床”的，均为两者通用（数控车工从中级开始，至技师止）。

1. 初级（附表1）

附表1　初级车工工作要求

职业功能	工作内容	技能要求	相关知识
工艺准备	读图与绘图	能读懂轴、套和圆锥、螺纹及圆弧等简单零件图	简单零件的表达方法，各种符号的含义
	制定加工工艺	1. 能读懂轴、套和圆锥、螺纹及圆弧等简单零件的机械加工工艺过程 2. 能制定简单零件的车削加工顺序（工步） 3. 能合理选择切削用量 4. 能合理选择切削液	1. 简单零件的车削加工顺序 2. 车削用量的选择方法 3. 切削液的选择方法
	工件的定位与夹紧	能使用车床通用夹具和组合夹具将工件正确定位与夹紧	1. 工件正确定位与夹紧的方法 2. 车床通用夹具的种类、结构与使用方法
	刀具的准备	1. 能合理选用车床常用刀具 2. 能刃磨普通车刀及标准麻花钻	1. 车削常用刀具的种类与用途 2. 车刀几何参数的定义、常用几何角度的表示方法及其与切削性能的关系 3. 车刀与标准麻花钻的刃磨方法
	设备的维护保养	能简单维护保养卧式车床	卧式车床的润滑及常规保养方法
工件的加工	轴类零件的加工	1. 能车削三个以上台阶的普通台阶轴，并达到以下要求 1）同轴度公差：0.05mm 2）表面粗糙度：$Ra3.2\mu m$ 3）公差等级：IT8 2. 能进行滚花加工及抛光加工	1. 台阶轴的车削方法 2. 滚花加工及抛光加工的方法
	套类零件的加工	能车削套类零件，并达到以下要求 1）公差等级：外径IT7，内孔IT8 2）表面粗糙度：$Ra3.2\mu m$	套类零件钻、扩、镗、铰的方法
	螺纹的加工	能车削普通螺纹、英制螺纹及管螺纹	1. 普通螺纹的种类、用途及计算方法 2. 车削螺纹的方法 3. 攻、套螺纹前螺纹底径及杆径的计算方法
	圆锥面及成形面的加工	能车削具有内、外圆锥面工件的圆锥面以及球类工件、曲线手柄等简单成形面，并进行相应的计算和调整	1. 圆锥的种类、定义及计算方法 2. 圆锥的车削方法 3. 成形面的车削方法
精度检验及误差分析	内外径、长度、深度、高度的检验	1. 能使用游标卡尺、千分尺、内径百分表测量直径及长度 2. 能用塞规及卡规测量孔径及外径	1. 使用游标卡尺、千分尺、内径百分表测量工件的方法 2. 塞规和卡规的结构及使用方法
	锥度及成形面的检验	1. 能用角度样板、游标万能角度尺测量锥度 2. 能用涂色法检验锥度 3. 能用曲线样板或普通量具检验成形面	1. 使用角度样板、游标万能角度尺测量锥度的方法 2. 锥度量规的种类、用途及用涂色法检验锥度的方法 3. 成形面的检验方法
	螺纹的检验	1. 能用螺纹千分尺测量三角形螺纹的中径 2. 能用三针测量螺纹的中径 3. 能用螺纹环规及塞规对螺纹进行综合检验	1. 螺纹千分尺的结构、原理及使用、保养方法 2. 用三针测量螺纹中径的方法及千分尺读数的计算方法 3. 螺纹环规及塞规的结构及使用方法

2. 中级（附表2）

附表2　中级车工工作要求

职业功能	工作内容		技 能 要 求	相 关 知 识
工艺准备	读图与绘图		1. 能读懂主轴、蜗杆、丝杠、偏心轴、两拐曲轴、齿轮等中等复杂程度零件的工作图 2. 能绘制轴、套、螺钉、圆锥体等简单零件的工作图 3. 能读懂车床主轴、刀架、尾座等简单机构的装配图	1. 复杂零件的表达方法 2. 简单零件工作图的画法 3. 简单机构装配图的画法
	制定加工工艺	卧式车床	1. 能读懂蜗杆、双线螺纹、偏心件、两拐曲轴、薄壁件、细长轴、深孔件及大型回转体零件等较复杂零件的加工工艺规程 2. 能制定使用四爪单动卡盘装夹的较复杂零件、双线螺纹、偏心件、两拐曲轴、细长轴、薄壁件、深孔件及大型回转体零件等的加工顺序	使用四爪单动卡盘加工较复杂零件、双线螺纹、偏心件、两拐曲轴、细长轴、薄壁件、深孔件及大型回转体零件等的加工顺序
		数控车床	能编制台阶轴类和法兰盘类零件的车削工艺卡。主要内容有 1）能正确选择加工零件的工艺基准 2）能决定工步顺序、工步内容及切削参数	1. 数控车床的结构特点及其与卧式车床的区别 2. 台阶轴类、法兰盘类零件的车削加工工艺知识 3. 数控车床工艺的编制方法
	工件的定位与夹紧		1. 能正确装夹薄壁件、细长件、偏心件 2. 能合理使用四爪单动卡盘、花盘及弯板装夹外形较复杂的简单箱体工件	1. 定位夹紧的原理及方法 2. 车削时防止工件变形的方法 3. 复杂外形工件的装夹方法
	刀具的准备	卧式车床	1. 能根据工件材料、加工精度和工作效率的要求，正确选择刀具的形式、材料及几何参数 2. 能刃磨梯形螺纹车刀、圆弧车刀等较复杂的车削刀具	1. 车削刀具的种类、材料及几何参数的选择原则 2. 普通螺纹车刀、成形车刀的种类及刃磨知识
		数控车床	能正确选择和安装刀具，并确定切削参数	1. 数控车床刀具的种类、结构及特点 2. 数控车床对刀具的要求
	编制程序	数控车床	1. 能编制带有台阶、内外圆柱面、锥面、螺纹、沟槽等轴类、法兰盘类零件的加工程序 2. 能手工编制含直线插补、圆弧插补二维轮廓的加工程序	1. 几何图形中，直线与直线、直线与圆弧、圆弧与圆弧的交点的计算方法 2. 机床坐标系及工件坐标系的概念 3. 直线插补与圆弧插补的意义及坐标尺寸的计算 4. 手工编程的各种功能代码及基本代码的使用方法 5. 主程序与子程序的意义及使用方法 6. 刀具补偿的作用及计算方法
	设备的维护保养	卧式车床	1. 能根据加工需要对机床进行调整 2. 能在加工前对卧式车床进行常规检查 3. 能及时发现卧式车床的一般故障	1. 卧式车床的结构、传动原理及加工前的调整 2. 卧式车床常见的故障现象
		数控车床	1. 能在加工前对车床的机、电、气、液开关进行常规检查 2. 能进行数控车床的日常保养	1. 数控车床的日常保养方法 2. 数控车床的操作规程

（续）

职业功能	工作内容		技能要求	相关知识
工件的加工	卧式车床	轴类零件的加工	能车削细长轴并达到以下要求 1）长径比：$L/D \geqslant 25 \sim 60$ 2）表面粗糙度：$Ra3.2\mu m$ 3）公差等级：IT9 4）直线度公差等级：IT9～IT12	细长轴的加工方法
工件的加工	卧式车床	偏心件、曲轴的加工	能车削两个偏心的偏心件、两拐曲轴、非整圆孔工件，并达到以下要求 1）偏心距公差等级：IT9 2）轴颈公差等级：IT6 3）孔径公差等级：IT7 4）孔距公差等级：IT8 5）轴心线平行度：0.02mm/100mm 6）轴颈圆柱度：0.013mm 7）表面粗糙度：$Ra1.6\mu m$	1. 偏心件的车削方法 2. 两拐曲轴的车削方法 3. 非整圆孔工件的车削方法
工件的加工	卧式车床	螺纹、蜗杆的加工	1. 能车削梯形螺纹、矩形螺纹、锯齿形螺纹等 2. 能车削双头蜗杆	1. 梯形螺纹、矩形螺纹及锯齿形螺纹的用途及加工方法 2. 蜗杆的种类、用途及加工方法
工件的加工	卧式车床	大型回转表面的加工	能使用立车或大型卧式车床车削大型回转表面的内外圆锥面、球面及其他曲面	在立车或大型卧式车床上加工内外圆锥面、球面及其他曲面的方法
工件的加工	数控车床	输入程序	1. 能手工输入程序 2. 能使用自动程序输入装置 3. 能进行程序的编辑与修改	1. 手工输入程序的方法及自动程序输入装置的使用方法 2. 程序的编辑与修改方法
工件的加工	数控车床	对刀	1. 能进行试切对刀 2. 能使用自动对刀仪器 3. 能正确修正刀补参数	试切对刀方法及自动对刀仪器的使用方法
工件的加工	数控车床	试运行	能使用程序试运行、分段运行及自动运行等切削运行方式	程序的各种运行方式
工件的加工	数控车床	简单零件的加工	能在数控车床上加工外圆、孔、台阶、沟槽等	数控车床操作面板各功能键及开关的用途和使用方法
精度检验及误差分析	高精度轴向尺寸、理论交点尺寸及偏心件的测量		1. 能用量块和百分表测量公差等级IT9的轴向尺寸 2. 能间接测量一般理论交点的尺寸 3. 能测量偏心距及两平行非整圆孔的孔距	1. 量块的用途及使用方法 2. 理论交点尺寸的测量与计算方法 3. 偏心距的检测方法 4. 两平行非整圆孔孔距的检测方法
精度检验及误差分析	内外圆锥的检验		1. 能用正弦规检验锥度 2. 能用量棒、钢球间接测量内、外圆锥体	1. 正弦规的使用方法及测量计算方法 2. 利用量棒、钢球间接测量内、外锥体的方法与计算方法
精度检验及误差分析	多线螺纹与蜗杆的检验		1. 能进行多线螺纹的检验 2. 能进行蜗杆的检验	1. 多线螺纹的检验方法 2. 蜗杆的检验方法

3. 高级（附表3）

附表3　高级车工工作要求

职业功能	工作内容		技能要求	相关知识
工艺准备	读图与绘图		1. 能读懂多头蜗杆、减速器壳体、三拐以上曲轴等复杂畸形零件的工作图 2. 能绘制偏心轴、蜗杆、丝杠、两拐曲轴零件的工作图 3. 能绘制简单零件的轴测图 4. 能读懂车床主轴箱、进给箱的装配图	1. 复杂畸形零件图的画法 2. 简单零件轴测图的画法 3. 读车床主轴箱、进给箱装配图的方法
	制定加工工艺		1. 能制定简单零件的加工工艺规程 2. 能制定三拐以上曲轴、有立体交叉孔的箱体等畸形、精密零件的车削加工顺序 3. 能制定在立式车床或落地车床上加工大型、复杂零件的车削加工顺序	1. 简单零件加工工艺规程的制定方法 2. 畸形、精密零件的车削加工顺序的制定方法 3. 大型、复杂零件车削加工顺序的制定方法
	工件的定位与夹紧	卧式车床	1. 能合理选择车床通用夹具、组合夹具和调整专用夹具 2. 能分析计算车床夹具的定位误差 3. 能确定立体交错两孔及多孔工件的装夹与调整方法	1. 组合夹具和调整专用夹具的种类、结构、用途和特点，以及调整方法 2. 夹具定位误差的分析与计算方法 3. 立体交错两孔及多孔工件在车床上的装夹与调整方法
		数控车床	1. 能使用、调整三爪自定心卡盘、尾座顶尖及液压高速动力卡盘并配置软爪 2. 能正确使用和调整液压自动定心中心架 3. 能正确选择、使用、调整刀架	1. 三爪自定心卡盘、尾座顶尖及液压高速动力卡盘的使用、调整方法 2. 液压自动定心中心架的特点、使用及安装调试方法 3. 刀架的种类、用途及使用、调整方法
	刀具的准备	卧式车床	1. 能正确选用及刃磨群钻、机夹车刀等常用先进车削刀具 2. 能正确选用深孔加工刀具，并能安装和调整 3. 能在保证工件质量及生产效率的前提下延长车刀使用寿命	1. 常用先进车削刀具的用途、特点及刃磨方法 2. 深孔加工刀具的种类及选择、安装、调整方法 3. 延长车刀使用寿命的方法
		数控车床	能正确选择刀架上的常用刀具	刀架上常用刀具的相关知识
	编制程序	数控车床	能手工编制较复杂的、带有二维圆弧曲面零件的车削程序	较复杂圆弧与圆弧的交点的计算方法
	设备的维护保养	卧式车床	能判断车床的一般机械故障	车床常见机械故障及其排除办法
		数控车床	1. 能阅读编程错误、超程、欠压、缺油等报警信息，并排除一般故障 2. 能完成机床的定期维护保养	1. 数控车床报警信息的内容及解除方法 2. 数控车床定期维护保养的方法 3. 数控车床的液压原理及常用液压元件

（续）

职业功能	工作内容		技能要求	相关知识
工件的加工	卧式车床	套、深孔、偏心件、曲轴的加工	1. 能加工深孔并达到以下要求 1）长径比：$L/D \geqslant 10$ 2）公差等级：IT8 3）表面粗糙度：$Ra3.2\mu m$ 4）圆柱度公差等级：≥IT9 2. 能车削轴线在同一轴向平面内的三偏心外圆和三偏心孔，并达到以下要求 1）偏心距公差等级：IT9 2）轴径公差等级：IT6 3）孔径公差等级：IT8 4）对称度：0.15mm 5）表面粗糙度：$Ra1.6\mu m$	1. 深孔加工的特点及深孔工件的车削方法、测量方法 2. 偏心件加工的特点及三偏心工件的车削方法、测量方法
		螺纹、蜗杆的加工	能车削三头以上蜗杆，并达到以下要求 1）精度：9级 2）节圆圆跳动：0.015mm 3）齿面粗糙度：$Ra1.6\mu m$	多头蜗杆的加工方法
		箱体孔的加工	1. 能车削立体交错的两孔或三孔 2. 能车削与轴线垂直且偏心的孔 3. 能车削同内球面垂直且相交的孔 4. 能车削两半箱体的同心孔 以上四项均应达到以下要求 1）孔距公差等级：IT9 2）偏心距公差等级：IT9 3）孔径公差等级：IT9 4）孔中心线相互垂直：0.05mm/100mm 5）位置度：0.1mm 6）表面粗糙度：$Ra1.6\mu m$	1. 车削及测量立体交错孔的方法 2. 车削与回转轴垂直且偏心的孔的方法 3. 车削与内球面垂直且相交的孔的方法 4. 车削两半箱体同心孔的方法
	数控车床	较复杂零件的加工	能加工带有二维圆弧曲面的较复杂零件	在数控车床上利用多重复合循环加工带有二维圆弧曲面的较复杂零件的方法
精度检验及误差分析	复杂、畸形机械零件的精度检验及误差分析		1. 能对复杂的、畸形的机械零件进行精度检验 2. 能根据测量结果分析产生车削误差的原因	1. 复杂、畸形机械零件精度的检验方法 2. 车削误差的种类及其产生原因

4. 技师（附表4）

附表4　车工技师工作要求

职业功能	工作内容		技能要求	相关知识
工艺准备	读图与绘图		1. 能根据实物或装配图绘制或拆画零件图 2. 能绘制车床常用工装的装配图及零件图	1. 零件的测绘方法 2. 根据装配图拆画零件图的方法 3. 车床工装装配图的画法
	制定加工工艺		1. 能编制典型零件的加工工艺规程 2. 能对零件的车削工艺进行合理性分析，并提出改进建议	1. 典型零件加工工艺规程的编制方法 2. 车削工艺方案合理性的分析方法及改进措施
	工件的定位与夹紧		1. 能设计、制作装夹薄壁、偏心工件的专用夹具 2. 能对现有的车床夹具进行误差分析，并提出改进建议	1. 薄壁、偏心工件专用夹具的设计与制造方法 2. 车床夹具的误差分析及消减方法
	刀具的准备	卧式车床	能推广使用镀层刀具、机夹刀具、特殊形状及特殊材料刀具等新型刀具	新型刀具的种类、特点及应用
		数控车床	能根据有关参数选择合理刀具	刀具参数的设定方法
	编制程序	数控车床	1. 能用计算机软件编制车削程序 2. 能用计算机软件编制车削中心程序	1. CAD/CAM 软件的使用方法 2. 车削中心的原理及编程方法
	设备的维护保养	卧式车床	1. 能进行车床几何精度及工作精度的检验 2. 能分析并排除卧式车床常见的气路、液路、机械故障	1. 车床几何精度及工作精度检验的内容和方法 2. 排除卧式车床液（气）路、机械故障的方法
		数控车床	1. 能根据数控车床的结构、原理，诊断并排除液压及机械故障 2. 能进行数控车床定位精度和重复定位精度及工作精度的检验 3. 能借助词典看懂进口数控设备相关外文标牌及使用规范的内容	1. 数控车床常见故障的诊断与排除方法 2. 数控车床定位精度和重复定位精度及工作精度的检验方法 3. 进口数控设备常用标牌及使用规范英汉对照表
工件的加工	卧式车床	大型、精密轴类工件的加工	能车削精密机床的主轴等大型、精密轴类工件	大型、精密轴类工件的特点及加工方法
		偏心件、曲轴的加工	1. 能车削三个偏心距相等且呈120°分布的高难度偏心工件 2. 能车削六拐以上的曲轴 以上两项均应达到以下要求 1）偏心距公差等级：IT9 2）直径公差等级：IT6 3）表面粗糙度：$Ra1.6\mu m$	1. 高难度偏心工件的车削方法 2. 六拐曲轴的车削方法
		复杂螺纹的加工	能在卧式车床上车削渐厚蜗杆及不等距蜗杆	渐厚蜗杆及不等距蜗杆的加工方法
		复杂套件的加工	能对五件以上的复杂套件进行零件加工和组装，并保证装配图上的技术要求	复杂套件的加工方法
	数控车床	复杂工件的加工	能对适合在车削中心加工的，带有车削、铣削、磨削等工序的复杂工件进行加工	1. 铣削加工和磨削加工的基本知识 2. 用车削加工中心加工复杂工件的方法

（续）

职业功能	工作内容	技能要求	相关知识
精度检验及误差分析	误差分析	能根据测量结果分析产生误差的原因，并提出改进措施	车削加工中消除或减少加工误差的知识
培训指导	指导操作	能指导本职业初、中、高级工进行实际操作	培训教学的基本方法
	理论培训	能讲授本专业的技术理论知识	
管理	质量管理	1. 能在本职工作中认真贯彻各项质量标准 2. 能应用全面质量管理知识，实现操作过程的质量分析与控制	1. 相关质量标准 2. 质量分析与控制方法
	生产管理	1. 能组织有关人员协同作业 2. 能协助部门领导进行生产计划、调度及人员的管理	生产管理基本知识

四、比重表

1. 理论知识（附表5）

附表5　理论知识比重表

项　目		初级（%）	中级（%）		高级（%）		技师（%）		高级技师（%）	
			卧式车床	数控车床	卧式车床	数控车床	卧式车床	数控车床	卧式车床	数控车床
基本要求	职业道德	5	5	5	5	5	5	5	5	5
	基础知识	25	25	25	20	20	15	15	15	15
相关知识	工艺准备	25	25	45	25	50	35	50	50	50
	工件的加工	35	35	15	30	15	20	10	10	10
	精度检验及误差分析	10	10	10	20	10	15	10	10	10
	培训指导	—	—	—	—	—	5	5	5	5
	管理	—	—	—	—	—	5	5	5	5
合　计		100	100	100	100	100	100	100	100	100

注：高级技师“管理”模块内容按技师标准考核。

2. 技能操作（附表6）

附表6　技能操作比重表

项　　目		初级（%）	中级（%）		高级（%）		技师（%）		高级技师（%）	
			卧式车床	数控车床	卧式车床	数控车床	卧式车床	数控车床	卧式车床	数控车床
工作要求	工艺准备	20	20	35	15	35	10	25	20	30
	工件的加工	70	70	60	75	60	70	60	60	50
	精度检验及误差分析	10	10	5	10	5	10	5	10	10
	培训指导	—	—	—	—	—	5	5	5	5
	管理	—	—	—	—	—	5	5	5	5
合　　计		100	100	100	100	100	100	100	100	100

注：高级技师“管理”模块内容按技师标准考核。

附录 D 现代企业的“6S”管理

在许多制造型企业的工厂现场，我们常常看到工具、量具、夹具等凌乱摆放；机器设备布满灰尘且未定位标识；原材料、半成品、在制品、成品、不良品、辅材摆放杂乱无章，未加以合理定位；作业区、物流区、办公区未明确规划且标识不清，浪费现象随处可见。为了解决这些疑难杂症，目前大多数企业都推行了“6S”管理。作为新一代技术工人和技术管理者，了解与熟悉企业的“6S”管理是必要的，有利于自己在学习、实习中养成良好的工作习惯，使自己具有现代化企业应有的职业素质与职业道德。

一、什么是“6S”管理

“6S”是整理（SEIRI）、整顿（SEITON）、清扫（SEISO）、清洁（SEIKETSU）、素养（习惯）（SHITSUKE）、安全（SAFETY）这六个词的缩写。其中整理、整顿、清扫、清洁、素养是日本人总结的，用日语发音，因其发音都以S开头，故被称为“5S”。因为在工厂管理中，安全也是非常重要的项目，而安全的英语发音也是以S开头，所以被加入“5S”中，统称为“6S”。开展以整理、整顿、清扫、清洁、素养和安全为内容的管理，称为“6S”管理。

二、“6S”管理的主要内容

1. 整理

把需要与不需要的人、事、物分开，再将不需要的人、事、物加以处理，这是开始改善生产现场的第一步。其要点是对生产现场的实际摆放和停止使用的各种物品进行分类，区分什么是现场需要的，什么是现场不需要的。其次，对于现场不需要的物品，诸如用剩的材料、多余的半成品、切下的料头、切屑、垃圾、废品、多余的工具、报废的设备、工人的个人生活用品等，要坚决清理出生产现场。对于车间里各个工位或设备的前后、通道左右、厂房上下、工具箱内外，以及车间的各个死角，都要彻底搜寻和清理，使现场无不用之物。坚决做好这一步，是树立好作风的开始。有的公司提出的口号是效率和安全始于整理！

整理的目的是：

1）改善和增加作业面积。

2）保证现场无杂物，行道通畅，提高工作效率。

3）减少磕碰的机会，保障安全，提高质量。

4）消除管理上的混放、混料等差错事故。

5）有利于减少库存量，节约资金。

6）改变作风，提高工作情绪。

2. 整顿

把需要的人、事、物加以定量、定位。通过前一步整理后，对生产现场需要留下的物品进行科学合理的布置和摆放，以便用最快的速度取得所需之物，在最有效的规章、制度和最简捷的流程下完成作业。整顿活动的要点是：

1）物品摆放要有固定的地点和区域，以便于寻找，消除因混放而造成的差错。

2）物品摆放地点要科学合理。例如，根据物品使用的频率，经常使用的东西应放得近些（如放在作业区内），偶尔使用或不常使用的东西则应放得远些（如集中放在车间某处）。

3）物品摆放目视化，使定量装载的物品做到过目知数，摆放不同物品的区域应采用不同的色彩和标记加以区别。

生产现场物品的合理摆放有利于提高工作效率和产品质量，保障生产安全。这项工作已发展成一项专门的现场管理方法——定置管理。

3. 清扫

把工作场所打扫干净，发现设备异常时马上修理，使之恢复正常。生产现场在生产过程中会产生灰尘、油污、铁屑、垃圾等，从而使现场变脏。脏的现场会使设备精度降低，故障多发，影响产品质量，使安全事故防不胜防；脏的现场更会影响人们的工作情绪，使人不愿久留。因此，必须通过清扫活动来清除那些脏物，创建一个明快、舒畅的工作环境。清扫活动的要点是：

1）自己使用的物品，如设备、工具等，要自己清扫，而不要依赖他人，不增加专门的清扫工。

2）对设备进行清扫，要着眼于对设备的维护保养。清扫设备要同设备的点检结合起来，清扫即点检；清扫设备时要同时做设备的润滑工作，清扫也是保养。

3）清扫也是为了改善。当清扫地面发现有飞屑和油、水泄漏时，要查明原因，并采取措施加以改进。

4. 清洁

整理、整顿、清扫之后要认真维护，使现场保持完美和最佳状态。清洁是对前三项活动的坚持与深入，从而消除发生安全事故的根源，创造一个良好的工作环境，使职工能愉快地工作。清洁活动的要点是：

1）车间环境不仅要整齐，而且要做到清洁卫生，保证工人的身体健康，提高工人的劳动热情。

2）不仅物品要清洁，而且工人本身也要做到清洁，如工作服要清洁，仪表要整洁，及时理发、剃须、修指甲、洗澡等。

3）工人不仅要做到形体上的清洁，而且要做到精神上的“清洁”，待人要讲礼貌、要尊重别人。

4）要使环境不受污染，应进一步消除混浊的空气、粉尘、噪声和污染源，消灭职业病。

5. 素养

素养即教养，努力提高人员的素养，养成严格遵守规章制度的习惯和作风，这是“6S”活动的核心。没有人员素质的提高，各项活动就不能顺利开展，开展了也坚持不了。所以，抓“6S”活动，要始终着眼于提高人的素质。

6. 安全

安全是将工作场所会造成安全事故的发生源（地面油污、过道堵塞、安全门被堵塞、灭火器失效、材料和成品堆积过高有倒塌危险等）予以排除或预防。安全要重视全员安全教育，每时每刻都有“安全第一”的观念，防患于未然。安全的目的是建立起安全生产的环境，所有的工作都应建立在安全的前提下。

附录E　项目计划表（附表7）

附表7 ______________项目计划表

日期：______________

班级		姓名		学号		课时	
1	所需要的刀具、量具、夹具						
2	怎样安装工件						
3	怎样安装刀具						
4	怎样控制尺寸精度和几何精度						
5	怎样检测零件						
6	主要的技术难点和操作要点						
7	零件的加工工艺流程						
8	指导性意见与评价					评价	

附录F 项目学习报告（附表8）

附表8 ____________________项目学习报告

日期：____________________

班级		姓名		学号		课时	
学习过程	（从学习态度、学习方法、学习效果，以及存在不足和疑难问题等方面描述）						
心得体会	（主要的收获与体会）						

参考文献

[1] 龙卫平．普通加工技术［M］．广州：广东高等教育出版社，2007.

[2] 蒋增福．车工工艺与技能训练［M］．北京：高等教育出版社，2002.

[3] 赵光霞．加工技能训练［M］．北京：高等教育出版社，2007.

[4] 王公安．车工工艺学［M］．4版．北京：中国劳动社会保障出版社，2005.

[5] 姚为民．车工实习与考级［M］．北京：高等教育出版社，2001.

[6] 陈海魁．车工技能训练［M］．4版．北京：中国劳动社会保障出版社，2005.

[7] 职业技能培训MES系列教材编委会．车工技能［M］．北京：航空工业出版社，1999.

[8] 翁承恕．车工生产实习［M］．北京：中国劳动出版社，2001.